環境永續
脈絡、體制與法律

Environmental Sustainability
Contexts, Institutions and Law

葉俊榮
國立臺灣大學講座教授

Jiunn-rong Yeh
University Chair Professor, National Taiwan University College of Law
jryeh@ntu.edu.tw

序

　　環境是我在學術上的核心課題，也是現實生活中的實踐。這條環境之路，走來雖充滿挑戰，卻精彩萬分。其中，最必須克服的，竟是我的專業——法律——與環境作為一個志業之間的「假性落差」。從最一開始，在公費留學獎學金的口試現場，我就必須面對法律與環境的認知問題。

　　八〇年代初期正值經濟起飛，教育部非常有創意地設立了「環境保護法」公費留學獎學金，並鎖定留學美國。這個機會造就了我服務環境、奉獻環境學術的機會。公費留考指定兩門專業科目，行政法與環境法規。我的筆試考了最高分，但口試時卻面臨身分資格的質疑。五個口試委員一字排開，在我坐定很久後，才有一位委員打破肅靜，從一堆資料中抬頭，滿臉狐疑、冷冷地問：「你念法律的，怎麼來考環境保護？」一陣尷尬後，另一位委員才冷冷地回：「喔！他可以考，因為科目名稱有個『法』字。」隨後，我接受了許多充滿懷疑的提問，包括：「你有沒有看過任何有關環保或生態學的書？」我當時回答看過，並且最喜歡《寂靜的春天》以及《生態學及政治匱乏》兩本書。的確，在那個年代的臺灣，人們會懷疑環境跟法律究竟有何關連！

　　回想在耶魯法學院上的「環境法」，是門很受歡迎的大班課程。除了法學院的學生，許多環境學院、醫學院、理工學院、管理學院的學生也都來上課，我聽到的是，要從事環保工作，怎能不懂環境法？後來也才了解，何以美國許多環保署長具有法律背

景，且機關內的高階主管，亦約有一半具備法律背景。畢竟，這是個民主憲政的法治國家。

我以法律之身，去孕育環境素養，必須做到兩個突破。首先，必須廣泛且跨領域地去探索與實踐環境的多面向課題，如此才有與自然環境以及環境人文系統對話的可能。其次，必須不自滿也不自限於法律的形式概念框架，而用政策科學的寬廣動態視野去型塑法律，如此環境才能進入法律，而法律也才能融入環境，包括語彙、論證、政策與行動層面。這兩個突破，讓我的環境論述，免除了傳統法律所自滿的形式匠氣，因而超越了法條與法律概念的邏輯，發揮了法律作為正當性論證與程序理性的強大力量。正因為如此，本書出自法律學者的文筆，也盡情發揮了法律的思考，但卻深入環境、環境政策與環境制度，並帶出政治、經濟、社會、歷史或文化倫理意涵，不能以狹隘的環境法規註釋書看待。

這本環境永續，不論是「環境」或「永續」，都承載著我自己的成長歷程，更受到轉型臺灣動態的啟發。在臺灣戒嚴時期，拿著政府公費到耶魯法學院留學，1988 年回國任教時，臺灣正一腳踏入民主轉型與憲政改造時刻。環境議題於其中沖洗發酵，型塑了我對環境議題的研究取徑與觀點。我堅持超越擅長的法律邏輯分析，深入社會與議題脈絡，貼近土地與人民，去發展環境法律與政策的理論與論述。歷經貢寮核四擺盪、高雄後勁五輕設廠、從宜蘭利澤到麥寮的六輕、北桃園四鄉不明公害、國道五號坪林交流道的開設、國光石化等爭議；以及公害自力救濟事件的處理、科學園區的法院判決、環境影響評估的參與程序爭議、美麗灣渡假村的公民訴訟，這些散布於全臺各地的環境爭議，都為

我的現場造訪與文字論述留下深刻軌跡。此外，我也參與了許多重要的法律，或倡議立法或參與研議修正，包括環境基本法、環境影響評估法、土壤及地下水污染整治法、溫室氣體減量及管理法、氣候變遷因應法……，甚至基礎的行政程序法與政府資訊公開法亦是。第一次政黨輪替，行政、立法對核四廠的爭議達到高峰，大法官論辯行政院停止核四預算執行的合憲性，我應邀擔任行政院的訴訟辯護；政黨輪替後，游錫堃院長邀請我入閣擔任政務委員，負責國家永續發展委員會的運作，推動永續發展機制與理念的生根落實，更讓我領略產官學界的環保量能。這些理論與經驗的交織，進一步證實環境法的重點在於動態的脈絡與制度量能的建構，更必須重視市民社會的覺醒與成長。

　　回顧精彩的環境年代，留下了許多理論的構築與制度的參與創建發展。我長年在臺大教授環境法與氣候變遷法，參加無數的國內外環境相關研討會，寫了很多中英文論文構築環境理論，也實際參與了許多環境立法、環境訴訟，以及更多環境相關政策的研議與推動。幾十年來，一直希望能結合環境政策法律的理論與實務經驗，寫出對環境有益的論著。雖然體系架構與內容不斷耕耘成型，但一直欠缺動力能定稿出版。終於，在許多有心人的敦促與幫忙下，本書將與大家見面了！且直接用環境為名，以永續為念。

　　感謝三十多年來，在臺大法律學院上過環境法的所有同學。因為你們上課的炯炯眼神，督促我不斷思考如何把環境講得更好。歷年來許多研究或教學助理，你們用各種方法促成本書的出版，我雖然選擇不一一在此列名，但絲毫不減對你們的謝意！至於拖延到現在才讓大家看到書，心中仍充滿愧欠。張文貞與林春

元兩位臺大同事,則給了我最後能擺脫拖延、一口氣完稿付梓的動力。兩位不只是學術上的討論伙伴,這回更親自幫忙順稿,並敦促付梓。感謝聯經出版載爵、遠芬,對出版好書的熱愛。臺灣環境悲喜點滴,都從經驗理解上提供本書的養分。

葉俊榮
2025 年 6 月 5 日
於臺大法律學院

目次

序 —— 003

第一章｜緒論 —— 009

第一篇｜環境脈絡

第二章｜環境、環境惡化及環境問題 —— 020

第三章｜環境議題的發展與法律的角色 —— 068

第四章｜環境權利論：解構與再建構 —— 109

第二篇｜環境體制

第五章｜環境立法與執行 —— 154

第六章｜環境行政與程序 —— 197

第七章｜環境司法與法院 —— 253

第三篇｜環境永續

第八章｜永續發展的理念與制度條件 —— 304

第九章｜全球變遷下環境法的挑戰與發展 —— 347

第十章｜結論 —— 367

作者環境法律與政策相關著作 —— 369

第一章
緒　論

　　本章探討人與環境的複雜關係，指出人們對環境至少有四種理解（後果、原因、方舟、主體），並確認人與環境相互影響，且人類有能力運用集體智慧和發展影響環境，環境也會回頭影響人類存續。

　　另外，本章亦解釋國家間環境表現差異的關鍵在於制度。制度並非單純的個別決策，而是影響公私行為的政策、法令與決策程序，其中最重要的是超越人治與意識型態的法治。制度是用來管理人的行為，藉此對環境產生好的影響。若要理解並處理環境議題，需要掌握環境脈絡（環境變化機制、問題形貌、發展歷程與法律角色）與環境體制（由立法、行政、司法構成的規範與運作體系）。

　　這些理解與體制精進，最終指向永續發展的目標。透過提升制度量能（如更民主、相信科學、重視市場、尊崇法治），可以降低錯誤決策，更有助於實現永續發展。而永續發展涵蓋多個層次（地球、國家、人類），如何協調是當代永續治理的核心。

人與環境

　　人與環境的關係，一直是主導著人類命運的課題，但也是個

難解的課題。[1] 究竟是人類在主導環境或是環境在操控著人類的命運？究竟是人類在破壞環境，還是環境決定人類的未來？這些問題都環繞著人對環境的理解。

當代人們對環境至少有四種主要的理解模式，分別是後果、原因、方舟與主體。

首先，環境是後果。人類的發展，尤其是代表人類進步的科技發展，帶動產業結構與生活型態的改變，也造成環境惡化，甚至生態浩劫。瑞秋卡森 (Rachel Carson) 所形容的寂靜春天 (Silent Spring)，便是對人類大量使用合成化學物質破壞生態的指控。[2] 環境成為人類發展的受害後果，在工業革命後便不斷以各種方式上演，二次大戰後石化工業的突發進展，更促使環境因人類進步而受害的模式成形，環境除了受到人類進步發展的頭號衝擊，也成為最大的受害者。[3]

其次，環境是原因。環境課題處理不當，小則造成人體健康或經濟損失，大則造成部分人類文明的衰敗。傑瑞・戴蒙 (Jared Diamond) 的巨著《大崩壞》(Collapse: How Societies Choose to Fail or Succeed) 便分析了文明的興衰，並指出許多文明的潰散，竟是因為環境管理不當所造成。[4] 例如同樣在伊斯帕尼奧拉島 (Isla de La

---

1　環保學者於幼華教授在其所編著《環境與人》兩冊中，已呈現出現代人應如何面對環境問題的深刻思考。於幼華（1998），《環境與人：環境保護篇》，遠流。於幼華（1998），《環境與人：自然環境篇》，遠流。
2　See generally RACHEL L. CARSON, SILENT SPRING (1962).
3　See generally ANDREW GOUDIE, THE HUMAN IMPACT ON THE NATURAL ENVIRONMENT (7th ed., 2013).
4　See generally JARED DIAMOND, COLLAPSE: HOW SOCIETIES CHOOSE TO FAIL OR SUCCEED (2005).

Española) 上的兩個國家，海地與多明尼加，造成差異甚大的經濟社會條件，與對比的環境狀況，顯現環境管理良窳所造成的後果。

再者，環境是方舟。地球乘載著無數生命，航行於四億光年長的銀河之上。這艘方舟提供我們所需的一切：水、空氣、泥土。船上更配備循環回收系統，可以將我們排放的二氧化碳、廢水、廢棄物降解、組合，再生成為乘客們可以享用的資源。環境雖然服務人，但人也需要服務環境。要是對環境服務系統造成過大的負擔，這些系統將會無法回復，最終方舟將會無法支持人類生活。[5] 人與方舟，脣齒相依。

最後，環境是主體。由詹姆士・洛夫洛克 (James Lovelock) 提出，並以希臘傳說中的大地女神（大地之母）為名的蓋婭假說 (Gaia hypothesis)，將地球描繪成大地女神，主宰地球的生物圈、大氣層、海洋與土地等，蘊含可回饋調控的生命體系，為各種存在的生命，尋求合適穩定的生存空間。[6] 人是環境的一環，人類文明的好壞興衰，都不影響地球的存續，人類只是大自然的一環，可割可棄。甚至於，人只是像寄生蟲 (parasite) 一樣寄居在地球上。人雖然自認是萬物之首，科技文明日新月異，終究應覺醒並榮歸大自然的一環，環境才是主體。[7] 任何人類的發展，都應服膺於

---

[5] *See generally* MILLENNIUM ECOSYSTEM ASSESSMENT, *ECOSYSTEMS AND HUMAN WELL-BEING: SYNTHESIS* (2005), https://www.millenniumassessment.org (last visited, June 6, 2025).

[6] *See generally,* James Lovelock & C.E. Giffin, *Planetary Atmospheres: Compositional and Other Changes Associated with the Presence of Life*, 13 ICARUS 471 (1970).

[7] James Lovelock, *Gaia as Seen Through the Atmosphere*, 6 ATMOSPHERIC ENV'T 579 (1972); James Lovelock & Lynn Margulis, *Atmospheric Homeostasis by and for the Biosphere: The Gaia Hypothesis*, 26 TELLUS A 1, 2 (1974).

環境之下。

　　後果、原因、方舟或主體這四種理解,都可用來解釋當代人與環境的部分關係,不管是表現在人類這端的苦難或是環境這端的承受。學理上固然有寬廣的空間可以論辯優劣是非,[8]但可以確定的是,人類透過集體智慧所形成發展與進步確實有一定程度的能力影響環境,並由環境回饋影響人類的健康、生命或存續。這個具體又單純的人與環境關係,至少可以作為人與環境互為主體,並由人類努力透過反饋行動,運用制度量能去修正行為,與環境取得更為合理和諧的關係。如果這可作為當前的基礎理解,那麼有什麼智慧引導我們思考如何讓環境好,人類也更能悠然其中?關鍵在於制度,不斷反省修正的制度。

環境與制度

　　有些國家環境維護得很好,有些國家沒有。如何解釋這種差別?取決於決策者的素質,取決於人心,或受制度影響?

　　2024 年諾貝爾經濟學獎,反映了制度對國家福祉的影響 (for studies of how institutions are formed and affect prosperity)。[9]制度並非單純的個別決策,而是影響公私行為的政策、法令與決策程

8　See generally Clayton Barry, *The Environment/ Society Disconnect: An Overview of a Concept Tetrad of Environment*, 41 J. ENVIRONMENTAL EDUC. 116 (2009).

9　See generally Press Release: *The Sveriges Riksbank Prize in Economic Sciences in Memory of Alfred Nobel 2024* (Oct. 14, 2024), THE ROYAL SWEDISH ACADEMY OF SCIENCES, https://www.nobelprize.org/prizes/economic-sciences/2024/press-release/; DARON ACEMOGLU & JAMES A. ROBINSON, WHY NATIONS FAIL: THE ORIGINS OF POWER, PROSPERITY, AND POVERTY (2012); DARON ACEMOGLU & SIMON JOHNSON, POWER AND PROGRESS: OUR THOUSAND-YEAR STRUGGLE OVER TECHNOLOGY AND PROSPERITY (2023).

序。舉凡政府體制、決策機制、法令規章、預算機制、程序安排等等，都是任何一個主權國家用來引導發展方向的制度。

制度對環境的表現，是否也發揮同樣決定性的影響。以往聯合國在討論永續發展指標時，會用 PSR(pressure, state, response) 的架構思考。S 是現況，環境與資源的現況。P 是壓力，造成環境變化的經濟或社會壓力。而 R 則是政策回應，是造成壓力的政策內涵。[10] 這樣的說法，已經將環境污染的問題與經濟社會發展產生連結。要解決污染，不是只從工程面去降低污染，而是取徑於經濟與社會結構的改變，減少對環境所造成的壓力。而要能做經濟社會結構的「合乎環境轉變」，更必須從政策面去做檢討改變。舉個例子，面對水資源的匱乏，能夠透過自然或人工的方式補充水量當然很好（包括海水淡化技術），但仍必須透過影響用水的經濟社會結構去做改變，尤其是用政策誘因來調整耗水量大的經濟社會活動。但更重要的，更必須溯源地看水價政策有沒有問題。長期因政治因素被刻意壓低的水價，往往是水資源問題的根源。

PSR 有其合理性，但必須補充。水價的決策，往往是在一定的決策機制與程序中做成。一個認同市場機制的民主國家與集權的計畫經濟，在這類議題上會提供不同的決策路徑。[11] 因此，影

---

10 Organisation for Economic Co-operation and Development, *OECD Core Set of Indicators for Environmental Performance Reviews*, OECD/GD (93)179, at 25 (1993).

11 *See e.g.*, Bruce Gilley, *Authoritarian environmentalism and China's response to climate change*, 21(2) ENVIRONMENTAL POL. 287, 288-289 (2012); Mads Ejsing et al., *Green politics beyond the state: radicalizing the democratic potentials of climate citizens' assemblies*, 176 CLIMATIC CHANGE 73, 83-86 (2023).

響環境表現的制度,遠超過個別的決策,它是決策的制度環境與程序的整體,其中最重要的就是超越人治的法治。法律的整備與執行情形,以及決策做成的程序安排,包括是否知情公開,是否容納公共參與,是否有實質的討論思考,對環境尤其重要。[12]

制度是人的生成,不是大自然的賦予。制度並不是直接用來管理環境,而是在管理人的作為。透過影響人的行為決策,對環境造成影響,而且希望是好的影響。制度必須被放入發展的脈絡來看,不僅是國家的發展脈絡,也包括超越國界的國際互動的脈絡。從每一個國家的歷程脈絡來看,脈絡的重點可能不一樣。例如,如果以海島臺灣為中心去看,殖民經驗、民主化、經濟轉型與全球連帶,影響最為深遠。[13]

制度與法律

以法律為核心的制度面出發,才能全面性地面對環境問題。但是,千萬不要將這裡所稱的法律看成只是成文的法條,還包括法律的制定、執行與修正。因而,啟動法律權限的機關,執行法律的人員,權限的分配與協調,運行的程序與模式,預算的配置與調整,乃至當代民主選舉的壓力與影響,都是以法律為核心所

---

12 *See* Daniel Lindvall & Mikael Karlsson, *Exploring the Democracy-Climate Nexus: A Review of Correlations Between Democracy and Climate Policy Performance*, 24 CLIMATE POL'Y 87, 97-98 (2023); Elias G. Carayannis et al., *Democracy and the Environment: How Political Freedom Is Linked with Environmental Sustainability*, 13 SUSTAINABILITY 1, 6-10 (2021).

13 葉俊榮(1999),〈從國家發展歷程看臺灣與全球環境議題的關聯〉,氏著,《全球環境議題——臺灣觀點》,頁 355-370,巨流。

看到的制度。即令是單純看法律，影響環境決策的絕非只是用來控制污染的各種污染防制法或所有所謂的環境法規。環境是整體國家制度的一環，在國際的場域，也是整體國際秩序的一環。[14] 其他議題的決策基礎，包括國會運作的程序與自律，所有行政機關的決策與程序，法院功能的發揮，市民社會運作的相關制度，以及相關的人事、預算、資訊建制與運作文化，都有一定程度的規範化與法律建制，整體直接間接影響環境政策的形成與環境管制的落實。

人類必須更理解環境的運作，更尊敬環境的蘊含，進而更積極調整發展的腳步與方向。在這一個基礎的「共識」下，有兩方面的理解與論述是重要的，分別是環境脈絡 (Environmental Context) 與環境體制 (Environmental Institutions)。

環境脈絡牽涉到演變與建構，環境脈絡的理解也因而必須掌握環境的變化機制，尤其是環境惡化的原因，以及環境問題的形貌。人類透過制度的形成與運用，去面對環境議題的發展歷程與演變，更是理解脈絡的重要視角。而從法律的角度看，環境議題動態發展中法律的因應運用，尤其是資源使用衝突中，環境的權利論述與發展，更是理解環境脈絡的筋絡血脈。

體制則會進一步具體化脈絡，環境體制也因而由脈絡所促

---

14 See e.g., Ayyoub (Hazhar) Jamali, *The Value of IPCC Reports in Shaping Climate Change Jurisprudence*, CRRP (June 11, 2024), https://climaterightsdatabase.com/2024/06/11/the-value-of-ipcc-reports-in-shaping-climate-change-jurisprudence/. INT'L CT. JUSTICE, OBLIGATION OF STATES IN REPSECT OF CLIMATE CHANGE (REQUEST FOR ADVISORY OPINION) 1-3 (2024), https://climatecasechart.com/wp-content/uploads/non-us-case-documents/2024/20240320_18913_na-2.pdf.

成，其運作也受脈絡所滋潤影響。當前人類社會的最大體制，應該是生活方式的民主（或不民主），以及規範式的憲政主義(Constitutionalism)。透過民主憲法的架構去理解環境體制，則可從立法、執行以及審判三方面理解。環境立法講究影響環境規範的生成演變與執行，探究的主要機制是立法機關，以及包括中央地方在內負責執行的行政機關。[15] 在法治主義的基礎上，環境相關法律的完備性與健全，包括各層級的環境相關規範，實際影響人類的環境態度與主張，更影響環境的品質。理解環境行政的方向在於環境相關機關的整合與分工，權限與資源的配置與運用，以及行政程序的設計與踐行。[16] 而司法對環境議題的處理量能，更是不容忽視。相關法院與類法院系統如何適應環境議題的狀況與需求，做出公正有效的處理，不只影響人民的權益，企業的經營也對政府的運作的效能與信任，產生指標性的關鍵影響。[17]

邁向永續

前述《大崩壞》的情境，或何以國家敗亡，核心問題都是在談制度與永續發展。《大崩壞》講的是環境如何影響興衰，又如

---

15 See e.g., Richard J. Lazarus, *Congressional Descent: The Demise of Deliberative Democracy in Environmental Law*, 94 GEORGETOWN L.J. 619, 677-681 (2006).

16 See e.g., Shany Winder, *Extraordinary Policy Making Powers of the Executive Branch: A New Approach*, 37 VA. ENV'T L.J. 207, 241-244 (2019).

17 See e.g., James L. Oakes, *The Judicial Role in Environmental Law*, 52 N.Y. U. L. REV. 498, 505-511 (1977); Chi Johnny Okongwu & Aniefiok Ea Okposin, *Specialised Environment Courts and Tribunals as Legal Instruments for Sustainable Environment Justice*, 3 IRLJ 93, 94 (2021).

何導致敗亡；[18] 何以國家敗亡講制度如何影響國家興衰。[19] 兩者都在關心，國家即令面對各種風險困難，如何能撐持下去的問題。本書所談的內容，除了脈絡理解與體制精進之外，更是指向一個世代相傳，生生共榮的精神目標，也就是聯合國從八〇年代以來不斷呼籲的永續發展 (sustainable development)。

環境發展的脈絡，不論是歷史面、空間面或時間面的掌握，都應客觀理解，掌握議題。環境相關體制既龐大也動態，也必須客觀理解，掌握議題，並做必要的反省調整，促動進步。這往往仍呈現決策於未知以及（全球）風險社會的挑戰與威脅。我們希望透過制度影響環境，但這個制度包括脈絡、體制以及思想。從人與環境的視角，環境當然也是人類發展的脈絡、體制與思想。而這個思想，就是永續發展的理念。對於永續發展有多種理解模式，我們相信制度量能提升是理解永續發展的最佳視角。透過更民主一點，更相信科學一點，更重視市場一點，更尊崇法治一點，人類制度的量能將維持充沛，足以降低錯誤決策的機率，也足以透過謙卑與努力降低損害。

本書分為脈絡、體制與永續三大部分。第一部分（第一篇）呈現環境脈絡，包括環境、環境惡化與環境問題的理解（第二章），環境議題發展脈絡與法律的角色（第三章），以及環境的權利論證（第四章）。第一篇呈現環境議題的脈絡背景，作為發展運作環境體制的基礎。

第二部分（第二篇）則分別從立法、行政與司法三方面，論

---

18 *See generally* JARED DIAMOND, *supra* note 3.
19 *See generally* Daron Acemoglu & James A. Robinson, *supra* note 8.

述環境體制。環境立法以國會為中心，連結行政與司法的執行，建立環境決策的規範網絡（第五章）。環境行政著眼於規範的執行，但更超越執行者而呈現規範創造與決策的功能與角色。不論是實體的決策或程序面的安排，都是環境行政的重要面向（第六章）。環境司法與法院，從環境議題與司法兩者各自獨特的性質出發，論述環境的可司法性與不可司法性，一方面強調法院對環境議題的重要功能，另一方面也為司法處理與政治處理劃分界線（第七章）。

在脈絡與制度的理解下，第三部分（第三篇）探詢如何從理解脈絡與精進體制的角度，追求國家社會邁向永續發展。除了對永續發展進行概念上的詮釋與論證外，永續發展的追尋在當代民主憲政架構下，必然取決於一定的制度條件，這些條件的完備動態，其實也反映出邁向永續發展的進程（第八章）。邁向永續發展過程中的空間與時間構築，反映出地球永續、國家永續或人類永續的課題。多層次永續發展的協調，因而成為當代人類永續治理的核心課題（第九章）。

第一篇

環境脈絡

環境議題與言說論述的發展歷程、演變趨勢、影響因素等等，都是環境本身的脈絡。脈絡不是議題本身，卻是承載議題發展的輪廓與軌跡。環境惡化、議題發展、權利論述的變遷，是環境脈絡的三個重要視角。

第二章

環境、環境惡化及環境問題

綜觀歷史，曾經繁榮的復活節島或馬雅文明，因為資源匱乏或其他環境因素而殞落。然而，同樣曾經面臨環境與資源問題的中國或印度文明，卻能存續至今。我們不禁要問，究竟是什麼樣的「環境」，才無法承載上述文明的重量？面對生存環境的惡化，一個社會又該具備什麼樣的應變能力才能存續？

在全球化的今天，各國不僅在政治、經濟、金融等面向，形成休戚與共的連帶關係，環境問題的相互影響，更直接威脅人類的存亡。不論是偏遠如美國阿拉斯加的環境變化、南亞的海嘯，還是颶風帶給美國南部的創傷，都是當代社會尋求永續發展所必須深刻思考的課題。面對越來越多、越來越嚴重的環境問題，人類社會必須更積極地尋找解決方案，才有追求永續發展的可能。

處理或解決環境問題，必須從了解環境問題的現況與特質開始。本書第二章分成三個部分。我們將從認識環境、釐清環境惡化的原因開始，進一步從環境問題的定位及特色為基礎，探討法律在環境政策領域的功能及其重要基本原則。

關鍵字：環境惡化、變動因素論、功能失調論、科技不確定性、隔代分配、利益衝突、國際關聯

1. 認識環境

「環境」不等於「污染」,「環境保護」也不等於「污染防制」。環境保護的課題,包括污染防制,更包括人與自然的關係及其經營管理。早期法學論述上的「公害」,與英美法概念上所稱的 nuisance 接近,從當今人類社會所面臨的環境挑戰來看,污染或公害,都只是環境問題的一個面向而已。

「公害」的用語,雖然我國過去有不少文獻使用,但究其起源,還是源自日本於 1896 年 2 月 1 日大阪府令 21 號製造場取締規則第 3 條處理有關工廠設置與周遭居民侵擾的關係。[1] 日本舊河川法也同樣使用公害的概念,類似概念在 1911 年也被全國性的工廠法所援用。整體而言,初期所使用的公害,包括自然災害;對公益產生一般性的災害,也包括在內。不過,將公害限定在更為狹隘的事業性公害,則是從昭和初期開始。[2]

公害的詞彙本身,是集合多種現象描述而成,並不清晰,同時也具有流動性,是其缺陷。公害的概念,初期是揣摩英美法上「公益妨害」(Public Nuisance) 所創設,意指「人為活動,致破壞生活環境,並因而損害廣大地區一般居民之生活權益或有危害其權益可虞之事實」,[3] 並進一步可以「公害是一種法律事實」、「公害是人類活動所產生的法律事實」、「公害為危害公眾權益之事實」、「公害須為破壞環境品質而致生公眾危害之事實」等方向來加以描述。[4] 日本於 1967 年制定的公害對策基本法,其第 2 條

---

1 阿部泰隆、淡路剛久(2006),《環境法》,三版,頁 2-3,有斐閣ブックス。
2 大塚直(2006),《環境法》,二版,頁 3,有斐閣ブックス。
3 詳見邱聰智(1984),《公害法原理》,頁 5-12,自刊。
4 同前註。

第 1 項即稱公害為「事業活動及其他人為活動附隨產生範圍相當廣泛之空氣污染、水質污濁、土壤污染、噪音、振動、地層下陷,以及惡臭等,並因而損害國民健康或生活環境」。[5] 由此可知,公害在日本法上的概念,主要是指與人類行為有關的事項。

日本法上的公害概念,為我國公害糾紛處理法所繼受。該法第 2 條第 1 項規定,「本法所稱公害,係指因人為因素,致破壞生存環境,損害國民健康或有危害之虞者。其範圍包括水污染、空氣污染、土壤污染、噪音、振動、惡臭、廢棄物、毒性物質污染、地盤下陷、輻射公害及其他經中央主管機關指定公告為公害者。」本於上開理解,我國早期的環境法規,多以此等媒介來管制「人」的「污染」行為,而制定了空氣污染防制法(以下簡稱空污法)、水污染防治法(以下簡稱水污法)、噪音管制法、廢棄物清理法(以下簡稱廢清法)等法規。不過,各該法規往往並未對「污染」一詞加以明確定義。

事實上,環境法所要處理的議題,並非只有「公害」所指稱的問題而已,還包括其他更多、更大的議題。人類社會長久以來,一直都有「環境」的概念,所指的可能是自然的環境,也有可能指的是包括社會治安、人與人之間相處的人為環境,相當廣泛。[6] 由此可知,「環境」的概念並非狹隘,只要是與我們生活有關聯,不論是直接或間接的關聯,都可被我們所稱的「環境」概念所涵蓋。

我國法律中最早出現「環境」一詞,是在憲法第 146 條:「國

---

5 同前註。
6 同前註,頁 12-13。

家應運用科學技術,以興修水利,增進地力,改善農業『環境』,規劃土地利用,開發農業資源,促成農業之工業化」。除此之外,在 1990 年代以前,我國法律並未使用環境一詞,來指稱或處理自然環境的問題。值得注意的是,1966 年通過、1976 年生效的經濟社會文化權利國際公約 (International Covenant on Economic, Social and Cultural Rights, ICESCR),已使用「環境」一詞來指稱或處理人與自然環境的課題,包括公約第 7 條「安全衛生之工作環境」,第 11 條「不斷改善之生活環境」,第 12 條「改良環境及工業衛生之所有方面」及「創造環境,確保人人患病時均能享受醫藥服務及醫藥護理」。

隨著時代演進,當代環境法所指涉的環境,其範圍與內涵均較為廣泛。現行條文可以作為明確的指引,環境基本法第 2 條第 1 項規定:「本法所稱環境,係指影響人類生存與發展之各種天然資源及經過人為影響之自然因素總稱,包括陽光、空氣、水、土壤、陸地、礦產、森林、野生生物、景觀及遊憩、社會經濟、文化、人文史蹟、自然遺蹟及自然生態系統等。」此外,環境影響評估法(以下簡稱環評法)第 4 條第 2 款,亦將「環境」一詞,包括生活環境、自然環境、社會環境及經濟、文化及生態。[7]

從而,當今所稱的環境法,是逐步從著重人類行為所生影響的「公害」觀念,朝向不限於人類行為所生影響的「環境」概念

---

[7] 環評法第 4 條第 2 款:「環境影響評估:指開發行為或政府政策對環境包括生活環境、自然環境、社會環境及經濟、文化、生態等可能影響之程度及範圍,事前以科學、客觀、綜合之調查、預測、分析及評定,提出環境管理計畫,並公開說明及審查。環境影響評估工作包括第一階段、第二階段環境影響評估及審查、追蹤考核等程序。」

來遞移，這也反映了時代脈絡及社會經濟體制對環境法的影響。

2. 環境惡化的原因

地球的生態系統，提供人類生存與發展所需的一切資源與環境。然而，由於資源有限，可供給或承載的人類及活動的數量及程度，亦有極限。當人類活動所需的資源及環境，超出了地球的承載極限，破壞了地球的生態系統，將進而危及人類的生存與永續發展。[8] 於是，地球的涵容能力或承載容量 (carrying capacity)[9] 不僅是人類發展的限制條件，在涵容能力的限制之下，透過公共治理以獲取最適的效能，更是人類追求的目標。一旦這樣的平衡產生裂痕，甚至造成現實的損害，便是值得關切因應的環境惡化。值得探討的是，環境惡化究竟如何發生？

當我們在界定環境是否惡化的同時，必須先探究該環境的涵容能力。以河川為例，它本身會面臨各種外力威脅，但也具有一定程度的自清能力。當廢水排入河川之後，毒性物質因河水稀釋及曝氣作用而減輕毒性；有機物則由微生物利用水中的溶氧，氧化分解為二氧化碳、硝酸鹽及硫酸鹽等，供給藻物營養。當河川中的廢污水有機物含量經微生物反應，所消耗的溶氧量小於由水表面的曝氣作用及藻類植物的光合作用所供給的氧氣量，則河川依然能維持各種正常用途。這也符合我國水污法，對於涵容能

8　從歷史的角度而言，世界上幾個古文明在形成初期即已有環境上的問題，而此等古文明的衰敗也多與其無法永續利用自然資源有關。*See* Clive Ponting, *Historical Perspectives on Sustainable Development*, 32(9) ENV'T 4, 4-9, 31-33 (1990).

9　Patrick Foley, *Predicting Extinction Times from Environmental Stochasticity and Carrying Capacity*, 8(1) CONSERVATION BIOLOGY 124, 124-37 (1994).

力的定義。[10] 在河川涵容能力下的環境利用,即非「環境惡化」(environmental degradation)。不過,當有機污染物的濃度提高,河水不足以稀釋廢水或污水至可允許的濃度,甚至發生厭氧分解而產生甲烷、硫化氫等臭味氣體,此等超出河川涵容能力的利用,就有了「環境惡化」的疑慮。

從上面的例子我們可以發現,涵容能力在不同背景脈絡下,容有不同的內涵,端視所處環境的歧異,包括氣候、地形等的不同,而決定個別環境的涵容能力。因此,環境惡化不會有一致的定義,可能牽涉到人口密度、居民的生活型態及年齡層結構、以及地理條件等等的異同。不同的社會對環境惡化的概念,也可能會有不同理解及詮釋。從而,環境是否惡化,往往是一個相對的觀念。

為何環境會惡化?就此,學術上有各種不同的討論。為了方便理解,我們可以將這些論點分為二類,一為變動因素論,二為功能失調論。前者所強調的是,在人類發展的過程中,透過科技發展、人口增加、都市化、工業化、以及產業活動等變動的因素,造成環境的惡化。後者則強調在變遷社會的各種制度適應問題,認為包括法律、政治、以及市場經濟等制度早已存在,只是這些早已存在的制度無法妥善因應環境此一新興議題,而導致環境的惡化。從而,在功能失調論者的眼中,環境惡化的原因,乃是既有制度的因應不良,而非新的變動因素加入。

---

10 例如,水污法第2條第15款:「涵容能力:指在不妨害水體正常用途情況下,水體所能涵容污染物之量。」

2.1. 變動因素論

　　變動因素論著眼於新因素的加入，造成環境的影響。這些新的變動因素包括科技發展、人口增加、都市化、工業化、以及產業活動等等。尤其是科技、人口以及工業化，更是主要的變動因素。這些變動因素，個別有其影響力，但彼此之間亦相互關聯。例如，科學與技術的發展及典範轉移，會提高生產能力，帶出新一波的經濟；而特定的生產模式，會引發勞動力及其他交通與居住等的相關需求，造成都市化的現象，進而影響環境品質。在此一相互關聯且持續變動的鏈帶上，每一個環節所發動的變化，都可能對環境生態造成影響，甚或造成環境惡化。

　　以下將從科技發展與運用[11]、人口增加與都市化[12]、工業化與經濟成長等三個主要的變動因素，進一步探討環境惡化的原因。[13]

2.1.1. 科技發展與運用

　　許多日常必需品都與科技發展有關，如交通工具、電器用品、清潔溶劑、乃至一般文書工作所使用的文具等。科技的發展為人類的生活帶來便利，也為產業活動帶來效率；然而，科技發展並非百利而無害。

11　*See generally* BARRY COMMONER, THE CLOSING CIRCLE: NATURE, MAN, AND TECHNOLOGY (1971).
12　*See generally* Paul R. Ehrlich & John P. Holdren, *Critique*, 28(5) BULL. ATOMIC SCIENTISTS 16 (1972).
13　參葉俊榮（2011），〈環境問題的制度因應——刑罰與其他因應措施的比較與選擇〉，氏著，《環境政策與法律》，頁 136-172，元照。

美國生態及教育學者巴瑞・科蒙納(Barry Commoner)指出，複雜的大自然，自成一個流動且自給自足的生態系統，相互牽連，共存共生。當人類在科技發展中，創造、發明原本大自然所沒有的新產品時，就可能對這個脆弱的生態系統，帶來相當的衝擊。[14] 曾被認為是20世紀最偉大發明之一的氟氯碳化物，就是這樣的一個例子。氟氯碳化物在普通環境下，具有不易分解、安定、且具有耐火、耐熱、無腐蝕性等優點，被廣泛使用於冰箱及冷氣機中的冷煤、噴霧劑推進器、電子迴路等精密零件的洗潔劑。然而，在這項發明誕生的幾十年後，人造的氟氯碳化物卻成為破壞臭氧層的元凶。[15]

科技發展是環境惡化的原因嗎？如果是，人類是否必須面對停止科技發展以保護環境的難題？這是否為不是你贏就是我輸的「零和抉擇」(zero-sum choice)？科技發展帶來的影響，確實可能成為影響環境問題惡化的變動因素，但不可忽略的是，科技發展同時也可能找到因應環境惡化問題的解方。例如，當人類發現地球的石油存量將罄，便可以透過再生能源等相關技術的發明及運用，來克服難題。

科技發展，一方面可成為惡化環境問題的利刃，另一方面又可成為解決環境問題的良藥。這樣的兩面刃特性，也反映在民眾對於科技的接納態度。抱持「科技樂觀主義」(technological optimism) 想法者，認為社會中各式各樣的問題，將隨著科技的發展迎刃而解；相反地，「科技悲觀主義」(technological

---

14 *See generally* COMMONER, *supra* note 11.
15 參葉俊榮，前揭註13，頁141-142。

pessimism) 則認為科技發展僅增加社會中的問題，對整體社會而言並沒有正面的影響。[16] 不管是科技樂觀主義或科技悲觀主義，兩者都認知到科技進步必然會對環境造成衝擊。然而，兩者最根本的差異在於，科技樂觀主義論者認為科技帶來的一切問題，皆可以再用更新更好的科技來解決，但科技悲觀主義者對此則不抱期待。發展新科技或許能解決部分環境問題；然而，過度信任新科技，忽略了即便有創新技術，倘若欠缺相應的市場及法規，新科技也只是存在於實驗室而已，並無法真正成為生活中的一部分，遑論解決既有科技所帶來的問題。

人們對於科技發展的態度，也與科技發展的進程相關連。以美國民眾對科技的態度為例，可分為三個階段。工業革命之後，科技的發展帶來生活上許許多多的便利，人們普遍對科技發展抱持著樂觀態度。然而，當時新科技才剛剛被引進人們的生活之中，人們普遍沒有能力、也沒有意識到，科技所帶來的並不只是正面影響。這樣單純的樂觀主義，又被稱為「無知的樂觀主義」(ignorant optimism)。 1950 年代的美國，民眾對科技的信任度達88%，堪稱科技樂觀主義的高峰。[17]

相對於「無知的樂觀主義」，在第二個階段，美國民眾則對科技採取「無知的悲觀主義」(ignorant pessimism)。1960 至 1970 年代，美國社會以反戰、嬉皮、以及民權運動為主流，大學生

---

16 *See* Daniel Yankelovich, *Science and the Public Process: Why the Gap Must Close*, 1(1) Issue Sci. & Tech. 6, 9-10 (1984), http://www.issues.org/19.4/updated/yankelovich.html.

17 *See id.*

競相學習瑜珈與禪宗，民眾對科技的不信任降至 52% 的低點。[18]在極度樂觀與極度悲觀的擺盪中，到 1980 年代的「平衡時期」，人們對科技的態度轉為中庸，對科技的支持度維持在 80% 左右，認為科技的發展對人類生活同時帶來了正面及負面的影響。[19]

前述三個階段，有許多不同的問題。環境污染的出現，發生在 1960 與 1970 年代，正是科技悲觀主義的高峰。在那個年代，人們普遍認為科技無法解決環境問題，社會上因此出現許多主張在憲法或法律層次「鎖定」環境價值的呼聲。本書第三章對此會有更詳細的討論。

科技確實可能使環境惡化，但我們也不應忽視科技能幫助我們更了解環境問題，以及科技進步對污染防治及環境保護的正面功能。運用科技來解決環境問題，基本上有三種方式。一種是推促新科技的產生，稱為科技創新 (technological innovation)。[20] 另一種是推廣既有的技術，稱為科技擴散 (technological diffusion)。[21] 第三種則是科技驅力 (technological forcing)，[22] 透過政府以訂定高

---

18 See *id.*
19 See *id.* 造成科技悲觀主義的社會背景可歸納為以下三點：第一，科技危害「地球太空船」(Spaceship Earth) 的說法甚囂塵上；第二，物質主義與個人文明的弊端使人聯想到科技的危害；第三，對科學壟斷真理的懷疑導致青年追求禪、道與其他東方宗教。
20 See e.g., Carlo Carraro & Domenico Siniscaico, *Environmental Policy Reconsidered: The Role of Technological Innovation*, 38 Eur. Econ. Rev. 545, 545–554 (1994).
21 See Adam B. Jaffe, et al., *Environmental Policy and Technological Change*, 22 Env't Pol'y & Tech. Change 41, 43 (2002).
22 See John Bonine, *The Evolution of "Technology-Forcing" in the Clean Air Act*, 6 Env't Rep. Monograph no.21 (1975); David Gerard & Lester B. Lave, *Implementing Technology-Forcing Policies: The 1970 Clean Air Act Amendments and the Introduction*

於現狀技術水準的環境標準為手段,促使廠商盡速研發符合法規標準的技術。不過,在實際運作上,也可能造成廠商因為害怕政府不斷提高環境標準而不敢公布新技術,而造成科技凍結(technological freezing) 的反效果。[23]

這三種運用科技解決環境惡化的方式,無論何者,均會進一步引發政府角色適當性的問題。政府是否應該扮演「火車頭」(locomotive) 的角色來推動科技?無疑地,倘若市場能自行運作,政府的主要功能就在於創造一個合理的運用環境,包括保障科技研發的智慧財產權等等。然而,實際上運作之後,往往可能發生市場運作不良的現象,而需要政府的介入。究竟政府應該介入到何種程度?又應該要有如何相應的制度設計?例如,環境法規中的各式標準,究竟要依據過去、現在,或是未來可能發展出的環境科技水準來訂定?這些問題,以及其所對應的規範與政策的功能,都是環境法中不得不思考的關鍵議題。

2.1.2. 人口增加與都市化

環境惡化是否僅是當代的現象?中古世紀或希臘羅馬時代,有沒有環境惡化的問題呢?除了科技的發展與運用之外,還有哪些是造成環境惡化的原因?有人認為真正造成環境惡化的原因,並不是當代科技的發展與運用,而是在當代科技文明出現前,就已經有的人口增加與都市化。

---

of Advanced Automotive Emissions Controls, 72(7) TECH. FORECASTING & SOCIAL CHANGE 761, 764-65 (2005); Thomas O. McGarity, *Radical Technology-Forcing in Environmental Regulation*, 27 LOY. L.A. L. REV. 943, 944-45 (1994).

23 *See* Bonine, *supra* note 22; David Gerard & Lester B. Lave, *supra* note 22.

相對於前述美國生態及教育學者科蒙納主張科技發展是環境惡化的元兇，保羅・埃利希(Paul Ehrlich)和約翰・霍爾德倫(John Holdren)則是從人口成長的觀點，主張許多環境問題早在科技發展前就已經存在。[24]他們強調人口成長及生活日益富裕，對環境惡化有根本的影響，早在新科技存在的數世紀以前，地球已因生態浩劫的結果，而滿目瘡痍。最常被引用的例子，像是豐饒的底格里斯河及幼發拉底河河谷的沙漠化，這樣的問題早在西元前二千年就已經開始，並結束於哥倫布大航海之前。灌溉問題所造成的沙漠化，是這些古老穀倉毀滅的主因之一。

　　今日，隨著人口成長，迫使人類更加仰賴灌溉來爭取耕作的土地，但沖蝕及鹽化的問題仍持續擴大，沙漠化對當地人民的生命帶來威脅。事實上，這些困境也不限於開發中國家，美國加州肥沃的皇家谷地的鹽化現象，亦相當嚴重。我們可以清楚看到，當人口增長，人類對於資源及環境的需求亦隨之增長，而當人類對於環境的需求大於環境涵容的能力，環境惡化的後果就隨之而來。

　　根據「聯合國糧食及農業組織」(United Nations Food and Agriculture Organization, UNFAO)先前的預估，地球人口會以每年1%的速度，在2030年增加至81億；其後以每年0.7%的速度，於2050年增加至89億。[25]不過，事實上，在2024年10月，全

24　*See* Ehrlich & Holdren, *supra* note 12, at 16-21.
25　N. Sadik, *Population Growth and the Food Crisis*, FAO, http://www.fao.org/docrep/U3550t/u3550t02.htm. 美國人口調查局(United States Census Bureau, USCB)的統計，參 *World Population Clock*, U.S. Census Bureau, https://www.census.gov/popclock/world (last visited Nov. 5, 2024).

球人口就已經來到 81 億。[26] 根據聯合國最新的統計，全球人口預計在 2050 年達到 91 億，在 2080 年來到 104 億之多。[27]

不僅人口數量的增長，使環境負荷增加；人口密度的增加，亦同樣使單位土地的環境負荷增加。在工業革命以後，因為工業與商業活動吸引大量人口集中，使都市的數量及規模不斷增加。都市大量增加的人口，除了都市本身的自然成長外，最主要還是來自鄉村人口的移入。這種人口移往都市的現象，就是「都市化」(urbanization)。[28] 都市化使得單位人口密度增加，人口稠密地區也較容易引起衛生、擁擠、以及公共設施欠缺等問題。再者，當污染發生時，越是人口密集的地區，所造成的損害也就越大。根據聯合國的統計，全球居住在都市人口的比率，由 1800 年 2％、1950 年 30％、2003 年 48％、2011 年為 52.1％，[29] 2023 年來到 56％，倘若以這樣的比率持續下去，到了 2050 年，全球每十個人當中，就會有七個人居住在都市。[30]

人口成長是造成環境問題的成因之一，限制人口的成長，便是順理成章的因應方法。然而，緊接而來的重要問題是：要由誰

---

26 As of October 24, 2024, the world population is 8,184,072,205, *See Current World Population*, Worldometer, https://www.worldometers.info/world-population/ (last visited Nov. 5, 2024).

27 *Global Issues: Population*, United Nations, https://www.un.org/en/global-issues/population (last visited Nov. 5, 2024).

28 *Urban Threats*, National Geographic, https://www.nationalgeographic.com/environment/article/urban-threats (last visited Nov. 5, 2024).

29 前開為聯合國 2011 統計數字，詳見聯合國網站，http://esa.un.org/unpd/wup/index.htm（最後瀏覽日：02/13/2013）。

30 *Urban Development*, World Bank Group, https://www.worldbank.org/en/topic/urbandevelop%ment/overview (last visited Nov. 5, 2024).

來限制人口的成長？又限制誰的人口成長？許多人口稀少但高度開發的國家，由於內部環境意識高漲，而限制人口的成長；相對地，許多落後、低度開發的國家，卻缺乏這樣的體認，反而任由人口繼續膨脹，所造成的惡性循環等問題，必須加以嚴肅看待。

2.1.3. 工業化與經濟成長

環境惡化的主因，亦有認為是來自工業化 (industrialization) 與經濟成長。1972 年，全球頂尖的環境、氣候及能源學者，在「羅馬俱樂部」(Club of Rome)[31]支持下，出版《成長的極限》(The Limits to Growth) 一書。[32] 該書利用系統動力學及電腦模型模擬世界未來的發展，根據人口、糧食、工業發展、資源消耗及環境污染等因素的增長速率計算後具體指出，倘若人類不改變現有的經濟發展政策及模式，人類社會的增長就會超越自然資源和環境承受的極限，到了 2100 年將正式面臨崩潰。[33] 為了避免崩潰的發生，該書極力呼籲所謂「零成長」(zero growth) 理論，不論是人口的出生或死亡、資本的增加或減少，均應維持在最小的程度，只有當科技進步真能擴增成長幅度時，我們才能謹慎做出些

---

31 1968 年，義大利學者奧雷利奧・佩切伊（Aurelio Peccei）、蘇格蘭科學家亞歷山大・金（Alexander King）等西方科學家創立了「羅馬俱樂部」，會員組成的資格為「關注人類未來、致力社會改進的各國科學家、經濟學家、商人、國際組織高級公務員、現任和卸任的國家領導人等」。俱樂部的目標在於找出影響人類發展的關鍵問題，並透過與決策者溝通和風險評估等分析後提出確實的解決方案。官方網站：*The Club of Rome*, https://www.clubofrome.org/ (last visited Apr. 11, 2025).

32 *See generally* DONELLA H. MEADOWS ET AL., THE LIMITS TO GROWTH (1972).

33 *Id.* at 126, 141.

微改變。[34]

不過,所謂「零成長」,並非將人類社會的發展,鎖定在特定時空,不再追求任何進步;相反地,是將環境及環境惡化的因素放在一個動態的過程來觀察,謹慎看待科技發展的利弊,以追求永續 (sustainability)。[35] 同樣在「羅馬俱樂部」的支持下,1991年所出版的《第一次全球革命》(The First Global Revolution) 亦再次強調,「羅馬俱樂部」並非一味鼓吹經濟零成長,而是希望藉此警告各國不要僅以追求工業化為首要任務,並醉心於科技萬能與經濟成長的神話。[36]

工業化在相當程度內造成的科技發展與機械化,的確對環境產生影響。值得注意的是,除了工業化的「程度」,工業化的「速度」,對環境的影響更是不容忽視。臺灣在亞洲四小龍時代的工業化速度,就被認為是全世界相當突出的。[37] 然而,快速的工業化,導致相關制度無法因應配合,工業化造成的負面效果,無法被制度吸納,所產生的後果,也就愈形嚴重。因此,在談工業化是否為環境惡化的元凶時,一定要帶入工業化過程中「速度」的觀念。

經濟成長與工業化一樣,必須付出代價。當我們一再地強調

---

34 *Id.* at 173-74.
35 Alexander King & Bertrand Schneider, The First Global Revolution, 49-50 (1991).
36 *Id.* at 50-51.
37 Umesh C. Gulati, *The Foundations of Rapid Economic Growth: The Case of Four Tigers*, 51(2) Am. J. Econ. & Socio. 161, 161-162 (1992); Paul Krugman, *The Myth of Asia's Miracle*, 73(6) Foreign Affairs 62, 69-72 (1994); Satoru Okuda, *Industrialization policies of Korea and Taiwan and their Effects on Manufacturing Productivity*, 35(4) Developing Econ. 358, 358-381 (1997).

「國民生產毛額」(Gross National Product, GNP) 及對外貿易的成長時，必須同時關照經濟成長下，相對也要付出的社會及環境成本。以二次戰後臺灣曾興盛一時的養豬業為例，豬肉僅是最終的產品，其輸出雖然增加了我們的出口總值，但在生產豬肉的過程中，飼養豬隻所產生的大量糞便，造成嚴重的河川污染（如臺南的將軍溪）、下游魚蝦養殖戶的損失、以及消費者食用不潔水產所產生的傷害等等，都同樣是不可忽視的成本。[38]

上述討論其實還隱含了「分配正義」的問題：經濟成長所帶來的利益是誰在享受？所帶來的社會成本，又是誰在承擔？以太陽能光電產業為例，太陽能電池製造過程中所使用的大量酸鹼性蝕刻劑，金屬電極所需的稀有金屬銀，以及焊接時所使用有毒鉛劑等物質，同樣會對環境造成負面影響。[39] 若無法克服這些污染問題，而一味追求將這些號稱「節能減碳」的太陽能電池出口到歐美國家，反而是將製程中所產生的污染留在國內，作為換取對外貿易及經濟成長的代價。

經濟成長的迷思，並不僅僅存於資本主義社會或已開發國家。開發中國家、也是全球南方國家 (Global South)[40] 的領頭

---

[38] 劉志偉（2009），〈國際糧食體制與臺灣的糧食依賴：戰後臺灣養豬業的歷史考察〉，《臺灣史研究》，16卷第2期，頁105-160；孫偉菁（05/04/2016），〈臺灣養豬歷史與發展〉，主婦聯盟環境保護基金會網站，https://www.huf.org.tw/essay/content/3527（最後瀏覽日：11/05/2024）。

[39] 陳子秦（08/2008），〈太陽能電池產業製程及污染防治簡介〉，《環保技術e報》，https://proj.ftis.org.tw/eta/epaper/PDF/ti059-1.pdf（最後瀏覽日：11/05/2024）。

[40] 全球南方國家，指相較於通常位於北半球的已開發國家 (developed countries)，在開發程度上較為落後的未開發或開發中國家 (developing

羊——巴西，在急於發展經濟以穩定政治情勢時，就為了引進大量外資，而不顧對國內環境所付出的代價。[41] 在 1972 年於瑞典斯德哥爾摩所舉行的「聯合國人類環境會議」(United Nations Conference on the Human Environment)，首次參與的中華人民共和國代表團，在會中以開發中國家的代表自居，強調已開發國家應該要為其開發所帶來的環境污染負責，[42] 尤其當這些環境污染是由開發中國家所承擔時，已開發國家必須提供資金及技術來協助開發中國家面對及解決。[43] 不過，中國代表團亦承認，即便是開發中國家，亦同樣必須面對快速發展所帶來的嚴重環境問題。[44]

2.1.4. 小結

在上述解釋環境惡化的變動因素論中，其論證各有不同的著重點。有認為科技為環境惡化的主因，也有認為人口增加及快速都市化才是主要原因，更有主張工業化與經濟成長才是罪魁禍首。其實各種主張之間，仍存在相互關連。這些彼此間存在異同、

---

countries)，其典型的代表組織是成立於 1960 年代在聯合國及其所屬相關機制為開發中國家的共同利益發聲的跨國組織——Group 77 (G77)。當時由 77 個開發中國家所組成，目前已有超過 134 個開發中國家成為其會員國。*See* Louisa Brooke-Holland, *What is the Global South?*, House of Commons Library, https://commonslibrary.parliament.uk/what-is-the-global-south/ (last visited Nov. 05, 2024).

41 *See generally* Eduardo Polloni-Silva et al., *The Environmental Cost of Attracting FDI: An Empirical Investigation in Brazil*, 14(8) Sustainability 1 (2022), https://doi.org/10.3390/su14084490.

42 Xiaoxuan Wang, *The 1972 Stockholm Conference and China's diplomatic response*, 6(2) Cultures Sci. 146, 150-52 (2023).

43 *Id.* at 150.

44 *Id.* at 149.

而又相互關連的主張，對環境議題的因應方向與作法，具有高度的政策意涵，亦影響環境法立法目的設定。

▶ 2.2. 功能失調論

變動因素論者主張，社會上特定因素或多種因素的變動，是造成環境惡化的主因。然而，不可忽略的是，不論是科技的發展、人口增長、還是工業化，均非一蹴可幾的單一事件，而是一段漸進發展的過程。也因此，針對環境惡化的成因，另有主張認為是既有制度無法發揮應有的功能，以因應環境議題的出現，終於造成環境惡化。此種論點稱為功能失調論。

由功能失調論的探討與分析中，我們可以從宗教倫理與教育文化、市場機制、政治運作、法律制度等因素，來思考既有的制度是否真有無法發揮功能之處，人類社會又應如何因應這樣的問題。

2.2.1. 宗教倫理與教育文化

宗教倫理與教育文化，影響著人的生活習性和思維結構。「愚公移山，人定勝天」即是強調人類堅強意志、征服自然的一種傳統的倫理觀。環境惡化與宗教倫理、教育文化是否有關？歐美學者往往以為，在信奉「天人合一」的華人社會，人與自然早已取得和諧關係，環境倫理亦已深植人心。華人社會是否真正講究天人合一，重視自然，可從影響華人社會相當深遠的儒家及道家的思想來分析。

孔子曾說：「四時行焉，百物生焉，天何言哉。」[45] 這代表

---

45 朱熹（1983），〈陽貨第十七〉，氏著，《諸子集成：四書章句集注》，頁180，中華書局。子曰：「予欲無言。」子貢曰：「子如不言，則小子何述焉？」

儒家思想要人尊重自然環境萬物,並從四時更替、萬物運行的過程,學習上天之道的想法。朱子《中庸》也提到:「天地之道,可一言而盡也:其為物不貳,則其生物不測」,[46] 認為天地之道就是萬物的根源,將人與萬物視為一體。孟子則有「仁民愛物」之說,其曾謂:「數罟不入洿池,魚鱉不可勝食也,斧斤以時入山林,材木不可勝用也。」[47] 表示人應該要愛惜自然之物,同時強調人類利用自然資源時,應有適當的節制,且應在恰當的時機,做適當的利用,有如現代永續發展的概念。

儒家發展的過程中,承續了萬物本源的概念。[48] 北宋理學大師程顥認為所謂之仁道,乃萬物應一視同愛,人應以全體生態的觀點來關照世界。[49] 明代大儒王陽明也認為「人為天地之心」,其非指人對萬物有主宰的權利,反而是認為人有對萬物化育照顧的責任,並強調正因萬物與人為一體,則更有愛物的責任;也將愛惜萬物的責任,納入了人所應有的仁義概念之中,即所謂「使

　　子曰:「天何言哉?四時行焉,百物生焉,天何言哉?」
46 朱熹(1983),〈中庸章句〉,氏著,《諸子集成:四書章句集注》,頁34,中華書局。
47 朱熹(1983),〈梁惠王章句上〉,氏著,《諸子集成:四書章句集注》,頁203,中華書局。。
48 東方朔(2005),《從橫渠、明道到陽明:儒家生態倫理的一個側面》,香港中文大學崇基學院宗教與中國社會研究中心;潘朝陽(2011),《儒家的環境空間思想與實踐》,國立臺灣大學出版中心。
49 「夫天地之常,以其心普萬物而無心;聖人之常,以其情順萬物而無情。故君子之學,莫若廓然而大公,物來而順應。」程顥,《定性書》,維基文庫,https://zh.wikisource.org/zh-hant/%E5%AE%9A%E6%80%A7%E6%9B%B8(最後瀏覽日:11/05/2024)。

有一物失所，便是吾仁有未盡處」。[50] 但王陽明也認為「道理自有薄厚」，[51] 即是雖然萬物應與人獲得相同的尊重，但由於現實世界中，本來人們在對待路人與親人即有差異，是自然的道理，因而人們在對待人類與萬物的態度上自然也有薄厚之差，使人對於自然萬物能夠因薄厚之別而加以利用。

從上述可看出，儒家思想原本除了強調愛人如己外，在對待環境萬物中也發展出了愛物如己的概念，並認為天地與自然為共榮同源之整體，強調人與自然的和諧發展。不過，與此同時，儒家也認為人為萬物之靈，有其特權與責任，因而設立了物我之間的差別，並從此觀點出發，以仁心關照環境自然。因此，儒家可說是以人為中心的環境思考，並強調整體自然資源的永續發展與利用。

至於道家對環境與自然的看法，可從老莊思想來予以理解。老子認為「天地相合，以降甘露。民莫之令而自均」；[52]「道生之，德畜之……生而不有，為而不恃，長而不宰，是謂玄德。」[53] 亦即，天地萬物的根本，均為同源同根，自然萬物與人是平等共同的存在，人類不應以主觀的意志對自然做出干涉。「人法地，地法天，天法道，道法自然」，[54] 在在表示人類應順應萬物自然生

---

50 王陽明，〈知行錄之一 傳習錄上〉，氏著，《王陽明全集》，中國哲學書電子化計畫，https://ctext.org/wiki.pl?if=gb&chapter=915813（最後瀏覽日：11/05/2024）。
51 同前註。
52 《道德經》，中國哲學書電子化計畫，https://ctext.org/dao-de-jing/zh（最後瀏覽日：11/05/2024）。
53 同前註。
54 同前註。

長，不占有也不主宰。莊子則提出：「天地與我並生，而萬物與我為一。」[55] 由此可見，傳統道家思想重視個人欲望的節制，避免資源的過度使用造成環境的干擾，並採取和自然環境平等相處的態度。[56]

儘管倫理思想是這樣告誡人們，但這畢竟只是思想體系的一部分，每一個思想體系仍會有內在衝突的情形，當內在的價值產生衝突，環境價值在其中就有可能被犧牲。濫用資源的情形，焚林以驅猛獸，竭澤而漁，[57] 在過去的歷史中，並非少見。根據學者的研究，在中國的宋代（西元 966 年～1279 年），家庭及工業燃料所需的炭和林木，即已超過全國的木材量，結果是增加煤產來替代。[58] 當宗教及倫理思想面臨環境資源的現實挑戰，衝突及問題的產生，在所難免。

當表象的問題無法解決的時候，我們常常要回到問題的根本，希望透過教育來有所改變。不可否認地，教育具有移風易俗的功能，對於環境價值的推動，有很大的助益。在臺灣，環境教育法於 2010 年的世界環境日（6 月 5 日）公布，並於公布後一年施行。我國成為繼美國、日本、韓國、巴西等國之後，少數將環境教育立法的國家。[59] 環境教育法明確指出，環境教育的目的

---

55 莊子，〈齊物論〉，氏著，《莊子》，中國哲學書電子化計畫，https://ctext.org/zhuangzi/adjustment-of-controversies/zh（最後瀏覽日：11/05/2024）。
56 高柏園（2000），〈道家思想對環境倫理的回應態度〉，《鵝湖學誌》，25 期，頁 41-44。
57 宋・秦觀〈李訓論〉：「焚林而畋，明年無獸；竭澤而漁，明年無魚。」
58 Ti-Fu Tuan & Yi-Fu Tuan, *Our Treatment of the Environment in Ideal and Actuality*, 58(3) AM. SCIENTIST 244, 247-249 (1970).
59 吳鈴筑（2010），《國內外環境教育法比較之研究》，國立臺灣師範大學環

為促進國民了解個人及社會與環境的相互依存關係,增進全民環境倫理與責任,進而維護環境生態平衡、尊重生命、促進社會正義,培養環境公民與環境學習社群,以達到永續發展。[60] 該法也將全體國民、各類團體、事業、政府機關(構)及學校,都納入成為環境教育的對象,[61] 期待國民在了解與環境倫理與相關保護環境的知識、技能、態度及價值觀後,能促使國民重視環境,並積極採取行動,以達永續發展的終極目的。[62]

但是,教育並非唯一的解決之道,教育的成功,也需要其它制度面的配合,才能克盡其功。當今,環境惡化的成因,絕不能單獨地指稱某一因素是唯一的原因,而應強調整體的環境思考。重要的是,教育雖有移風易俗的功用,但也必須以社會對環境的整體思考為素材及後盾,才能產生深化的效果。[63]

2.2.2. 市場機能

在經濟學中,外部性的概念,是指市場機制下的交易行為,對未參與交易的第三人形成效益或成本,但交易雙方卻沒有或無法將這樣的成本內部化 (internalized)。[64] 也由於這層原因,賣方往往若非高估、就是低估了產品的成本;這將使市場缺乏效率,或使社會福利無法極大化,形成「市場失靈」(market failure) 的

境教育研究所碩士論文。
60 環境教育法第 1 條。
61 環境教育法第 4 條。
62 環境教育法第 3 條。
63 *See* Lynn White Jr., *The Historical Roots of our Ecologic Crisis*, 155 SCI. 1203, 1204-06 (1967).
64 *See* Alfred Marshall, PRINCIPLES OF ECONOMICS 266 (1920).

情況。[65] 舉例而言，一個人隨手亂丟垃圾，省去了他找垃圾桶或自行處理垃圾的成本；但他亂丟垃圾弄髒全民共享的公共空間的成本，卻是由全民一起承受，政府也需要用稅金雇用更多清潔人員來維持公共環境的整潔。上述污染公共空間的成本，因為無法內化於行為者本身，使行為人選擇了一個看似方便的方式處理自己的垃圾，低估了行為所造成的成本，讓社會福利無法極大化，這便是市場失靈的適例。

經濟學者哈定 (Garrett Hardin) 首創，將上述例子中的「整潔環境」視為財產，標定價格並將行為成本納入計算，以解決「外部成本」難以內部化的問題。他於 1968 年的學術論文中，提出一個「公有地悲劇」(the tragedy of the commons) 的例子：[66] 想像在一個無人看管的村莊共有地上，有十位村民在上面牧牛，一人牧八頭牛，而共有地最多可承受一百頭牛。因此，即使每位村民都增加到十頭牛，仍可相安無事，土地也不至於因為使用過度而傷害到總體利益。但若是其中一位村民只顧自己的最大利益，不斷增加牛隻的數量，使公有地的負載增加，但個人使用土地、耗盡地力的成本卻未反映在其畜養牛隻的成本上，將造成損人利己的不公平現象。對於這個現象，哈定強調：「在一個有限的世界裡，每個人都急急忙忙地自取滅亡，每個人都在追求自己的最高利益，且相信這是共有地的自由。共有地的自由會導致群體的敗亡。」[67] 哈定的公有地悲劇告訴我們，人類利用自然資源並非沒

---

65 同前註。
66 Garrett Hardin, *The Tragedy of the Commons*, 162 SCI. 1243, 1243 (1968).
67 *Id.* at 1244.

有成本，倘若因為自然資源的所有權界定不清，造成使用這些自然資源的價值未能反映在成本上，產生使用自然資源無須付費的假象，最終將導致自然資源不當濫用，而傷害全人類共同資產的惡果。

欲使市場機制有效運作，就須控制外部性問題，外部性的存在是環境惡化的主要原因之一。由於污染所造成的社會成本，未能反映於廠商的生產成本，這就使得廠商不在乎污染防治的必要性，特別是許多高污染性的產業，更是如此。事實上，若是將外部成本內部化後，這些高污染產業可能根本無利可圖。如果外部成本內部化作得相當徹底，即令政府有意讓產業繼續，產業也會自行尋求改變。眾所周知，臺灣為了促進經濟發展及確保民生用電可以得到滿足，長期將電價控制在相當低的水準。根據台灣電力公司於 2023 年 10 月所公布的資料，我國住宅用電電價為全球第 5 低，工業用電電價為全球第 3 低；相較於 2020 年我國住宅用電電價當時為全球第 4 低，工業用電電價為全球第 6 低，[68] 可以看出政府持續將工業用電成本壓得非常之低。此舉不僅將原為市場商品之一的電，變成產業補貼、甚至是社會福利，發電過程所排放的溫室氣體及其他對環境的不利影響，亦沒有反映在電價上，不但可能造成電力浪費，更有損環境。

外部成本的內部化，可透過嚇阻的力量來達成，例如對製造污染者科以相應的罰鍰，或是透過經濟誘因的方式來達成。其中

---

68 台電根據國際能源總署 (IEA)、Enerdata 最新統計資料、及亞鄰各國電價資料，整理出我國住宅及工業電價的全球排行，參台灣電力公司網站，https://www.taipower.com.tw/1136/1149/2271/3124/normalPost（最後瀏覽日：11/05/2024）。

有一種方式是政府補貼,即政府出資協助業者解決污染問題,但補貼是學界認為效率最低,且最不公平的方式。此外,還有一種反誘因 (dis-incentive) 的方式,是依廠商的污染排放量徵收污染稅,但廠商可透過污染狀況的後續改善,來減輕污染稅的負擔。[69]

2.2.3. 政治運作

在環境問題的討論上,要完全避免與政治運作的關聯,幾乎不可能。[70] 許多事例顯示,市場機能之所以不彰,外部成本之所以無法內部化,都與政治運作有關。例如,臺灣許多縣市長不敢處罰縣市內的主要污染源,造成地方政府執行環境法規的鬆散,即可能與地方政治有關,包括縣市長與地方產業的連結、政商關係、選舉經費及相關資源的需求等等。在此種關連下,環境惡化的原因,就會被歸結到不良的政治運作,不管在中央或在地方,都有可能受到影響。[71]

社會在環境意識逐漸高漲的情形下,候選人基於以當選為目標的考量,規劃自己的競選市場,考慮推出某類議題(競選商品)以迎合選民。當然,環境議題是候選人的最愛之一。不過,選舉期間推出的環境承諾,鮮少在選後真正落實。如何使民間的環保

---

69 相關討論參葉俊榮(1991),〈論環境政策上的經濟誘因:理論依據〉,《臺大法學論叢》,20 卷 1 期,頁 102-105。相反論點,參 STEVEN KELMAN, WHAT PRICE INCENTIVES: ECONOMISTS AND THE ENVIRONMENT 45, 53 (1981).

70 *See generally* WILLIAM OPHULS, ECOLOGY AND THE POLITICS OF SCARCITY (1977). 中文譯本參 William Ophuls(著),何沙崙(譯)(1981),《生態學與匱乏政治學》,華泰。

71 Manus I. Midlarsky, *Democracy and the Environment: An Empirical Assessment*, 35(3) J. PEACE RSCH. 341, 341-43 (1998).

聲音,毫無扭曲地傳送到政府部門?又如何使政府的環境政策能真正地確保環境不受破壞?民主選舉制度是否可以發揮這樣的功能?專家的專業與選舉又要如何產生良好的互補效果?要求代議士為民喉舌真的能解決環境問題?民意代表與選民的關係,是不是會影響環境決策的品質?凡此問題,都是政治運作與環境保護的關聯,而無法有效回應上述問題的政治運作,往往會造成環境的惡化。[72]

在處理環境問題時,常有「雜亂的漸增主義」(disjointed incrementalism)[73],或更確切地稱為「漸進調適」(muddling through)[74]的特殊決策型態,而這樣的特殊決策型態也使得環境問題更為嚴重。雜亂漸增的決策,大多忽略長期的目標,僅專注於眼前的問題,所找尋的答案,也經常只求解決現狀所生的問題。因此,這種雜亂漸增決策模式的特徵——只就現有的政策作極小的改變、評估及比較,不作徹底及大規模的改變;只考慮有限的可行方案,也只考慮可行方案下,少數幾個重大的結果;不是盡可能去尋找或評估可以達成目標的有效手段,反而是去調整目標,使目標適合於現實可採行的手段;對問題只作零星的應對,並採取修補的處理方式。[75] 從而,這種本於雜亂漸增主義的漸進調適的決策模式,其所訂定的政策或所採取的政策工具,往往僅

---

72 *Id.*

73 Charles E. Lindbolm, *Still Muddling, Not Yet Through*, 39(6) PUBLIC ADMIN. REV. 517, 517-518 (1979).

74 *Id.*

75 *See* Brian Low et al., *Green Power Electricity, Public Policy and Disjointed Incrementalism*, 65 J. BUSINESS RSCH. 802, 803 (2012).

能應對或補救當下的問題,而無法根本性地解決問題,更不可能具有前瞻的政策思維。

從短期的利益與相對小的成本來看,漸進調適的決策模式可以說是一種高度經濟性的決策,非常適合於放任式的政治運作;但顯而易見地,漸進調適的決策模式也有很大的壞處。詳言之,雖然它在短期成本效益上顯得相當合理,滿足現有的偏好,但它也產生長期的不良後果,特別是當計算長期成本效益而受到折減時更是如此。事實上,這往往是漸進調適的決策模式,反而將人類社會帶向生態困境的關鍵原因。

核能發電,是說明漸進調適潛在危險的適例。[76] 在許多國家,核能發電的決策,受到許多利益團體的影響,國會也沒有明顯的政策決定或辯論,此一影響如此重大的決策,往往在大家不知不覺中,就已經做成。[77] 在臺灣,核一、核二及核三電廠的興建,是在戒嚴時代,當時國會並非由人民選出的代表所組成,人民也完全沒有表達意見的機會。事實上,最極端的漸進調適決策形式,往往並非來自於有意識的選擇——它只不過是整合包括特殊利益在內的各種偏好的一種決策模式。我們迄今仍無法有效因應此一決策模式的困境,如果把它當作是一個環境政策者必須要積極應對的問題來看,這樣的事實,確實令人感到悲觀。

政治部門處理環境問題,在現狀下遇到了一些根本性的困

---

76 *See* David Collingridge & Jenny Douglas, *Three Models of Policymaking: Expert Advice in the Control of Environmental lead*, 14(3) Soc. Stud. Sci. 343, 365-66 (1984).

77 *See e.g.,* Sung Chull Kim & Yousun Chung, *Dynamics of Nuclear Power Policy in the Post-Fukushima Era: Interest Structure and Politicisation in Japan, Taiwan and Korea*, 42(1) Asian Stud. Rev. 107, 108-111 (2018).

境,其中以「事權不統一」及「決策延誤」最為重要。「事權不統一」的行政責任部分,可以用一個例子來說明。負責有關空氣污染的決策機構,通常不能控制土地的使用、公路的建造、廢物的處理、大眾運輸以及農業發展等,但這些其他面向的決策卻往往對空氣污染有重大的影響。各個決策部門的分工,並無法以生態系統的邏輯來進行,這也使得許多生態的價值,可能在決策部門不同的權責分工當中被忽視或無法妥善因應。各個機關往往都是為某一特定功能而設立,因此容易產生單一心向(single-mindedness)、管見(tunnel vision)、機關本位、漠視除了其任務以外的其他公共利益等的問題。[78] 表面上看來,政府設立了因應各式政策的機關,但是這些機關卻沒有辦法聚攏起來,發揮政策整合的功能,反而常常引發彼此權責分工的爭議,甚至因此呼籲要設置另外的機關,更無法有效解決問題。

除了事權不統一之外,決策延誤是另外一個政策決定過程常見的問題,導因於決策資料及知識欠缺或老舊。[79] 在政策制定過程中,由於有不同系統間在程序上的相互制衡,致使有爭議的決策長期延誤,造成問題。[80] 例如,為某一座水力發電廠的廠址,可能爭吵幾十年,也得不到最後的決定;多年的訴訟,也未能解決湖泊受致癌物污染的問題。當政府機構、企業及環保團體,用盡環境政策制定過程中,包括聽證、訴訟、抗告及上訴等所有程序上的設計,甚至持續在程序外互相攻訐時,最終的決策就可能

---

78 參張文貞(1995),《行政命令訂定程序的改革:多元最適程序原則的提出》,國立臺灣大學法律學研究所碩士論文。
79 同前註。
80 同前註。

因此而擱置。

環境決策的其他障礙，亦隨處可見。歷史顯示，管制機構常常反過來受被管制者的利益所左右，很快就會變成特殊利益、而非公共利益的守護者。另一方面，主管環境的機關，也經常被自己機關的既得利益所包圍；抗拒改變或習慣既有制度慣性或惰性(institutional inertia)的力量，往往會利用管制機關來獨享特殊利益，或利用其他方法打擊批評者及改革者。[81] 總之，行政的過分負荷、權責割裂、延誤制定及執行，以及開發與成長過程中所遺留的制度性遺產，都可能阻撓我們制定適時且有效的環境政策。前述問題解決的癥結點，還有賴更徹底的制度改革。

2.2.4. 法律制度

法律作為現代社會制度的一環，在不同的議題與領域中，確實成為解決及回應問題的重要制度。然而，在環境領域，傳統的法學思維與既有的法律制度，卻未必能適切地回應環境議題的需求。法律制度無法回應環境問題，造成法律功能失調的原因有以下兩項。

第一，不論是從歷史的眼光或當代的角度，都可以發現立法跟不上環境變化的情形。環境問題引發的災難，往往只是成為呼籲的口號，而無法真的牽動立法。當法律制度來不及因應環境問題時，環境就有可能隨著時間延長而加劇惡化，災難則會再度發生。這種立法遲緩的原因在於，環境領域中經常必須面對新興的議題與科技，在對於基礎背景與事實了解不足、甚至於充滿不確定性的情形下，法律若要對實體的環境議題進行規範，往往是一

---

81 參葉俊榮，前揭註13，頁140-142。

個嘗試與錯誤的過程 (trial and error)，無法立刻回應需求。

1992 年臺灣的「民生別墅輻射屋案」爆發，當地居民向原子能委員會尋求協助。然而，「民生別墅案」作為全臺第一件輻射屋案例，影響範圍不但超出了社會大眾、專家的預期，甚至連當時掌管原子能及輻射安全的行政院原子能委員會所掌管的原子能法、游離輻射防護法及相關子法，也欠缺因應「輻射屋」問題的規定及管制措施，導致無法及時採取因應措施、適當地保護受害人民。[82]

其次，除了上述立法遲緩與試驗過程的問題之外，法律制度在因應環境議題時，從其思維而言，有更為根本的困難。現代的法律制度是啟蒙與理性的產物，是以「人類」為制度中心的設計。例如，法律的初學者最先面臨的法學名詞之一即是權利能力，只有人能擁有權利能力，也只有人才能享受權利負擔義務。又例如，法律規範的是人類的行為，希望透過對於行為的管制，改變人類行為的樣態。在這樣的邏輯與思維之下，前述所定義的環境，包括有生命與無生命的，其實都不是法律制度的核心。

以人為本的法律制度在面對環境議題時，仍舊脫離不了以人類為中心的思考方式，環境的維護最終仍是為了人類的福祉。例如 1972 年的〈聯合國人類環境會議宣言〉即在前言中表明：「人類環境之兩個面向，即自然和人為方面，對於人類福祉、享有基本人權以及生存權本身，都是不可或缺的思考」。[83] 其他包括〈世

---

82 王俊秀（1994），《環境社會學的出發——讓故鄉的風水有面子》，頁 81-87，桂冠。
83 該宣言的中文翻譯與解說參葉俊榮、姜皇池、張文貞（2010），《國際環境法：條約選輯與解說》，頁 2-7，新學林。

界自然憲章〉、〈里約宣言〉、〈二十一世紀議程〉等重要國際宣言，[84]也都傳達了相同的思維。以人為本的法律制度在因應環境議題時，由於固守以人為中心的思考，環境只是被管制的客體，因而無法確實彰顯環境本身的價值。

法律除了以人為中心之外，另一個特點是以權利為基礎。從而，主張環境價值者，傾向認為法律應該有一種歸屬於環境的權利，亦即環境權。不過由於環境是公共財的特性，環境權的內涵與性質，一直處於模糊的狀態。到底誰擁有環境權、誰可以主張環境權、環境權的內容是什麼、主張環境權在法律上可以獲得什麼樣的救濟等等與權利概念緊密相關的問題，在環境權論述都沒有清楚的定義，也因此使得環境權的主張無法發揮功能。[85]

在面對環境問題時，傳統以人為本，以及以權利為本位的法學思維，固然面臨挑戰，但既有的法律制度，仍難以跳脫這樣的窠臼。不過，值得注意的是，近年來，開始有國家透過修憲、立法、甚或司法判決等方式，承認「自然權」(legal rights for nature)，賦予山川河流等自然生態作為權利主體的地位，並使其享有法律上的權利。[86] 2008 年，厄瓜多成為第一個將自然權利寫入憲法的國家；2014 年，玻利維亞則立法承認自然權；紐西蘭在2014年及2017年亦分別立法賦予境內兩條河流法律上的權利；

---

84 這些國際宣言的中文翻譯與解說參葉俊榮、姜皇池、張文貞（2010），《國際環境法：條約選輯與解說》，頁 8-64，新學林。
85 關於環境法的權利論進一步的討論，參本書第四章。
86 相關的各國實踐，參 *Rights of Nature Legal Training*, Center for Democratic and Environmental Rights, https://www.centerforenvironmentalrights.org/rights-of-nature-law-library (last visited Nov. 05, 2025).

2016 年,哥倫比亞憲法法院透過判決承認河流生態系統的權利主體地位;2017 年,印度法院亦有判決承認河流的權利主體地位;2019 年,孟加拉最高法院亦肯認境內河流的權利主體地位。[87] 事實上,自然權利的倡議,早在 1972 年,美國學者克里斯多福・史東 (Christopher Stone) 以一篇「樹木應否具有當事人適格?」為題的學術論文,以被污染的河川為例,主張自然萬物必須要被賦予法律上的權利,才能更好地實踐環境保護,就已經開始。[88] 這一波自然權的發展,彰顯了對環境問題的回應,確實需要對傳統法律制度進行比較結構性的改弦更張,才能有更進一步的發展。

2.2.5. 小結

從功能失調論者的主張來看,環境惡化的根本成因在於,既有的「宗教倫理」、「市場機制」、「政治運作」及「法律制度」無法發揮作用或修正調適制度,來面對環境變遷。然而,究竟是哪一種社會制度失調,才造成「環境惡化」?就如同變動因素論一樣,我們難以將環境惡化的結果,歸咎在某一特定的制度。甚至,如果我們主張單一制度為環境惡化的主因,反而會忽略其他制度對環境惡化的影響,而無法採取有效的環境因應政策方向與制度建構。

---

[87] 陳麗安(2021),《自然權的發展與落實:以紐西蘭與哥倫比亞為例》,國立臺灣大學法律學研究所碩士論文。

[88] *See generally* Christopher D. Stone, *Should Trees Have Standing? – Toward Legal Rights for Natural Objects*, 45 S. Ca. L. Rev. 450 (1972).

3. 環境問題的特色

在認識環境、了解環境惡化的成因後,我們要進一步探討什麼是環境問題。這問題看似簡單,其實卻需要做多方的觀察,才可以加以描述。當我們說汽車排放廢氣或工廠排放廢水是環境問題時,大家都能夠接受。問到捕殺鯨魚或在黑面琵鷺棲息地蓋工業區是不是環境問題時,或許稍加思索後,我們會認為因為涉及自然保育,所以這些問題是環境問題。但若進一步問到,登革熱是不是環境問題?破壞古蹟是不是環境問題?或許我們就會開始產生遲疑。如果再問,愛滋病是不是環境問題?戰爭是不是環境問題?乃至流浪兒童是不是環境問題時,我們就更不敢肯定了。

在探討是不是環境問題時,前述關於環境惡化成因的討論,可以提供一些思考方向。例如,我們對生態系的思考應以「人」為本位,或者以「環境生態」為本位?「資源有限性」中的「資源」,是不是廣義環境的同義詞?科技發展、人口增加與都市化、及工業化和經濟發展等因素,是否只有在「資源有限性」的前提下,才會是環境惡化的成因?從而,環境問題的面向,相當廣泛,難以正面來加以描述。以下,我們將試圖從廣泛且具備多面貌的環境問題中,爬梳出環境問題的特色。理解環境問題特色的目的,乃在於了解環境問題與其他社會問題的關連,作為環境法律規範的基礎,並進而作成解決環境問題的決策。

▶ 3.1. 科技的不確定性

政府的決策,往往是在事後,藉著科學的日益發達,認識事實之後,方知道如何因應。亦即,惟有以科學為基礎,對事實加以認定,決策者方能獲得決策方向的支持,這類的例子層出不

窮。例如，當 DDT[89] 剛出現時，被認為是最有效的農藥及殺蟲劑，但後來證明對生態平衡、甚至是人類健康，均有嚴重影響，政府便透過政策決定將它禁絕。在使用髮膠、冷媒、保麗龍等發泡劑的當下，人類絕無能力想像其所內含的氟氯碳化物[90]對臭氧層的影響；或者，我們可以從無法分解的塑膠，發展出可分解的「自然塑膠」(Biopol)。[91]

決策者往往必須掌握充分的事實後才能有對策；然而，在處理環境問題的時候，卻往往遭遇時間與成本的限制，使得決策者難以仰賴充分的事實為基礎，客觀進行決策。在時間方面，要了解某產品是否有毒，常常必須經過數年的實驗；在成本方法上，

---

89 DDT 的學名是「雙對氯苯基三氯乙烷」（Dichloro-Diphenyl-Trichloroethane），可製成乳劑，對人類毒性低，曾經是最著名的合成農藥及殺蟲劑。但後來經科學研究發現，DDT 不易降解，會在動植物體內累積，破壞生態平衡，血液中有高濃度 DDT 的人罹患肝癌的風險增加。目前世界大部分地區已經停止使用 DDT，只有少數地區還繼續使用以對抗瘧疾。國家環境毒物研究中心網站，https://nehrc.nhri.edu.tw/2022/07/29/%E6%BB%B4%E6%BB%B4%E6%B6%95%E5%8F%8A%E5%85%B6%E8%A1%8D%E7%94%9F%E7%89%A9/（最後瀏覽日：11/05/2024）。

90 氟氯碳化物，也稱氯氟烴（Chlorofluorocarbons，簡稱 CFCs），因為低活躍性、不易燃燒及無毒等特性，被廣泛使用於日常生活中，除了作為冷媒以外，也時常作為噴霧罐的壓縮噴霧噴射劑，但由於對環境破壞的疑慮，於 1996 年 1 月 1 日起，氟氯碳化合物正式被禁止生產。環境部化學物質管理署網站，https://topic.moenv.gov.tw/chemiknowledgemap/cp-224-9971-0e097-5.html（最後瀏覽日：11/05/2024）。

91 1980 年代，英國一間公司開發利用特殊菌種經由發酵製程，以葡萄糖與丙酸為原料，產出可自然分解的塑膠 Biopol。經濟部產業技術司網站，https://www.moea.gov.tw/MNS/doit/industrytech/IndustryTech.aspx?menu_id=13545&it_id=235（最後瀏覽日：11/05/2024）。

為解決科技上不確定性以利決策的作成,往往須花費相當成本的代價,且該成本的投入是否可達到預期目標,或是否可回收也是未知之數。

如此看來,「決策於未知」乃是現實所面對的難題,而非制度本身的困境所形成的問題,更是環境政策、環境法規訂定與執行上,相當重要的因素。[92]

▶▶ 3.2. 隔代分配

環境問題與其他社會問題在隔代平衡的相異點,在於環境問題所處理的是整體環境,環境本身是要交給下一代的。[93] 隔代分配具有以下的特徵:第一代在決定如何使用共同的環境時,第二代可能尚未出生或年紀很小,因此在「決定形成過程」(decision-making process) 中,並沒有第二代的聲音。所造成的結果,是第一代的決策利益由第一代享受,而不良結果卻可能由第二代以後的人承受。

例如我們這一代的人決定在臺灣興建核能發電廠,雖然承受一定的風險,也從興建核能電廠中得到一些利益。然而,一座核電廠的運轉生命有限,頂多只能運轉三、四十年,而當核電廠停止運轉除役後,核電廠的基地可能無法完全回復原來的樣貌與用途。換言之,我們這一代享受了興建核電廠的利益,下一代人卻必須承受惡果。

---

92 參葉俊榮,前揭註 13,頁 141-142;葉俊榮(2010),〈憲法位階的環境權:從擁有環境到參與環境決策〉,氏著,《環境政策與法律》,頁 3-31,元照。
93 參葉俊榮,前揭註 13,頁 142。

除了縱向的世代間有分配的問題外,橫向的世代也有分配的問題。非洲乾旱所導致的環境惡化、糧食不足;與西方國家的富庶、糧食過剩,兩相比較就可以發現有橫向世代分配的問題,這也正是我們所熟知的南北差距。[94] 從全球的角度來看,這樣的問題也有賴已開發國家與未開發國家共同合作來解決。

▶ 3.3. 利益衝突

人類的食、衣、住、行、育、樂等一切活動所需要的資源,都是取之於環境,用之於環境。要不要使用環境,或該如何使用環境,都牽涉到程度不等的利益衝突問題。[95] 舉個簡單的例子,美麗的山坡地該保留為觀光景點,還是提供建商蓋房?這樣的問題就牽涉到環境問題、建商的利益、與山頂住戶間彼此不同的利害關聯。

環境問題與經濟發展間的衝突,可以分成兩種狀況。一種是因為環境保護而影響經濟發展;另一種則是因為環境保護措施投資不足而影響經濟發展。在前者,為了落實環境政策而投入許多成本,建立較嚴的環境標準與開發程序,可能使企業的出口競爭力減弱,或者外國資金望之卻步,政府也可能因環境保護所需的公共投資過於龐大,而影響整個經濟發展。在後者的狀況中,國家若因環境保護措施投資不足,社會則可能因為環境問題引發層出不窮的抗爭,將增加經濟發展上不確定的成本。

除此之外,環境問題亦可能與其他社會價值及利益相衝突,

---

94 參前揭註 40 有關 Global South 的說明。
95 參葉俊榮,前揭註 13,頁 143。

例如環境問題與勞工問題即可能有所衝突。詳言之，勞工權益包括工作權的確保，合理薪資所得的保障，以及工作環境安全與衛生的要求。但對於環境問題的要求，可能使得企業花費相當資金在污染設施的改善上，導致生產成本增加，並可能使得企業主必須降低薪資成本，甚至裁員。因此，環境問題的發生，往往可能最直接、最立即的受害者，反而是勞工；勞工權益與環境問題利害相一致的部分，可能只有工作環境安全與衛生的要求這一環而已。

環境問題與消費者保護運動，也有可能產生利益衝突。簡單來說，消費者運動的內容，有三個主要面向：消費者希望能取得價格低廉的產品、消費者能夠簡便地取得想要購買的商品、及確保產品的安全與衛生。就「產品價格低廉」、「簡便取得需要的產品」這兩點要求而言，消費者權益與環境保護有很大衝突。因為如果貫徹環境政策而推行污染者付費，由於羊毛出在羊身上，實際上將形同消費者付費而非生產者付費，如此一來將使產品價格升高。又許多日常用品，如前述說明含有氟氯碳化物的保麗龍、髮膠等，可能因環境問題的原因而被禁絕，消費者就會因此無法取得特定商品或價格較低廉的產品，對消費者所期待的日常生活便利有所衝擊。所以，消費者運動只有在「產品安全與衛生」的要求上，與環境問題較為一致。

環境問題不僅僅與環境外部的利益產生衝突，環境問題本身也會有內部衝突的問題。因為環境問題實際上是一連串問題的集合，對於環境議題的討論，可能引發環境內部問題的衝突。例如，保麗龍餐具禁絕的政策下，消費者轉而大量使用紙餐具，也可能會產生另外一種型態的環境問題。總之，因為環境問題所牽涉的

利害相當多元，因此，問題的解決不可僅單聽專家的意見，更應致力於調和各方利益，但這也不意味著我們可以棄科技可能的貢獻於不顧。這也是環境問題多樣性的本質使然，在多元利益的影響下，法律可以做的是建立適度的程序與制度來予以調和。

▶▶ 3.4. 國際關聯

當代諸多環境問題，如油污、溫室效應、氟氯碳化、酸雨等都是跨越國境，而非侷限於某一特定國家。例如，在 2011 年初，日本關東地區遭遇九級強震，位於福島的核電廠先是受到地震襲擊，繼而遭到海嘯沖刷，幾具機組都在爆炸邊緣。[96] 這個災害可能造成的輻射污染，不只危及日本東北地區，更使鄰近的亞洲國家嚴陣以待，中國甚至出現搶購可阻止輻射被人體吸收之含碘食鹽的風潮。[97]

不只是自然災害或污染，可能產生跨國境擴散，一國的環境政策亦可能影響該國與其他國家的貿易關係。以臺、韓兩國為例，若臺灣採取重罰的方式推動環境問題政策，而韓國卻採取補貼的方式，則韓國的做法儘管目的是為了解決環境問題，也可能被認為是不正競爭的貿易。根據「經濟合作暨發展組織」(Organization for Economic Cooperation and Development, OECD) 於 1972 年通過的「污染者付費原則」；「各國於從事國際貿易

---

[96] BBC News 中文（03/10/2021），〈日本福島核電站事故 10 週年：當年發生了什麼〉，https://www.bbc.com/zhongwen/trad/world-56344583。

[97] BBC News 中文（03/17/2011），〈恐懼核輻射中國出現碘鹽搶購風波〉，https://www.bbc.com/zhongwen/trad/china/2011/03/110317_china_radiation_salt。

時,不得補貼各個個別貿易國以保障貿易之公平。」[98]韓國政府的做法,就可能被認為是政府補貼污染者使其更具輸出競爭力,而與前述原則有違。從這裡可以看出,環境問題的國際關聯,不僅僅是污染或保育本身具有國際關聯性,即便是其他管制或規範領域,只要與環境有所關聯,也可能因為環境問題本身具有國際關聯,而使該管制或規範領域變得具有國際關聯性。

4. 環境法的範疇與特色

從上述環境問題的特色,可以認識到環境問題的複雜性及廣泛性、環境問題的決策與法律設計,也因此必須有龐大的思考架構。另一方面,環境問題的內容之所以非常動態、多元,也是因為環境問題的複雜性所致。

環境問題本身即具有多樣性。如農業生產涉及水土保持、地力維繫、土壤污染等問題;林業生產則涉及林木保育、森林生態等問題;工業發展也涉及廢氣與廢水、毒性化學物、核輻射、噪音等。即便是服務業,也與廢棄食品容器,醫療系統的醫療廢棄物有關;又如學術機構的實驗廢水、廢棄物;消費者所產生的垃圾、廢水等,無一不與環境問題產生關聯。

環境問題的多樣性,跟前述環境惡化的多元成因有關,而對環境問題予以探討,也涉及多門不同的學科。例如,防污設備的發展,就與化學、機械、物理、環工有關;污染的擴散和氣象學、地質學的研究有關;暴露於污染下的影響,涉及生物學、生態學、

---

98 相關討論參施文真(2013),〈由交易單位之法律性質重新檢視排放權交易制度與WTO關係〉,氏著,《WTO・氣候與能源》,頁106-109,元照。

毒物學、流行病學等；污染活動的評估與管制，涉及電腦的應用、經濟學的分析與應用、法律的規範。跨科際的學術整合，也是分析環境問題時所應注意。

無論是環境惡化的成因，環境問題所涉及的學科，都呈現多元性、多樣性、廣泛性的現象。環境法所指涉的內容及範疇究竟為何？法律又應如何因應環境問題？法律在處理環境問題時，應該發揮何種功能或扮演何種角色？以下，我們將從法律的程序面、全盤的法律體系、以及法律的反身性來討論，最後再就環境法上重要的幾個法律原則予以分析。

▶▶ 4.1. 環境法的範疇

法律作為處理環境問題的工具，這個工具的範圍有多廣？簡言之，環境法的範圍為何？哪些法律屬於環境法的範疇？有學者從傳統法學的脈絡，將環境法粗分成環境刑法、環境私法及環境公法三大領域。[99]

環境刑法通常為行政刑法的一種，多散落在各種污染防治法規中，作為確保行為人遵守環境管制要求的強制力後盾。另外，有少數環境刑法規定在普通刑法中，例如我國刑法第 190 條就規定以投放毒物污染水源的行為，可處一年以上、七年以下有期徒刑。[100] 環境私法，則是以民事權利救濟系統為中心。環境私法藉

---

99 陳慈陽（2003），《環境法總論：環境法學基礎理論一》，頁 50-56，元照。
100 中華民國刑法第 190 條：「投放毒物或混入妨害衛生物品於供公眾所飲之水源、水道或自來水池者，處一年以上七年以下有期徒刑。因而致人於死者，處無期徒刑或七年以上有期徒刑；致重傷者，處三年以上十年以下有期徒刑。因過失犯第一項之罪者，處六月以下有期徒刑、拘役或九千元以

損害賠償或補償的私法手段,一方面確保個人權利在遭受污染侵害或損害時能有效獲得救濟;另方面透過損害賠償系統預防或嚇阻行為人污染環境,間接達成保護環境的目的。例如我國民法的第793條[101]及第184條[102]都可以用以處理一定程度的環境問題。環境公法則是超越個別行為人的規範模式,課與國民、企業及政府保護環境的義務,其中包括國際法、憲法及行政法層次的規定。

上述依循傳統法學分類的分析方法,雖然能提供我們「環境法是什麼」的理解,但卻無法反映環境問題的科技不確定性、隔代分配、利益衝突及國際關聯的特色。事實上,環境法範疇的界定,必須有能力回應環境問題的特色。為妥善處理環境問題,環境法不應該被視為一個特定或單一的法規,而應該是一個完整、包含「程序法」及「實體法」的系列法規,才有辦法從前端「如何利用環境資源」到後端的「如何預防管制各種污染」,來完整處理環境問題。

因此,環境法所要討論的範疇,應從包括「社會脈絡」、「經濟分析」及「制度比較」等三個面向的理論面,來加以探討。這

下罰金。第一項之未遂犯罰之。」

101 中華民國民法第793條:「土地所有人於他人之土地、建築物或其他工作物有瓦斯、蒸氣、臭氣、煙氣、熱氣、灰屑、喧囂、振動及其他與此相類者侵入時,得禁止之。但其侵入輕微,或按土地形狀、地方習慣,認為相當者,不在此限。」

102 中華民國民法第184條:「因故意或過失,不法侵害他人之權利者,負損害賠償責任。故意以背於善良風俗之方法,加損害於他人者亦同。違反保護他人之法律,致生損害於他人者,負賠償責任。但能證明其行為無過失者,不在此限。」

三個面向並非單獨存在,而是經常會有相互影響的機會,並透過相互影響來構築出環境法的內涵。

　　首先,從社會脈絡來看,必須要觀察一個社會或一個共同體本身的背景及發展脈絡。社會背景當然會受到過往政治、經濟、社會、文化的影響,但除此之外,也應該要注意相關的動態發展,也就是一個社會究竟如何發展成為今天我們所看到的社會,它的歷史軌跡是如何呈現。

　　以臺灣為例,研究以臺灣為主體的環境法,就必須要了解到臺灣社會具有何等相同與相異的價值觀,並本於這樣的價值觀形成什麼樣的文化。此外,政治結構的運作、經濟規模及產業發展模式等面向的了解,亦應包括在內。這些問題的答案,會隨著歷史的進程而有不同。在進行環境法的探討前,也必須對此等歷史軌跡有所掌握,才能真正掌握社會脈絡背後的時代意義及其相關的轉型。臺灣從1970年代起所逐步成形的民主轉型,不但將政治上的封閉予以開啟,更帶來資本市場的擴大、以及社會力量的釋放,讓整個社會都更為多元開放。

　　其次,是有關經濟分析的面向。經濟分析重視「功能最大化」及「成本最小化」等「效率」的觀念,要追求經濟上的效率,不可避免一定要有市場,否則無法讓多數不同的產品一同提出來讓消費者選擇及參與。一旦沒有選擇及參與,就不可能會有競爭,更不用說要追求效率。許多人會認為如果著重經濟分析的思考,就可能會因為追求經濟上的效率而犧牲掉權利,因此將「經濟分析」及「權利本位」這兩組概念對立起來,認為是互不相容。但事實上,這兩個概念並非必然互斥,仍有可能兼籌並顧,也就是在「環境」與「發展」之間,可以取得平衡。碳稅、總量管制、

與排放交易制度等經濟誘因的政策工具,所要追求的就是在追求經濟的同時,也不要犧牲權利,甚至在追求經濟效率的同時,讓權利更能獲得有效的確保。[103]

最後,環境法亦涉及比較制度的問題。這裡所討論的制度比較,並不是在與國外制度做比較,而是在許多既有制度如規範、管制、政府、市場、專業機關、或法院等等,彼此之間的相互比較。[104] 制度的比較,不是在發現不同制度間的異同,而是為了有助做決策,因此,除了比較之外,還要進行分析,透過分析,可以發現在所面對的環境問題上,採取什麼制度是最可以讓制度的功能有最好的發揮。除了制度的選擇之外,透過比較及分析,也可以確定在該環境問題上,誰最適合做決策,答案有可能是法院,也有可能是行政機關;有可能是公部門,也有可能是私部門的營利團體,如企業或市民社會的非營利團體。

究竟在進行決策之際,這三個面向相互影響,可以激起什麼樣的火花?詳言之,當社會脈絡與比較制度產生相互影響,我們可以在制度抉擇之際,考慮到社會的需求及脈絡,避免對社會部門產生過大的衝擊,進而做出符合功能性的權限配置。另外,如果比較制度與經濟分析能夠相互影響,則進行決策時可以有成本效益的考量,幫助決策者作成符合最大效益的選擇,使用有效率的政策工具。又當經濟分析與社會脈絡相互影響,則這兩個系統

---

103 *See* Robert W. Hahn & Robert N. Stavins, *Economic Incentives for Environmental Protection: Integrating Theory and Practice*, 82(2) AM. ECON. REV. 464, 464-465 (1992).

104 *See generally* GLENN MORGAN ET AL., THE OXFORD HANDBOOK OF COMPARATIVE INSTITUTIONAL ANALYSIS (2010).

可以進行適度的對話，找到符合所有社會成員最大利益的答案，追求一個既可追求效率，又不影響社會的方向，這樣的基礎對環境決策的做成而言，至關重要。

本於這樣的互動，我們可以發現，當這三個面向都可以有效地發揮功能，則決策者就可以既追求有效率地解決問題，又不對社會產生過大衝擊，並可以符合功能性需求的權限配置。這樣的方向，正是環境法所要追求，也是本書所要闡述的核心。以下各章的討論，均本於此等環境法理論面的範疇，對相關環境議題進行討論與分析。

當然，為了讓環境法所涉及的三個面向能夠有良善的對話，以形塑一個良善的制度解決方案，不論是行政決策、立法行為或司法裁判，都必須要有完備的配套措施，來協助相關決策的作成。這些配套措施分別是民眾參與、資訊公開透明及多元價值。社會的多元價值可以讓社會更多彩多姿，有各種不同的考量提供給所有的人做思考及論辯；透過論辯，可以讓決策考量到多元的價值，作成具有全面性的決策。但是，要進行論辯的前提，必須是所有價值的考量及事實的呈現都要能夠公諸於世，讓參與論辯的人可以知悉一切的實情及意見，才能夠聚焦並無偏頗地做討論。

因此，資訊的公開透明對論辯的實質進行，極為重要。在應然面上，所有價值的意見及資訊，都是為了進行有意義的論辯，而論辯所需要的是正當的程序，讓民眾有機會參與此等程序，進行討論，最終讓決策者做出決定。是以，不論是民眾參與、資訊公開或多元價值，都是讓前述環境法三個主要面向發揮功能，所不能欠缺的配套措施，後續將有更為詳細的論述。

4.2. 環境法的特色

4.2.1. 程序面

環境問題每每涉及不同個人或群體間的利害關係，因而，環境問題具有利益衝突的特質。對利益衝突的解決模式，自古到今，「多數統治」與「民主理念」被證明是最適宜的模式；從而，為了妥善解決環境問題，民主理念的應用是必須的。

但是，現今民主國家的民主政治，未能完全妥善地因應環境問題；例如，擔負立法責任的國會，常成為利益團體的俘虜；議員被要求代表整個國家，以致無法考慮到地方的特性及需求。多數統治也容易淪為托克威爾 (Alexis de Tocqueville) 所稱的「多數專制」。這些民主制度運作的弊端，在環境領域中也同樣存在；因此，在環境問題的分析架構中，必須探討有效的決策模式。

另一方面，在特定環境問題的相關科技背景欠缺或有爭議的情形，被迫必須作決策時，此種決策於未知之中 (decision-making in uncertainties)，如無法做出「正確」決定的風險該由誰承擔？是由做出政策的政治部門、專家還是應該讓所有可能受影響的相關人士都有參與程序影響決策的機會，將決策於未知的風險分配在所有曾經參與決策的人身上？這考驗的是當我們在作成決策時，應使用何等程序的問題，以上的問題，姑且不論採取何者較好或較對，我們可以確定的是，無論採取哪一種答案，本身都與程序機制的採取有很大的關聯性，也就是牽涉到我們要讓多少的人，或預設讓什麼樣的人參與程序。事實上，這正可以說明許多環境決策都與程序機制有高度的關聯。

4.2.2. 全盤性

環境政策是相當綜合性的議題,關心的面向非常廣泛。相應地,學術上也展現極為多元的面貌。除了環境法以外,在學術領域裡,我們已可看到環境工程學、環境數學、環境地理學、環境醫學、環境心理學、環境社會學、環境政治學、環境經濟學、環境教育學、環境倫理學等學門。這些學術領域往往密切相關,且為了解決問題,研究者也不得不產生相當緊密的聯結關係,集體合作或相互評論也成為研究上所必要的。

由於環境政策議題的廣泛性,環境法的內容往往必須以其他環境學科為基礎;同樣地,其他學科也必須與環境法有所聯結。在這樣的背景下,環境法必須與法律以外的學科進行交流。雖然,研究環境法的法律人不一定要成為資源經濟、傳染病學、或森林學的專家,但要有使用與此等專家共同語言對話的能力,才能真正解決問題,並在環境議題的處理上取得一席之地。

法律作為一種解決環境問題的工具,不只對外要有能與其他學科對話的能力,在法律學門的內部,環境法也難以被單一定位在傳統公法、民法或是國際法的窠臼中。舉例來講,空氣品質的管制牽涉到行政機關訂定行政法規決定汽機車的廢氣排放標準、也有可能設立民商法或經濟法領域所研究的環境保險或空氣污染基金,若是因為空氣污染造成人民罹患慢性疾病,事後的賠償或補償也必須運用民法損害賠償或是公法上國家賠償的概念來解決實際產生的問題。

4.2.3. 反身性

法律作為一種社會制度,並且透過現存的政治制度或司法

體系,一次次地嘗試在事前政策制定程序、行政決定程序與事後損害賠償或其他類型的訴訟中,回應現代社會中與環境相關的問題。在法律制度與環境問題互動的過程中,並不是環境問題「單向地」被解決就代表一切功德圓滿了,我們所要追求的,反而是在諸多個案中累積經驗,並讓這些經驗相當程度地回饋給法律系統本身,來幫助法律系統在將來更有效地解決其他相類似的法律問題。法律制度在處理前所未見的新興環境議題時,也在解決「問題」的前提之下,讓法律制度有新的變化與進步。例如,在環境訴訟中透過判例擴張原本較狹隘的當事人適格制度等等,都是法律反身性的思考後,所做出的改變。

5. 結　語

　　臺灣的環境問題已受到全國朝野的重視。政府在法令、機關、人力、預算等方面的投入已達一定的規模。然而,社會各界仍普遍對我國環境工作的推動不滿意,並意識到問題不在技術或預算,而在於法律與制度。針對如此的社會需求,有必要檢討我國環境議題上法律層面的因應。

　　從幾項設定的標準看來,我國環境法的發展雖仍比不上先進國家,但應可稱得上是一門已經誕生的學科,而且未來仍有寬廣的發展空間。然而,由於環境問題本身的特色,使得環境法的內容與研究方法即便在先進國家也與傳統法學有相當大的差異。我國由於法律人的社會定位本來就較為狹隘,法學研究方法上也較偏重法律概念的建立與推論,與環境問題重視科技背景、利益衡量、隔代平衡以及國際關聯的特質並不見得相容,因而,面臨更多調適上的難題。

當我們深入環境惡化、環境議題，再深入環境法，則可以看出傳統法律人在這社會上的定位已面臨重新調整的十字路口。隨著行政程序法的施行，律師業務不應該自我設限於法庭上的辯論而已，而應進入各種公共政策的推進。法律人將自己定位成「司法本位」、法學教育上過度集中民刑法的學習、以及法學研究上著重比較法的研究等既有的步伐，在新的時代中，都將面臨挑戰。從環境法的發展，應或多或少可以看出法律人以及法學未來的希望與目前所面臨的挑戰。如此，我們也可以發現，環境法不只是門「熱門」的學門，更是對我們極具挑戰性的學問。

第三章

環境議題的發展與法律的角色

　　本章將從時間軸切入，探究環境議題的變化。環境議題有什麼樣的發展？這些發展與人類在社經與科學方面的發展有什麼樣的關聯？法律制度又是如何回應這些環境議題？整體而言，法律扮演了什麼角色？是否足以回應環境議題的發展？是否有什麼樣的挑戰是法律必須面對？

　　當我們把環境議題的發展放到時間軸上，一方面可以看見人們對於環境的態度，從控制環境到環境的反撲，從以人類中心思考到人類與環境諧和的反省；另一方面，我們也可同時看見法律與制度是如何回應環境問題與種種相應而來的思潮。透過了解議題與制度在時間向度上的變化，我們將可更清楚地看見法律變遷的脈絡，理解法律的量能與侷限。

　　本章分為三個部分。第一部分討論環境議題在全球面向的演變，時間跨度從 18 世紀啟蒙時代到 21 世紀的今日。第二部分將焦點放在臺灣，探討環境議題在臺灣的社會變遷與民主轉型脈絡下的演變。第三部分則將從前述全球與在地的環境議題發展脈絡中，歸納出環境議題與其思維變遷帶給法律的三大挑戰，並從中理解法律的角色。

關鍵字：損害賠償、管制、國際環境議題、刑罰、環境權、全球化、民主、改革環境主義、環境運動、氣候變遷、深層生態主義、生態女性主義、生態社會主義

1. 環境議題的發展脈絡

　　本章從全球與在地兩個視角，探討環境議題發展的脈絡。在全球的面向，我們以相當大的時間跨度，探討從 18 世紀的啟蒙時代，到 21 世紀全球化時代的環境議題演變。至於在地的面向，我們則觀察臺灣從日治時期到目前為止的情況。這種「全球」vs.「在地」的角度，可以幫助我們清楚理解環境議題的發展脈絡。

　　從全球的角度來看環境議題的發展，主要是基於以下幾個原因。首先，環境是全球所共同面對的課題，類似的環境議題在各地不斷擴散與重現。從全球的觀點，了解環境問題究竟如何產生，法律制度又是如何處理回應，能對環境議題的輪廓，有較清晰的描繪。其次，誠如前一章所強調，環境議題的特色在於強烈的國際關聯。從自然生態的面向而言，許多環境問題已非單一國家的議題，而是具有跨境性及全球性。也因此，各國的環境政策也彼此相互牽引，加上國際環境治理的體系，更顯現從全球角度理解環境議題發展的重要性。

　　全球角度提供的是思考環境議題的索引與地圖，相較於此，在地角度的觀察則是實例的考察，把在地的發展放在全球的架構下考察，在地的環境議題發展就如同是展覽櫥窗，更具體地呈現了環境議題的發展歷程。本書選擇以了臺灣作為展覽的櫥窗，並不只是因這是作者的所在地，更是因為臺灣的環境議題發展有其十分特殊之處。

　　1697 年，清朝官員郁永河曾在其所著的《裨海紀遊》一書中，形容他所看到的臺灣：

「總論台郡平地形勢，東阻高山，西臨大

海,自海至山,廣四五十里;自鳳山縣南沙馬磯至諸羅縣北雞籠山,袤二千八百四十五里,此其大略也。雖沿海沙岸,實平壤沃土,但土性輕浮,風起揚塵蔽天,雨過流為深坑。然宜種植,凡樹蓺芃芃鬱茂,稻米有粒大如豆者;露重如雨,旱歲過夜轉潤,又近海無潦患,秋成納稼倍內地;更產糖蔗雜糧,有種必穫。」[1]

這是三百多年前的人所看見的臺灣,當然與我們現在所見相差甚多,但也已經描繪出臺灣地理環境的特色——有著湍急河流與高山的海島地形。臺灣作為海島國家,地形複雜特殊,所要面對的環境挑戰與大陸型的國家大不相同,這是第一個特殊之處。其次,臺灣從 19 世紀開始,一方面開啟現代化的各項建設,另一方面卻也不斷歷經政權的更迭,而且這些政權都有殖民與外來的色彩。臺灣作為一個在一百多年間歷經數個不同政權的海島,面對的是非常不永續的環境治理,這是臺灣第二個特殊之處。最後,臺灣在 1970 年代國際環境治理體系發展之際,卻反而被孤立在國際社會之外,尤其是聯合國。臺灣在面對國際關聯如此重要的環境課題,究竟要如何於國際互動,並面對無法參與國際環境規範體系的問題,是臺灣在環境議題上的第三個特殊之處。

全球與在地的觀察視角,其實也是一個普世與特殊的對話過程。全球的角度幫助我們了解許多環境議題的共同發展脈絡,

---

[1] 郁永河,〈裨海紀遊卷上〉,氏著,《裨海紀遊》,中國哲學書電子化計畫,https://ctext.org/wiki.pl?if=gb&chapter=935672 (最後瀏覽日:12/03/2024)。

臺灣的在地角度一方面印證這些普遍的歷程，但臺灣的海島地形與歷史背景也同時拋出有別於全球的脈絡。這樣映照與對話的過程，將能更深刻地從歷史縱軸刻劃環境議題的發展，也才能有更深層地反省。

2. 全球面向：從啟蒙勝天到全球環境危機

環境快速惡化，雖然肇始於二次世界大戰後石化工業的快速發展，但人類對環境的控制、影響，乃至於對人類與環境之間關係的思考，卻必須追溯到18世紀的啟蒙時代。啟蒙時代的理性光輝，讓人類相信人類社會有能力改變環境，這種理性樂觀主義與科技理性文明，延續到工業革命，即便經歷20世紀兩次世界大戰，戰後的快速復甦，乃至21世紀的全球化，以一個相當長的時間跨度來形塑當今環境問題的形貌。

圖 3-1 呈現全球環境議題發展演變的五個時期，分別為從 18 世紀開始的啟蒙時代、工業革命、二次世界大戰後、冷戰結束後以及千禧年後的全球化時代。環境議題在這五大時期有不同的意義，圖上的各個時點是歷史上對人類影響相當深遠的幾個事件，橫軸以上所展現的是當時對於環境的態度；橫軸以下所代表的則是各個時期所具有的特色。事實上，世界上很多發展程度不等的地方，亦循著這樣的發展脈絡發展。從這樣的圖中，我們可以充分看出環境議題的社會脈絡關聯性。

```
啟蒙          工業    開    二    環    命    冷    改革      新    極端
時代          革命    發    次    境    令    戰    環境      千    生態
開始                        大    惡    控    結    主義      禧    主義
                            戰    化    制    束              年
```

────────────►

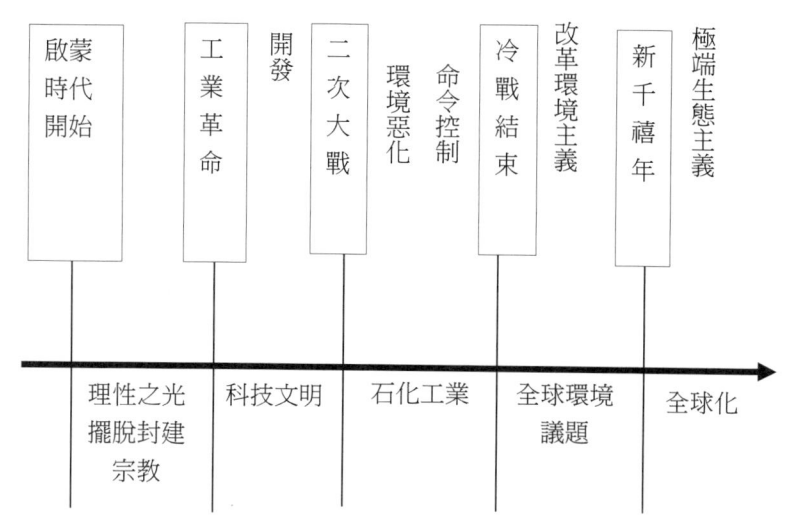

理性之光	科技文明	石化工業	全球環境	全球化
擺脫封建			議題	
宗教				

圖 3-1 ｜ 全球環境議題的發展演變
來源：作者製圖

▶▶ 2.1. 啟蒙時代

　　從全球面向探討環境議題時，不可避免地會從西方文明發展的脈絡開始討論。雖然這難免受到當代以西方為中心的知識論述所影響，但如前所述，環境是全球共同面對的課題，在各地擴散與重現。西方文明從啟蒙時代到工業化的發展軌跡，在不同時代脈絡下，逐步影響全球各國。從這樣的時代軌跡，可以理解環境問題產生的時空脈絡，以及其對包括臺灣在內等不同國家的影響。

2.1.1. 理性、權利與個人主義的誕生

　　啟蒙時代，指的是從18世紀初期、一直到1776年美國獨立、

1789 年法國大革命的這一段時間。在這段時間中，人類的思維方式有極大的改變，各種新的思潮湧現，所影響的層面包括自然科學、哲學、倫理學、政治學、歷史、教育、法學等。[2] 我們現在所習慣的社會、經濟、政治與法律制度，可說是奠基於此一時期的各式發展。

啟蒙時代讓人類感受到，人的理性之光，可以擺脫傳統封建制度與宗教教條對人所做的束縛。[3] 在啟蒙運動之前，人類生活在封建制度之下，人們因為自身出生時的身分，決定其所有一切的命運，受到社會全體的制約，而全無個體自主的承認，遑論有任何人與人之間可以自由締結契約的觀念。[4] 在宗教教條下，人並非可以基於理性、自行憑其意志做選擇的主體，而是受到宗教管束的客體。到了啟蒙時代，個人主義和理性主義興起，帶來權利的概念，透過自由權與平等權的賦予，人類感受到可以透過自己創造幸福。因此，世界的中心從上帝移轉到人，從以神為中心到以人為本位，讓公開透明的法律制度，一體適用到每一個人民。[5] 這些人本的理念以及對人的尊重，對於現在許多習以為常的想法都有相當的影響。

2.1.2. 人與環境的關係的轉變

人與環境的關係，在啟蒙時代也產生了變化。啟蒙時代前的

---

2 羅伊・波特（著），李易安（譯）（2020），《啟蒙運動》，頁 1-3，貓頭鷹出版社。
3 同前註。
4 同前註。
5 啟蒙時代的特徵有：從黑暗進入光明、人本主義、合理主義與個人主義。參張正修（2007），《西洋政治與法思想史第二篇》，頁 235，新學林。

中世紀基督教文明認為，神是世界的創造者，神給予人類管理世界的權限。在這樣的思維下，自然環境是由神所統治，人類對於自然存有敬畏心，無法了解自然環境的各種變化，更遑論更進一步利用環境。[6] 啟蒙的理性與人本觀念，帶來全新認識世界的方式，人們開始透過系統化的科學知識了解自然，因而能進一步地利用、甚至改變自然環境。在這個時期，雖然人類的活動仍不免對環境造成影響，但由於還沒有科學文明的發展，因此影響的區域範圍與方式都相當有限。

▶▶ 2.2. 工業革命

工業革命指的是 18 世紀末期至 19 世紀初期，英國在紡織業、鋼鐵業、礦業、運輸業的重大革命與進展。[7] 在工業革命之前，人類雖然已經開始發展科學知識與技術，但科學的進展並未實際運用到生產之上。一直到工業革命，科學才開始應用到生產，改變了生產方式與生產工具，以機器取代人工，成為生產的主要形式，機器的邏輯成為主流，甚至改變了原本對人體的思考和衡量，也實現了原本人類無法達成的幸福與成就。這一系列的技術變革，改變的不僅是生產模式，更撼動了社會的結構，造就了資本主義的興起。機器促成大量的生產，而大量的生產促成大量的消費，消費再進一步地刺激生產，使人類生活發生革命性的變化。大量的生產和消費，同時也提高了人類活動對於環境所可

---

6 同前註；羅伊・波特，前揭註 2。
7 郭少棠（1994），《西方的巨變 1800-1980》，頁 29-33，書林出版。

能產生的威脅。[8]

機器邏輯不僅改變了人與環境的關係,對法律體系也產生影響。舉例而言,一個農夫購買了耕耘機,以耕耘機取代人力耕種。當耕耘機發生故障造成農夫手受傷,以至於無法工作,要如何判斷損害賠償的金額?亦即,受傷的手究竟有多少價值?在機器邏輯的影響下,法院是以機器的功能來衡量受傷的手的價值,作為賠償的基礎。

2.2.1. 環境影響層面的擴大

第二章曾討論到變動因素論觀點認為環境惡化的主要成因包括科技發展、人口增加與都市化、工業化與經濟成長,這三個成因對環境在工業革命後的歐洲都市都相當明顯。由於工業革命帶來的科技發展、人口增加與都市化、經濟大量成長等,使得人類對環境影響的層面逐漸擴大。

以當時的英國為例,引動蒸汽機的動力是燃煤,煤礦的燃燒使得倫敦有嚴重的燃煤空氣污染,對於人體、建築與生物都造成了影響。倫敦也因為工業的興起而急速發展成為商業的中心,城市的規模越見擴展,1801 年的倫敦有 1 百萬人,1854 年成長至 2 百 30 萬,到了 1901 年更增加至 6 百 60 萬。人口的集中與都市的擴張也意味著自然生態的隨之變化,原本的自然棲地成為人類的活動地。[9] 凡此種種,都代表著工業革命後因為科學的進展,

---

8 參薩孟武(2011),《西洋政治思想史》,六版,頁 163-169,三民;張正修,前揭註 5,頁 81-85。

9 *See* J. Donald Hughes, An Environmental History of the World: Humankind's Changing Role in the Community of Life 133-141 (2009).

人類開始對環境有較為全面而深層的影響。

2.3. 二次世界大戰後

2.3.1. 大量污染使環境議題受到重視

人類經歷環境問題雖已有悠久的歷史，[10] 但環境開始嚴重快速惡化卻是肇始於二次世界大戰後科技的突飛猛進，尤其是石化工業的發展。法律制度亦是從此一時期開始針對環境問題而有相當的建制。

石化工業在二戰後迅速發展，但同時也造成許多污染事件。石化產業結構龐大，產出的成品從上游的原油、石油到下游的塑膠、合成纖維、化妝品、紙類等等，都與人類所需息息相關，現代生活的開展幾乎無法與石化工業脫離。石化產業創造出許多新的產品，為人類生活帶來便利，創造新的生活型態，但石化產業從上游的採油、石油的煉解到下游的日用品製造，在在都形成了許多污染。

已開發國家的經濟與工業在這個時期都以極高的速度往前奔馳，快速開發的同時，由於對於污染的了解不足以及環境意識的欠缺，工廠或開發行為並未在事前進行防範，因而引起了許多重大的公害。以 1960 與 1970 年代的日本為例，日本的四大公害事件即是工業發展而造成污染的實例。在種種污染中，於日本經濟快速發展期間，因為工業活動產生的有害物質而造成人體健康危

---

10 世界幾個文明在形成初期就有環境利用的問題，而這些文明的衰敗也都跟其無法永續使用環境有關。*See* Clive Pointing, *Historical Perspectives on Sustainable Development*, 32 ENV'T 4, 4-9, 31-33 (1990).

害的四件重要公害事件,分別是因為有機水銀污染的熊本縣水俁灣的水俁病事件及新瀉縣阿賀野川流域的水俁病事件、硫氧化物污染所生的三重縣四日市哮喘病事件,以及鎘污染所致的富山縣神通川流域的痛痛病事件。這些重大的公害事件,對於日本的環境運動以及環境政策與法律的發展都有相當重要的影響。[11]

在大量的環境問題發生後,開始有許多對工業文明的反思,而這也是環境議題的開端。許多地方都有向污染者宣戰的活動,也有相關的書籍出版提出工業發展對環境的警訊,最為著名者例如瑞秋卡森(Rachel Carson)在1962年出版的《寂靜的春天》(Silent Spring)一書。現代環境惡化的問題剛出現時,對於污染者的非難是較為道德式的非難。當時人們對「污染」、「環境」、「毒性化學物質」等的了解程度仍然有限,科技上如何補救處理、法律制度應該如何因應也仍有待開發。不論是人民或政府,往往只體認環境與污染事件的重要性,但卻不知如何採取確切的行動,也難以精確掌握對污染行為或污染源所應採取的態度,道德式的呼籲與譴責,要求企業要有良心、政府要有魄力的口號,即成為最簡單的作法。

面對環境不斷惡化卻不知如何處理的窘境,人類發展出幾種不同的看法。一個極端是採取科技樂觀主義或科技中心主義,認為環境問題是科技問題。污染之所以層出不窮,是因為科技不夠發達,只要發展出良好的污染防治科技或研發出更環保的製程,環境問題便自然煙消雲散。既然人類都可以登陸月球,沒有什麼事情是人類智慧無法解決的。另一個極端則是認為「成長」是環

---

11 阿部泰隆、淡路剛久(2006),《環境法》,三版,頁17-18,有斐閣ブックス。

境問題存在的根源,唯有馬上停止發展,形成一個不成長的社會(no-growth society),方能挽救地球的災難。此外,有些人認為對付環境問題與對付犯罪問題一樣,只要嚴刑重罰,加上更確實的執法,就能解決環境問題。更有只訴諸人類良心與道德的看法,認為只要每個人發揮愛護環境的公德心或者企業擁有企業良知,環境問題終將消跡。

不論是上述任何一種看法,都無法完全切中環境議題的核心。首先,社會不可能停止發展,我們不可能也不想回到工業革命之前的狀態。其次,科學的前進固然是防治污染的重要因素,但新的科技改善了一項污染,可能會對環境造成另一種破壞。更根本而言,誠如功能失調論所指出的,環境惡化的真正原因不是各種變動的因素,而是制度不能回應環境議題,只從變動因素的科技著手,也只是處理表層問題。最後,嚴刑峻法或道德主義式的訴求,都是將環境與污染簡化成「人性」問題,但從兩個極端處理人性:外在的強力刑罰或內在的良知譴責。然而環境問題並不只是人性,道德主義式的訴求或嚴格的刑罰,固然可能喚起人類對環境的重視或發生嚇阻效果,但並不能保證在實踐上完全能符合環境需求或不造成任何污染。

2.3.2. 法律制度的回應

法律作為社會制度的一環,在處理環境問題上,亦扮演著無可迴避的角色。在污染充斥的後二次大戰時代,為了因應迫切的環境問題,法律制度也有了新的開展與變化。由於環境問題的突現,在短時間內成為具有政治實力的議題,主政者在「做點事」哲學 (do-something philosophy) 的指引下,縱在經驗欠缺的情況,

也必須採取行動，再從事後作檢討修正，整部環境保護史乃成為一部人類制度因應的嘗試錯誤史。

2.3.2.1. 民刑法沿用階段

現代環境管制體系是在環境惡化問題受到重視之後才開始建置發展。在環境管制體系大量出現之前的這個時期，稱為民刑法沿用階段，亦即環境問題發生時，大多是由法院針對個案，運用傳統的民刑事法律原則與制度處理。在新的制度尚未建立，但又有解決問題的需求時，運用既有法律體系與制度解決環境問題，是極為自然的發展。

在民事問題上，英美法國家大都仰賴普通法上相鄰侵害 (nuisance) 的損害賠償 (damage awards)，給予受污染者損害賠償或核發禁制令 (injunction) 要求污染源停工。大陸法系國家則引用民法典有關相鄰地關係或損害賠償的法則處理。在刑事制裁方面，法院則嘗試把既有刑法規定的罪名及構成要件，套用至環境污染行為。以美國的大西洋水泥公司一案[12]為例，在這個案子發生的時候，美國環保署 (Environmental Protection Agency) 尚未成立，[13] 也沒有相應可以適用的環境規範。在個案中的管制機關就是法院，法院必須自己進行判斷與衡量。法院最後認定水泥工廠確實構成了相鄰侵害，運用了利益衡量 (interest balancing) 法則，認為被告已投入 4 千 5 百萬，且雇用了 300 多人，而原告的損害只有 18 萬 5 千元，因此僅判給損害賠償，但拒絕頒發禁制令。因此工廠得繼續運轉，而其於運轉的同時，則必須持續負擔損害

---

12 *See generally* Boomer v. Atlantic Cement Co., 26 N.Y.2d 219 (N.Y. Apr. 9, 1970).
13 美國環保署正式成立於 1970 年 12 月。

賠償。

不論是英美法或大陸法系國家，如何將現有的民刑法適用於環境問題，都是在法院處理。因此，民刑法沿用階段可說是以司法為中心，而採個案解決的模式。一方面由於法律制度才正處於對環境問題施力的初期，政府並沒有完整的環境政策；而另一方面，正因為是由法院進行個案解決，作法上往往未能顧慮環境問題的全貌，也難以透過法院判決形成整體的環境政策。法官在許多個案中，面臨了尋求社會整體利益或追求個案正義的兩難，進退之間頗為困擾。例如伯根 (Francis Bergan) 法官就在大西洋水泥公司一案中，開宗明義地質疑自己應扮演個案的裁判者，還是藉由此一判決形成公共政策。[14] 本案值得注意之處除了法院運用的法則與判決結果外，伯根法官在判決書開始所提出的質疑亦十分重要。伯根法官指出：「本案係個人財產所有人針對一工廠運作，尋求特定救濟的民事訴訟。本院審理本案的首要問題是，本院應盡量以衡平方法解決兩造間的訴訟，還是應該考慮一般公共利益，將私人間訴訟提升到較廣大的公共目的」。

2.3.2.2. 環境權與環境權入憲

沿用民刑法體系，由法院從個案的角度處理環境問題的作

---

14 1960 年代末，大西洋水泥公司 (Atlantic Cement Co.) 於紐約州首府奧爾巴尼附近運營之水泥廠遭布默 (Boomer) 等居民提起訴訟，主張工廠生產過程中產生之噪音、粉塵與震動對周遭生活與環境造成了重大干擾，請求法院頒布禁制令 (injunction) 停止水泥廠之運作。紐約州上訴法院在為最終判決時，考量到水泥廠確實構成侵害，但若頒布禁制令將導致地方經濟受到巨大損失。在平衡當地居民之權益以及該區整體公共利益後，判決大西洋水泥公司應支付相應賠償金，但水泥廠仍可繼續運營。

法，在污染越趨嚴重，而法院面對環境問題越來越捉襟見肘之際，法學家轉而尋求環境權。

環境權的提出是一種「柿子挑軟的吃」的作法，面對許多的傷害和污染，相關機關其實無力回應。在現代法律典範的作用下，主張有一種對於環境的權利是環境運動者與法律學者最容易訴諸的方式。這個邏輯是，在法律制度上如果有環境權，就可以依法主張權利，環境就可以獲得確保。這樣的權利思維再往前推一點，就是再將環境權的位階提升到憲法的層次。1960 年代與 1970 年代的法律學者，最常有的宣稱就是希望將環境權入憲。[15] 然而，在未能應對環境議題背後牽涉到的高度科技背景、決策風險與利益衡量等複雜面向，直接訴諸權利主張，也導致權利內涵往往模糊不清、陷入難以落實的困境。[16] 不論是哪一個法位階，此時所提出的環境權在實際上並沒有發生效用，反而比較有宣示的作用。在當時對環境問題了解不多的狀況下，呼口號成為最容易也最必須的一種方式。

2.3.2.3. 龐大的命令管制體系與環保機關的設立

當污染浮上政治檯面，成為民眾嚴重關切的議題時，除了訴諸環境權的概念外，環境立法的需求也越來越強烈。當時社會上普遍存在譴責污染的呼聲，政府則向污染宣戰，將污染「犯罪化」的呼聲此起彼落。在 1960 年代末期與 1970 年代初期，美國

---

15 例如 John Y. Pearson Jr., *Note, Toward a Constitutionally Protected Environment*, 56 Va. L. Rev. 458 (1970)。
16 葉俊榮（2010），〈憲法位階的環境權：從擁有環境到參與環境決策〉，氏著，《環境政策與法律》，再版，頁 1-33，元照。

在環境政策上面臨了選擇：將污染非難化，選用干預性管制手段輔以嚴厲制裁的方法；或者是將污染視為經濟活動的一環，將污染防治當成是企業經營的成本，而採取經濟性手段。當時美國政府選擇了前者，即富有社會非難意義的作法。[17] 美國當時對環境的管制性立法大都以設置機關、訂立標準、設立禁制規定、要求行為義務，並對違反者施以各種制裁，即是所謂的命令控制式 (Command-and-Control) 的管制。

值得注意的是，環境立法的開端，其實是從地方到中央的過程，因為邊陲的地區更容易承受環境災害。對於地方而言，環境立法的迫切需求是遠高過於中央的，地方甚至於對環境標準有更高的要求。以日本為例，四大公害是地方的重大事件，當時重要的爭議之一，即是地方是否可以制定更為嚴格的環境規範。[18]

隨著科技的進展，人類對環境問題的成因與因應方式逐漸了解，而同時民眾也越來越關心環境問題。由於環境成為選民關心之事，加上科學的進展，使得環境立法逐日增強，在這段時期，許多環境問題的因應模式都透過立法而落實。立法機關陸續通過了一連串預防性或事後管制性的法律，並針對各種污染媒體（例如水污法、空污法）或污染物（廢清法、毒性及關注化學物質管理法）個別立法，形成一套龐大且繁複的法律體系。在當時採取命令控制式的管制，認為越嚴格的標準就對環境越有利，遂不斷地加高環境標準，而不考慮企業是否能達到標準，以及要達到這

---

17 有關當時政策的考慮與選擇過程，參 JOHN C. WHITAKER, STRIKING A BALANCE: ENVIRONMENT AND NATURAL RESOURCES POLICY IN THE NIXON-FORD YEARS (1976)。
18 大塚直（2006），《環境法》，二版，頁8，有斐閣ブックス。

些標準的成本。同時也不考慮這些標準是否能確實達成立法目的。除了建立完整的環境法律體系外，主管環境事務的環境專責機關也陸續設立，並獲各種管制的權限，也因此造就一個日形龐大的管制機器。

隨著環境問題的持續，行政管制逐漸成為因應環境問題上的主流，環境機關的權限亦不斷增長。由於行政管制體系不斷擴充，以往由法院沿用民刑法的局面已有結構性的轉變。雖然民刑法的功能並不因管制性立法的擴充而消失，但如何將民刑法運用到環境問題，卻必須受到行政管制內容的指引。民事法上有關污染的損害賠償責任的歸責要件，往往與行政管制的內容（例如是否先行經主管行政機關核定限期改善），以及污染源的遵行情形（例如污染源的污染排放是否違反排放標準）息息相關。一方面，許多與環境有關的刑罰條文都規定在管制性的立法之中，並以違反管制內容為犯罪的構成要件，而非自主性的刑罰。另一方面，縱使是傳統性的刑罰規定，在適用到環境問題時，也必須探循管制內容與污染源的遵行情形。總而言之，在管制立法逐漸完備之後，行政管制已成為環境問題因應的核心，不論民事上的損害賠償或刑事上的刑罰，均力求與管制事項取得最佳的連結。

2.3.3. 環境議題的初步國際化

事實上，這個時間雖然處於冷戰時期，但仍有一定程度的跨國投資行為，在這樣的過程中，還是會有一些跨國境的環境污染問題，如波帕省（Bhopal）的毒氣外洩事件就是美國公司在印度造成污染，並釀成損害的例子。在這樣的例子中，也可以看到環境議題的國際化現象。

另一方面，從規範的層次來看，國際對於環境議題的討論大約可以追溯到 1960 年代，但當時討論的議題並沒有明顯的全球關聯，而是點或區域性的污染問題。最早具有全球關聯的環境問題當屬酸雨，其次則是對生物圈的關懷。由於此等問題並非一國或一區域的國家之力可以處理，因而需要國際的共識尋求解決。

然而，在這段時期中，環境問題並沒有真正地獲得國際的重視並進而形成國際合作，其主要的原因在於這段期間的國際政治氛圍。從二戰結束後到 1990 年為止的這段時間被稱為冷戰時期，國際上分成以美國為首的自由主義國家以及以蘇聯為首的共產主義國家兩大陣營。東西兩陣營間有強烈的意識型態對抗，在各方面都不可能進行合作，即便是越來越受矚目的環境議題也在意識型態的對抗中成為犧牲品，而沒有在國際上有長足的進展。

雖然國際情勢不利於國際合作，但國際間在這段時間對環境議題仍有初步的討論，其中最重要的即是聯合國於 1972 年在瑞典的斯德哥爾摩召開聯合國人類環境會議 (United Nations Conference on the Human Environment) 與後續發布的聯合國人類環境會議宣言 (Declaration of the United Nations Conference on the Human Environment)。該會議與該宣言可說是國際共同關懷環境問題的重要里程碑，是全球的代表第一次齊聚討論環境問題，並促成了聯合國環境規劃署 (United Nations Environment Programme, UNEP) 於 1972 年成立。[19]

---

19 關於 1972 年的人類環境會議召開細節與具體成果的詳細討論，參葉俊榮（1999），《全球環境議題：臺灣觀點》，頁 24-32，巨流圖書。

▶▶ 2.4. 冷戰結束後

以美國與蘇聯兩大陣營為首的冷戰在 1991 年蘇聯解體後終止，法蘭西斯・福山 (Francis Fukuyama) 對冷戰的結束，提出歷史終結論的看法。他認為冷戰不僅僅是一個特別時期的終結，而是歷史本身的終結。西方自由民主與資本市場的擴散以及相關的生活方式，是人類社會文化革命的終點，亦即西方民主體制與自由市場將是人類社經與政府制度的最終形式。[20] 福山的觀察自然有支持與反對的意見，然而他的論點也確實點出了冷戰結束對人類意識型態發展與國際關係的重要性。在冷戰結束後的這段期間，環境議題的發展除了在本地有改革環境主義的興起外，在國際上同時也取得大步的突破。

2.4.1. 改革環境主義的興起

大量出現的環境機關和嚴格的環境立法，卻未如預期般地遏止環境問題。除了科學的侷限造成證據調查和因果關係建立的困難，環境規定本身的不合理也造成企業和政府部門之間的對立，企業也以各種方式規避責任，和政府玩法律遊戲。環境管制越來越嚴格，而業界進行環境保護與訴訟成本也越來越高，形成一種惡性循環。以美國為例，其結果是美國企業因為環境及其訴訟相關成本的提高而競爭力下降，形成經濟衰退。與此同時，亞洲國家如日本與亞洲四小龍開始崛起，對美國的企業亦造成相當的壓力，為了要平衡貿易逆差提高經濟成長，環保呼聲開始退潮。雷根 (Ronald Reagan) 總統上臺前的口號即是「管制紓解」(Regulatory

---

20 *See generally* FRANCIS FUKUYAMA, THE END OF HISTORY AND THE LAST MAN (1992).

Relief)，希望降低對企業的管制，包括勞工與環境方面，讓企業有較多的空間，以強化企業的競爭力。

此種管制紓解的需求，在環境方面，最後並不是造成全面的去管制 (de-regulation)，而是帶入了改革環境主義 (Reform Environmentalism) 的思維。改革環境主義的「改革」是針對命令控制式的環境管制而來。命令控制式的管制是由環境主管機關作為強勢的管制者，單方面地制定環境標準，而要求所有的企業一體適用。命令控制式的管制在程序方面是對立、抗爭性的，在標準的實際適用上，則是不考慮各企業體降低污染的成本，從程序或實體而言，都是沒有效率的管制。[21]

改革環境主義的主軸則是以市場為本位 (market based) 的管制，而不是強制的管制。環境保護不是道德問題，而是經濟思考的一環。其有兩大訴求，第一是經濟誘因，第二則是協商主義。

經濟誘因強調企業或個人從事環境保護並非僅是基於利他的思想或因為害怕被制裁，對於企業或個人而言，如果從事環境保護對其有利，當然會樂意從事環保。相關的作法如污染費、污染稅、污染許可市場等。[22] 協商主義則是以軟性或民主參與的作法

---

21 關於命令控制管制的缺點與疲態討論相當多，典型著作參 Richard B. Stewart, *Economics, Environment, and the Limits of Legal Control*, 9 HARV. ENV'T. L. REV. 1 (1985); Bruce A. Ackerman & Richard B. Steward, *Reforming Environmental Law*, 37 STAN. L. REV. 1333 (1985)。

22 經濟誘因的環境管制，參本書第九章。其他中文文獻參葉俊榮（1991），〈論環境政策上的經濟誘因：理論依據〉，《臺大法學論叢》，20 卷 1 期，頁 102-105；湯德宗（1990），《美國環境法論集》，頁 75-90，無花果；黃錦堂（1994），〈環境保護法中經濟誘因手段之研究〉，氏著，《臺灣地區環境法之研究》，頁 186-205，元照；張其祿（2002），〈環境管制──經濟

取代法律抗爭式的賽局,避免全輸或全贏的零和局面,可運用於規則訂定、公害糾紛處理、行政制裁等等面向。[23]

除了環境改革主義之外,此時期以環境破壞本身為主的刑罰制裁也逐漸受到重視,日本、德國等國家甚至完成實際的立法。然而在環境立法中加強刑罰規定的現象,必須與其他趨勢一併觀察,而不能僅從此一現象率而認為環境問題的解決是走向以刑法為中心的發展。事實上,在加強刑罰比重的同時,著重市場機能的經濟誘因以及強調妥協的軟性協商也獲得重視,而命令控制式的管制也不曾因此而消失。整體而言,在改革環境主義的興起後,環境管制的工具已經走向多元因應的階段,包括命令控制與市場取向的管制都成為環境管制選用的手段。[24]

2.4.2. 環境問題的全球化

蘇聯解體後,東西兩大陣營對峙的情勢瓦解,國際合作的可能性也隨之產生。在斯德哥爾摩會議舉行後的二十年,亦即 1992 年,聯合國在巴西里約舉辦聯合國環境與發展會議 (United Nations Conference on Environment and Development),又稱為地球高峰會 (Earth Summit)。在這二十年間,全球亦出現了新的環境問題,其中最嚴重者為臭氧層破洞以及全球增溫,

---

誘因工具的選擇與評估〉,《中國行政評論》,11 卷 3 期,頁 45-52。
23 關於協商的進一步討論,參葉俊榮(1997),〈環境行政上的協商:我國採行美國「協商式規則訂定」之可行性〉,氏著,《環境理性與制度抉擇》,頁 231-290,翰蘆圖書。
24 進一步說明,參葉俊榮(2010),〈環境問題的制度因應——刑罰與其他因應措施的比較與選擇〉,氏著,《環境政策與法律》,再版,頁 136,149,元照。

這兩個問題更彰顯了環境問題的全球性特色，使得國際合作刻不容緩。地球高峰會通過了五大文件，包括氣候變化綱要公約 (United Nations Framework Convention on Climate Change)、二十一世紀議程 (Agenda 21)、里約宣言 (Rio Declaration)、生物多樣性公約 (Convention on Biological Diversity)，以及森林原則 (Forest Principles)。此五大文件成為重要的國際環境法規範，提出了許多重要的環境原則，里約宣言更使得永續發展此一概念獲得高度重視。[25]

2.5. 千禧年後

2.5.1. 對管制帝國的挑戰

誠如前段所言，改革環境主義固然為環境管制帶來了新的契機，但傳統的命令管制並未消失，而改革環境主義雖然對管制進行改革，其本身仍舊是管制的一環。從國家到國際，對於環境的管制是方興未艾，法律制度對於環境形成了一道又一道、密密麻麻的管制，一個環境的管制帝國儼然成形。此一龐大的管制帝國並不是完全不遭受質疑，激進生態主義 (Radical Ecology) 對於環境的管制帝國提出了質疑與挑戰，包括深層生態主義 (Deep Ecology)、生態女性主義 (Eco-feminism 或 Feminist Ecology) 與生態社會學 (Social Ecology 或 Eco-sociology)。激進生態主義的基本立場是，環境問題是根源於人類對自然的支配，而且也伴隨人類彼此之間的支配，包括種族、階級與性別的支配；因此，若欲根本

---

25 關於 1992 年地球高峰會的召開細節與具體成果的詳細討論，參葉俊榮，前揭註 19，頁 33-39。

解決環境問題,必須找出環境危機的哲學根源。這三種激進生態主義的差別之處,即在於其對環境危機的根源有不同的看法。在激進生態主義的想法中,不論是命令控制式的管制或是改革環境主義,都只是從表層在處理環境問題,而沒有從根本解決。

深層生態主義認為,環境危機的根源是「人類中心主義」,亦即人在面對環境時是以人類為中心,在乎的是如何才能符合人類的利益與價值,環境不過是工具,因此造成自然環境的破壞。人類與世界的其他生物與非生物環境,應該是一體的,而沒有主體與客體的區別,環境並不是人類支配的客體。只有人類看待世界的方法經過激進的轉變而形成「典範轉移」,才能使人類的價值觀與整體生態觀徹底轉向,也才能真正解決環境問題。[26] 當代環境管制的邏輯,其目的雖然是為了保護環境,但究其根本,環境仍是被管制的對象,人類並未真正把環境放在與其對等的地位。改革環境主義所講的經濟誘因,更是訴諸人類自利的心態。

生態女性主義結合了女性主義與對生態運動的反省,主張環境破壞的根源在於父權 (patriarchy),即男性對女性的支配與剝削。在父權結構中,自然與女性一樣,都被認為是屬於不理性的一部分,應由男性來駕馭管理。只有改變性別宰制的結構,讓女性有參與公共領域的機會,讓女性一起管理自然,才是解決環境危機的正道。[27] 從生態女性主義的觀點而言,環境之所以會受

---

26 *See generally* Freya Mathews, *Deep Ecology, in* A COMPANION TO ENVIRONMENTAL PHILOSOPHY 218 (Dale Jamieson ed., 2001). 王正平(2004),《環境哲學:環境倫理的跨學科研究》,頁 256-287,上海人民出版社。

27 *See generally* Victoria Davison, *Ecofeminism, in* A COMPANION TO ENVIRONMENTAL PHILOSOPHY 233 (Dale Jamieson ed., 2001). 王正平,前揭註 26。

到嚴重的破壞,正是因為管理者是男性,因此與自然環境處於一種不諧和的關係。同時,環境的管制帝國從其源頭與歷史發展而言,也都是整個父權政治與社會結構下的產物。

生態社會學則認為社會的階級結構是環境危機的源頭,階級結構讓人得以宰制、統治他人,進而提供人支配大自然的基礎。也因此,若要解決環境問題,必須改變社會階級結構,創造平等而多元的社會。[28] 現有的環境管制固然解決了一些環境問題,但受惠者多半是中產階級者,對於弱勢的社會階級而言,他們依舊承受著環境的損害,甚至於是承受絕大多數的環境損害。以臺灣為例,核廢料的棄置場所,永遠都是選擇邊陲的地區;近來受氣候變遷影響,而受到巨大創傷的地區也都集中在鄉村,而非繁榮的都市區域,例如 2009 年莫拉克颱風在臺灣南部帶來豪雨造成嚴重的水災,甚至造成小林村的滅村,許多原住民的原鄉也遭到破壞,甚至後續衍生不少的訴訟案件。

2.5.2. 全球環境議題的持續挑戰

從 1972 年的人類環境會議開始,許多國際性與全球性的環境議題,已獲得國際的共識,並進行規範化,形成國際環境規範。目前國際環境規範在議題的範疇與細部規定上都已漸趨完備,未來如何透過國際環境公約改善全球的環境問題、如何落實國際環境法,將是各國必須面對的重要挑戰。近年來最受矚目的全球環境問題當屬氣候變遷,氣候變遷的大尺度與高度不確定特性以及

---

28 生態社會學的詳細討論,參 Murray Bookchin, *What is Social Ecology?*, in EARTH ETHICS: INTRODUCTORY READINGS ON ANIMAL RIGHTS AND ENVIRONMENTAL ETHICS 225 (James P. Sterba ed., 2000)。王正平,前揭註 26,頁 288-312。

其後續帶來的法律挑戰,[29] 更彰顯了環境問題的全球化特質。

3. 臺灣面向：從基地到永續發展的制度量能

　　從全球的面向討論環境議題在時間縱深上的發展後，這部分將把焦點放在臺灣，觀察臺灣從 1895 年被日本統治後到目前為止的環境議題發展。臺灣的歷史當然不是從 1895 年開始，但臺灣的現代化發展與基礎建設卻是始於日治時期，在這一百年間，臺灣的環境有劇烈的變動，因此本書將臺灣面向聚焦在 1895 年之後的發展。本書將這段期間的環境議題發展分為七個階段，分別是日治時期、光復接收階段、基地階段、經濟發展階段、民主務實階段、民主轉型與國際深化階段，以及民主鞏固階段。[30] 綜觀臺灣在

---

[29] 關於氣候變遷的特性以及其對法律典範可能造成的挑戰，參葉俊榮（2014），〈氣候變遷的治理模式：法律典範的衝擊與轉變〉，葉俊榮（等著），《氣候變遷的制度因應——決策、財務與規範》，國立臺灣大學出版中心。

[30] 作者於 1996 年撰寫 Institutional Capacity-Building Toward Sustainable Development: Taiwan's Environmental Protection in the Climate of Economic Development and Political Liberalization 一文時（該文原發表於 Duke Journal of Comparative and International Law 6 卷 (1996)，後收於《環境理性與制度抉擇》一書中），把 1945 年到 1999 年的期間分為五大階段。此次除了增後加 2000 年後的部分外，亦同時將日本統治時期一併納入，以更豐富臺灣環境議題在近代發展的討論。關於 1945 年至 1999 年五大階段的討論，除前文之外，中文部分參葉俊榮，前揭註 19，頁 356-361。何明修研究臺灣的環境運動，其將 1987 年至 2004 年的時間分為三個不同的階段，分別是政治自由化與環境運動的激進化 (1987-1992)、政治民主化與環境運動的制度化 (1993-1999)，以及政黨輪替與環境運動的轉型 (2000-2004)。此分期的方式與本書相同，亦可映證臺灣環境議題的發展在 1987 年後，確實有如此分期的必要性與意義。參何明修（2006），《綠色民主：臺灣環境運動的研究》，群學。另外，曾華璧於其論文中將臺灣於 1950-2000 年間的環境治理分為兩個時期，分別是 1950-

這一百多年來的環境發展,其實是從工具主義到在地發展,再從在地發展到環境覺醒,最後則是形成永續發展的概念,並開始採取永續發展的作為。

▶ 3.1. 日治時期 (1895-1945)

日本自 1895 年取得臺灣的統治權後,前幾年仍致力於政權的鞏固,處理臺灣內部的反對勢力。在統治權逐漸穩固後,即開始對臺灣進行全面的現代化建設。日本對臺灣的統治是從對殖民地利用轉換成長期的建設開始,包括社會制度以及基礎建設的建立。諸如西方式的法律制度、[31] 建立新式教育系統進行同化的教育[32]與公共衛生建設[33]、改革貨幣與度量衡制度、[34] 交通建設[35] 等。日本政府也將臺灣重要的資源,例如蔗糖與木材,輸往其他國家或日本本島。[36] 同時,日本也開始對臺灣的自然資源進行系統化的調查,包括土地、林野與生態的調查[37] 等等。這些調查成為臺

1979 的國家強勢主導時期與 1980-2000 的多元複合勢力主導時期,其雖未再進一步分期,但該文中對臺灣環境治理的整體趨勢觀察,與作者的區分有若干合致之處,參曾華璧(2008),〈臺灣的環境治理(1950-2000):基於生態現代化與生態國家理論的分析〉,《臺灣史研究》,15 卷 4 期,頁 121,129-137。

31 王泰升(2009),《臺灣法律史概論》,頁 110-112,127-133,元照。
32 張勝彥(等著)(1996),《臺灣開發史》,頁 249-256,空大;薛化元(2004),《臺灣開發史》,頁 145-146,三民書局。
33 薛化元,前揭註 32,頁 146。
34 張勝彥等,前揭註 32,頁 224-225。
35 張勝彥等,前揭註 32,頁 225-227。
36 張勝彥等,前揭註 32,頁 230-233;薛化元,前揭註 32,頁 141-143。
37 張勝彥等,前揭註 32,頁 223-224;薛化元,前揭註 32,頁 137-138。

灣自然資源調查的重要基礎,這也顯示日本在統治臺灣的政策轉變,不只是想利用臺灣的資源,而是希望能對臺灣的整體資源有完整的了解,以做更為長期的規劃。在日治前期,可以算得上是環境法規範的,僅有 1899 年的臺灣下水規則及 1900 年訂定、1928 年施行的污物掃除法而已。[38]

除了前述的建設之外,臺灣在日治的後期(1930 年代)也開始有工業化的發展,特別是重工業的發展,包括機械、造船、與石化業等等。[39] 值得注意的是,臺灣第一座國家公園(墾丁國家公園)雖然是設立於戰後的 1984 年,但早在日本統治期間就有國家公園的規劃,1930 年訂定史蹟名勝天然紀念物保存法;1935 年更進一步訂定國立公園法。[40] 日本政府曾設立國家公園委員會,並在 1937 年核定在大屯、新高及太魯閣三地設立國家公園。[41]

▶▶ 3.2. 光復接收與基地階段 (1945-1971)

隨著二次世界大戰的結束,臺灣脫離了日本的統治,隨後由國民政府接管臺灣。在當時,臺灣僅是中華民國的一省,加上中國大陸也處於亟需建設的時期,因此並未積極建設臺灣,對於臺灣的建設與各種調查,即以日治時代所留下者為基礎。國民政府於此階段的主要工作,是接收日本留下的產業與財產。[42]

---

38 王泰升,前揭註 31,頁 191。
39 薛化元,前揭註 32,頁 143-144。
40 王泰升,前揭註 31,頁 191。
41 應紹舜(1994),《國家公園概論》,頁 2-3,自刊。
42 張勝彥等,前揭註 32,頁 322;Ezra F. Vogel, The Four Little Dragons: The

由於當時中國大陸正進行國共內戰,中國大陸在各種物資上十分缺乏,臺灣所生產的民生物資便成為提供大陸所需的重要來源,米、布、鹽、糖等都大量地送往大陸。在接收日本產業的同時,國民政府也延續煙、酒、糖、樟腦的專賣,進行嚴格的經濟控制。此時期的臺灣,不但沒有進一步地獲得建設,各種資源更不斷地往外流出。除了經濟控制外,當時在政治上也採行高壓的威權手段,實行戒嚴。相較於日治後期,臺灣人參政的機會大大地被壓縮,主要都是由當時從中國大陸移居過來者進行統治。在這樣的社會與經濟氛圍下,發生了著名的二二八事件,[43] 國民政府以武力鎮壓與本省人間的衝突。

　　在法制的建設方面,1946 年南京召開了制憲國民大會,包括兩名臺灣代表在內總共推舉出 2,050 位代表通過了中華民國憲法。其他的法律,如民法、刑法等,則在 1930 年前後即制定完畢,[44] 直接適用於臺灣。此時期由於尚沒有嚴重的環境污染也沒有環境意識,並沒有針對環境的相關立法。

　　1949 年,國共內戰後,國民政府戰敗撤退來到臺灣,臺灣也成為中華民國僅有的有效管轄區域。臺灣成為國民政府的「反共基地」,既然是反共復國的基礎,則必須服務於更大的目標,本階段的發展並不是為了臺灣的需要。所有天然資源、資金與人力資源都是要支持反共復國大業,政策與建設在實施之前都要進行反共復國評估。對於臺灣的投資不能太多,但要盡量利用此地

Spread of Industrialization in East Asia 29 (1993).
43　薛化元,前揭註 32,頁 300-308。
44　王泰升,前揭註 31,頁 115-116。

的資源。不投資臺灣的理由包括資金排擠會影響反共復國的目的、臺灣建設得太好會讓人民過於逸樂而不願回到大陸等等。可想而知，永續此一概念根本不存在於這個時期，臺灣正如一頭乳牛 (milk cow)，不斷對外耗竭自己的資源用於其他目的，本地環境與人民的需求完全不被政府納入考慮。以臺灣林業的滄桑史為例，國民政府來臺發現大片的山林，便大量砍伐森林換取外匯，對臺灣環境造成嚴重的破壞。

國民政府在此一時期也延續光復接收時期在經濟與政治上的控制。當時的政治環境是威權政府執政，國民黨透過政治控制一切，以中央集權的方式分配資源。市場、社會與政治都是在政府的控制之下，即便人民欲藉由政治管道或其他方式表達對於環境的需求，亦不可得，臺灣當地的利益和聲音根本無法反映給政府。

▶▶ 3.3. 經濟發展與外交孤立階段 (1971-1987)

此階段起始於臺灣退出聯合國此一重大事件。中華人民共和國在聯合國取得中國的代表權，反映出國際社會對於國民黨政權的態度，意味著當時國民黨政權的「反共復國」立場失去國際的支持。由於此一外交上的重大挫敗，國民黨政權的反共復國大業正當性受到挑戰，也終於開始注重臺灣本土的經濟發展。

這個時期的臺灣，雖然已有日治時期留下的一些建設，但從國民政府接收臺灣以來，並沒有重要的國家基礎建設發展，包括機場、道路、發電廠等都有所缺乏。十大建設即是國民黨政府在臺灣建設的重要開端，共可分成三類：交通運輸、重工業與能源。其中重工業包括鋼鐵、造船與石油業，能源則興建了第一核

能發電廠。鋼鐵、造船與石油業可說是帶領臺灣經濟發展的重要推手。在十大建設之後,則又陸續推行了十二大建設與十四項建設,延續十大建設中三類建設,包括興建第二與第三核電廠、中鋼擴廠,以及其他交通建設,並加入跟農業、文化等相關者。[45]除了這些重大的建設之外,工業區也不斷地設立。同時,政府也開始推動外貿為主要的發展方向,形成以出口(服務他人需求)為導向的經濟體制,在港口附近設立加工出口區。同時,為了讓全民投入經濟發展,政府也宣導家庭即工廠的口號,使得住宅區中充滿了小型工廠,形成嚴重住商不分的情形。雖然此時期快速發展經濟,希望能厚實國本,但政府仍然不認為有永續耕耘臺灣的必要,因此雖然有相當多的現代化建設與工業建設,但許多基礎設施(例如衛生下水道)仍被忽略。

在這個時期,政治和經濟兩個層面的發展是分離的:政治極度保守,但經濟起飛。政治穩定甚至被視為是經濟發展的基礎,「安定中求發展」成為當時的最高指導原則。在這樣的想法下,媒體、人民團體的集會結社以及言論自由,都因為可能會引致政治上的動盪而被高度管制。不過同一時期,國民黨政府也開始進行政治本土化,雖然言論自由等仍受到強大的管制,但亦開放了部分的選舉,加強其統治的正當性。

由於各種重工業的發展,尤其是石化業,如同世界上的其他國家一般,臺灣在此時期的污染情形越趨嚴重。然而由於此時環境意識尚未抬頭,也沒有環境影響評估(以下簡稱環評)的觀念,所有的建設進行前,都不曾考慮這些發展對環境可能造成的

---

45 張勝彥等,前揭註 32,頁 325-330;薛化元,前揭註 32,頁 186-187。

影響。大型工業發展帶來的污染與各處不在的中小型工廠,污染事件也層出不窮。受到環境污染損害的居民也陸陸續續就污染事件要求賠償或提出抗議,環境意識雖見雛形,但都屬於小型的抗爭,加上保守政治氛圍的影響,並沒有引發重大的環境事件或變革。

這時期已有零星的環境立法,基本上都是污染管制型,例如廢棄物清理法(1974年制定)、水污法(1974年制定)、空污法(1975年制定)、飲用水管理條例(1972年制定)。[46] 在組織上,1971年成立了行政院衛生署,其下設有環境衛生處,負責掌理跟環境相關的事項,該環境衛生處並在1982年改制為環境保護局。雖已有污染管制法律與主管的機關,但由於人力與對污染的認識不足,執行的效率與效果都不佳。大部分的環境污染問題,最後都是透過政治管道或陳情等方式獲得解決。[47]

值得注意的是,在極力開發各種資源的這個時期,有一項資源卻受到高度的管制與保護:海岸線。基於兩岸的緊張關係及國家安全的考量,臺灣海岸是受到高度管制的,海灘的利用和開發基本上是不被允許的。

---

46 葉俊榮(2010),〈大量環境立法〉,氏著,《環境政策與法律》,再版,頁73,98-99,元照。
47 1970年代的環保自力救濟研究,參蕭新煌(1988),《七十年代反污染自力救濟的結構與過程分析》,行政院環境保護署;劉華真(2011),〈消失的農漁民:重探臺灣早期的環境抗爭〉,《臺灣社會學》,21期,頁1。

▶ 3.4. 民主轉型階段 (1987-2000)

由於過去多年對於環境的漠視與破壞，許多環境問題早就應該浮上檯面，但卻因為政治戒嚴而被壓抑。直到 1987 年解嚴，政治氛圍鬆綁，各種大小規模的社會運動出現在臺灣社會中，環境問題也隨著臺灣社會運動的高峰漸漸被凸顯。1980 年代末期的社會運動是以受害者意識為中心，進行運動的組織多名為自救會，以受害者的地位展開各種社會運動。此時受矚目的議題包括抗議高房價、勞工權益、消費者保護運動等等。環境亦為社會抗爭的重要議題之一，在抗爭的數量上與事件的重要性都有急速成長的現象。當時重要的幾件環境抗爭運動包括鹿港反杜邦設廠抗爭、[48] 高雄後勁反五輕抗爭、高雄林園抗爭，[49] 以及北桃四鄉不明公害抗爭[50]等。[51]

環境議題與環境運動之所以能獲得長足的成長，跟反對黨的介入以及中央與地方間就環境問題的隔閡有所關聯。剛剛起步的民主進步黨積極參與各種社會運動，希望能藉此拓展選票，包括環境運動領域。民進黨中央公布了比執政的國民黨更為重視環境

---

[48] 事件經過參葉俊榮，〈環保自力救濟的制度因應〉，氏著，《環境政策與法律》，再版，頁 315，318-319，元照。

[49] 事件經過參前註，頁 320-322。

[50] 事件經過請參照葉俊榮（1997），〈北桃四鄉公害求償事件：從科學迷思與政治運作中建立法律的程序理性〉，氏著，《環境理性與制度抉擇》，頁 199，203-212，翰蘆圖書。

[51] 關於這些事件的說明，詳見張英磊（2009），《多元移植與民主轉型過程中我國環評司法審查之發展：一個以回應本土發展脈絡為目的之比較法分析》，頁 42-45，國立臺灣大學出版中心。

的政策,黨組織與派系也與各個環境運動組織緊密結合。[52] 中央與地方就環境有所爭執的最典型案例是宜蘭的反六輕運動,此時的臺灣與 1960 年代的日本十分類似,地方比中央政府更重視環境的保護,而當時的無黨籍縣長陳定南,也是藉助了民進黨的許多資源。[53]

這時期的環境運動促成了許多重要的環境法規立法(雖然立法並非於這個時期完成),例如 1994 年制定公布的環評法,加上行政法的改革與行政革新,讓環境運動慢慢取得了制度化的基礎。後來公民訴訟的建立、人民團體法、集會遊行法、政黨法都對環境運動有所貢獻,讓環境運動在未來能制度化、更成熟,並進入更多元的時代,包括立法遊說、司法、行政革新等,而非只有街頭抗爭。在組織上則於 1987 年時,將行政院衛生署環境保護局升格為行政院環境保護署,除了組織層級的提升外,也將更多與環境相關的事項納入其職權中。

隨著 1987 年的解嚴,1991 年 5 月終止動員戡亂時期條款,憲政改革的需求也越來越為迫切。從 1991 年到 2000 年期間,總共進行了六次的修憲,一方面強化國民黨政府對內的正當性,另一方面則強化在國際上對外的代表性。[54]

在前一階段的基礎下,這時期國內環境議題的發展已慢慢朝向制度化,除了修訂原本的管制污染法律之外,也出現許多新的

---

52 何明修,前揭註 30,頁 12,135-138。
53 同前註,頁 12,139。
54 *See* Jiunn-rong Yeh, *Constitutional Reform and Democratization in Taiwan, 1945-2000*, in TAIWAN'S MODERNIZATION IN GLOBAL PERSPECTIVE 47, 53-61 (Peter C. Y. Chow ed., 2002).

立法。前者除了前面提及的廢清法、空污法、水污法以外，還包含噪音管制法等；後者則包括公害糾紛處理法、土壤及地下水污染整治法、海洋污染防治法、環評法等。其中最重要的立法成果是環評法，該法是在眾多管制型法律中唯一與環境決策程序相關的法律，也代表了對於環境的思考已經從污染防治前進到事前將環境納入評估。在修憲的過程中，也不斷有環保團體與學者提出應該將環境權入憲的訴求，最後環境權並沒有成為憲法的基本人權，而是形成增修條文中的環境與經濟發展應兼籌並顧的基本國策條款。

此一時期臺灣在各方面都面臨國際化的需求，環境議題亦包括在內。臺灣自退出聯合國之後，與國際的接觸一向非常稀少，可說是被隔絕在國際社群之外。從這個時期起，臺灣開始嘗試重返國際社會，除了透過修憲強化對外代表性之外，政府也積極採取行動，申請加入一些國際組織，如關貿總協定與亞太經合會等。

在環境議題上，由於 1992 年的里約地球高峰會議，國際間對於環境議題的討論更是高漲。由於臺灣遲遲無法進入國際社會，對於國際環境議題的脈動非常陌生，沒有參與重要國際環境會議的經驗，也沒有協商國際環境條約的機會。因而，臺灣也無法藉由協商或加入國際環境公約，而感受到國際環保的壓力。此種與國際環境議題脫節的情形被犀牛角與虎骨事件打破。臺灣的環境團體與國際社會結盟，由英國環境調查協會撻伐臺灣對犀牛角與虎骨管制不力。當時臺灣並非任何國際環境公約的成員，我

們也認為不可能受到任何制裁。然而華盛頓公約[55]組織作成決議，要求各會員國用盡各國的方法來制裁臺灣（當時制裁對象包括臺灣、香港、中國，不過主要是針對臺灣）。美國在這次的事件中首次成功運用培利修正條款 (Pelly Amendment) 對臺灣進行貿易制裁。[56] 這個事件凸顯出即便不是會員國也可能受到國際環境公約的制裁，政府與企業開始感受到國際環保的壓力。[57]

▶ 3.5. 民主鞏固與全球化階段 (2000-)

從臺灣一百多年來的環境議題發展觀之，相較於其他國家，

---

55 華盛頓公約全名為瀕臨絕種野生動植物國際貿易公約 (Convention on International Trade in Endangered Species of Wild fauna and Flora, CITES)。 在 1960 年代，野生動植物貿易的蓬勃發展，已對部分野生動植物造成威脅。國際自然保育聯盟 (World Conservation Union) 呼籲各國重視此問題，並且開始管制野生動植物的國際貿易。各國於 1973 年在美國首都華盛頓簽署《華盛頓公約》，目的在於保護瀕臨絕種的動植物，並管制締約方對該公約界定之物種的國際貿易。

56 1960 年代晚期，美國擔心西北大西洋海域中迴游的鮭魚數量減少，要求相關國家遵守相關的國際規範但不果。美國遂於 1971 年在 1967 制定的漁夫保護法中增加了一項貿易條款，該新增的條款即稱為培利修正案。該條款規定，若外國國民直接或間接地以違反國際漁業保育計畫的方式或在違反國際漁業保育計畫的情形下捕魚，美國總統得下令禁止從該國進口魚類產品。由於華盛頓公約的執行機制較弱，華盛頓公約在 1978 年提議美國採用培利機制讓該公約成為更有力的規範。美國在同年對培利條款進行修正，將「國際漁業計畫」改為「為瀕臨危害或絕種的物種所設的國際計畫」，美國總統得禁止進口的產品則包括所有的野生動物產品。美國雖然也有其他類似的貿易制裁條款，但以培利修正案最為有名。

57 葉俊榮（1997），〈Institutional Capacity-Building Toward Sustainable Development: Taiwan's Environmental Protection in the Climate of Economic Development and Political Liberalization〉，氏著，《環境理性與制度抉擇》，頁 1，48-51，翰蘆圖書。

臺灣在全球中的環境議題發展是比較慢的，但整個歷程是壓縮在較短時間內。2000 年進行第一次政黨輪替，臺灣的民主政治發展從 1987 年解嚴起，開始一連串的民主轉型過程，自此時起，即進入了民主鞏固的階段。除了內部的穩定之外，臺灣與國際的連結在此一階段也有新的進展。在永續的概念下，環境保護與經濟、發展等等都是相互糾結，臺灣所要面對的，毋寧是一個全球競爭的時代，未來所要面對的更是全球的治理。如何在內國的規範上貫徹永續的概念，並與國際全球議題接軌，將是這一個階段最為重要的課題。[58]

另一方面，近年來全球政治正在面臨民主倒退 (democratic backsliding) 的現象，連帶影響到環境永續的深化，尤其是對於氣候變遷的治理而言。越來越多人開始反思究竟民主政治與氣候治理之間如何可以相輔相成，或是兩者其實是具有本質上的緊張關係。這個階段也正是凸顯出我國的環境政策與國際治理之間，日益深刻的關聯性，作為國際社群的一分子，臺灣也必須認真思考自身在國際環境議題上的定位。

4. 從環境議題的發展脈絡尋找法律的角色

前兩部分從全球與臺灣的角度，討論環境議題隨時間發展的演變情形。歸納上述的討論，環境議題的發展有三個重要的挑戰，以下將討論這三個挑戰，並從其中探討法律在環境議題中的角色。

---

[58] 關於臺灣進行永續發展的歷程，參前註，頁 64-72。

4.1. 多元管制工具的需求

第一個挑戰是環境管制需要多元的管制工具,而非單一的管制方式。從民刑法的沿用階段,到龐大的行政管制,再到改革主義所提出的經濟誘因與協商,新提出的因應方式並沒有完全取代前一階段的管制工具,這些法律的管制反而是相輔相成。現代社會對環境問題的因應實已發展到高度多元化的時代。

單純以民刑法無法解決問題,過度以硬性的行政管制政策為主也有缺陷,完全建立在市場經濟哲學的經濟誘因也值得商榷。法律制度不但在每個階段中,將每種新興的管制工具落實在法律中,更扮演著整合的角色。在此種多元化的趨勢下,環境法律的決策過程中,必須體認到具體的社會、經濟、政治、科技發展條件與法律傳統,針對層出不窮的環境問題,廣泛地探求理論上可能的因應方法,並針對各種環境問題的特質,做最佳的調配組合。決策者或制度設計者,也必須揚棄純科技主義或純法律主義式的思維,從全盤環境問題的面向作動態的制度設計。在法律的執行上,執行人員也逐漸走向細膩的環境管理,而非單純機械式的執法,充分運用各種執行工具與資源,作最佳的選擇執行。

4.2. 治理空間的上展與下延

第二個挑戰是治理空間的變化,原本的治理空間是以國家為單元,但環境議題的治理同時產生了上展與下延的現象。

環境議題的發展,最初只是在各國家內部各自衍生發展,各國所需面對的,僅是因為其國家內部行為或事件所造成在其內部的環境污染或損害。然而。隨著科技的進展以及全球化帶來的流

動，環境污染與破壞開始彰顯其跨境／跨國性。例如廢棄物可能從 A 國運送到 B 國，造成 B 國的環境污染。原本以各國為單位的法律治理空間，便無法處理此種跨境的環境問題，而需要有所擴展。酸雨的問題與臭氧層的破洞，讓環境問題的跨境特性又有了新的變化。涉及的國家不再只是兩國或三國，而是一個區域，甚至於是全球。全球氣候變遷更是具有大規模與高度不確定性的特性，A 地的排碳行為，究竟會在什麼時候對什麼地方造成什麼樣的影響，並無法確定。同樣地，B 地因為氣候變遷所遭受的損害究竟是肇因於哪一國的排碳行為，亦無法確知。

　　從典型的跨境污染到全球大規模的氣候變遷議題，以國家為治理單元顯然不足以因應，而需要全球的合作，這即是治理空間的上展，包括以區域為治理單元或以全球為治理單元。法律對於治理空間上展的因應並不陌生，而環境治理這一塊，在原本的國際法框架下，已經就各種議題訂定了完備的國際環境公約。然而，全球環境議題的管理仍不免是以國家為中心，以國家利益為本位。[59] 此種以國家中心的作法在氣候變遷議題中尤為不利，目前在氣候變遷課題上，已出現了「上沖」的跡象，亦即國家中心色彩減弱，而是由區域性組織握有主導權，最典型的便是歐盟。[60]

　　治理的空間除了往上伸展外，同時亦有往下伸展的需求。環境剛開始嚴重惡化時，各國中央與地方間就環境議題應如何處理即多有不同的意見。地方往往是面臨污染的第一線，從地方層級思考環境的需求與從以國家為中心思考，將可能得到不同的結

59　參葉俊榮，前揭註 16。
60　同前註。

論，因而一直有地方是否可以訂定較中央更為嚴格的環境標準的爭議。面對中央與地方的標準不一，人們在實際的運作上也發展出如公害防止協定這樣的機制，讓地方政府與企業在開發前即簽訂協議，明訂企業應遵守的環保標準以及若有違反應如何處理等事項，其中所訂定的環保標準通常比法律所定者更為嚴格。

在氣候變遷時代，國家以下的次級單元更積極因應氣候變遷更是近來治理空間下延的適例。例如作者曾在 2014 年的研究中指出，美國在氣候變遷議題的表現相當保守，但美國是由許多州所組成的聯邦制國家，聯邦憲法也賦予各州一定的權限，部分州一直希望能突破美國整體對氣候變遷因應的態度，力圖有所作為。以加州為例，加州的人口或排放效應，抵得上許多歐洲國家，也因此從當前發展上可見，加州在氣候變遷一事上的立法與執法決心，其實與歐洲各國不相上下，對於氣候變遷因應的州立法與相關配套機制，也相對積極。更有一些碳排放交易機制，是由各地方政府跨國串連，例如西部氣候倡議 (Western Climate Initiative, WCI) 就是由美國西部七個州與加拿大四個省所共同組成。[61]

面對治理空間因為上展與下延所帶來的種種挑戰，因應法律全球化而興起的全球行政法 (Global Administrative Law)，也許將是處理全球環境議題的新線索，也會為法律帶來新的典範。法律規範與實踐為因應上述的經濟、科技、政治各層面的全球化，進一步產生法律的全球化。全球化的主要特徵，可大致分為以下四項：主權概念的侵蝕、時空象限的模糊、身分認同的紛雜，以及強勢弱勢的激化。在全球化浪潮的席捲之下，傳統上以「國家治

---

61 參葉俊榮，前揭註 29。

理」為中心的「治理」觀點，也隨著全球空間的擴展，成為「全球治理」。因此就全球化的管制而言，也形成了「全球行政法」此一新興的法律體系。[62]

▶▶ 4.3. 激進生態主義的挑戰

相較於前面兩種挑戰，激進生態主義對法律制度帶來的挑戰毋寧是更為根本的，尤其是深層生態學。

生態女性主義與生態社會主義的共同之處，在於這兩種看法都認為環境的破壞是根源自人類內部的結構性宰制，只是前者認為根源在於父權，後者在於階級。改變此種結構的可能方法之一，即是讓被宰制的對象能參與公共領域的管理，反映其聲音，甚至於在特定的議題上，更應該讓他們的意見具有決定權。此種涵納被支配的族群的意見，強化他們在公共領域代表性的作法，已逐漸被落實於法律與制度中，環境的治理也確實因為參與的擴大與包容，而有新的思維。然而，不論是生態女性主義或生態社會主義，若推到極端，其實是必須翻轉改變整體社會的結構，使得當代的法律典範將受到更多挑戰。

深層生態學則更是直擊法律的核心。法律制度是環繞著人而建立，在法律上只有人才是主體，自然環境與動物都是客體，而沒有作為主體的能力與地位。正如深層生態學所批評的，環境保

---

62 進一步的說明，參張文貞（2002），〈面對全球化——臺灣行政法發展的契機與挑戰〉，Robert Heuser（等著），《當代公法新論（中）：翁岳生教授七秩誕辰祝壽論文集》，頁 7-15，元照；Jiunn-rong Yeh, *Globalization, Government Reform and the Paradigm Shift of Administrative Law*, 5 NTU L. REV. 113, 131 (2010)。

護最後都是為了符合人類的利益，法律所要保護的也是人類的利益，各樣的管制與措施最後都必須回饋到人類的利益。此從多個國際環境公約中可見一斑，例如里約宣言的原則一即明白指出：人類為永續發展關懷之核心。人類有權順應自然，過健康而有生產能力之生活。深層生態學的質問，或許即是法律的侷限。

5. 結　語

　　這一章從歷史的角度討論環境議題的發展以及法律制度相應的變化。誠如在本章開始所言，環境議題的發展其實是一個人類在制度上嘗試與錯誤 (trial and error) 的過程。從民刑法沿用到命令控制式管制到改革環境主義，發展的結果顯示環境管制是需要多元手段並用，而法律在其中也適時地回應多種工具的需求，將其落實於制度中，並作為整合的平臺。治理空間的變化對於以國家為核心的管制結構帶來新的衝擊，法律未來可能需要面對典範的更動。激進生態主義的挑戰，則根本地直指法律的極限。在這過程中，法律以微調的方式跟上了環境議題的需求，然而有些需求則需要更劇烈的變化，有些則是法律必須保持謙卑，承認其極限的。

　　同時，本章以臺灣的歷程為例，也顯示出一國的環境議題其實是與全球環境議題的變動緊緊扣合，但又同時有其特殊的發展脈絡。在治理空間同時上展與下延的時代，各國在環境議題與環境法上的互動，勢必以比現在更快、更複雜的方式相互影響，這將是未來關注環境議題的重要方向。

第四章

環境權利論：
解構與再建構

　　「環境權」是在推動環境保護、人民享有健康環境的福祉、減緩氣候變遷時，一個非常具有道德推力的修辭。臺灣在民主轉型初期，公民團體即有主張環境權入憲；2022年聯合國大會通過決議，宣示環境權與人權有緊密關係。在各式各樣的國內或國際場域上，都可以見到以「環境權」為核心的環境保護論述。

　　環境權的存在或可以從憲法中得出解釋，或可以從個別行政法條文中建構出一個與環境保護有密切相關的公法上主觀請求權的集合。但不論是透過哪一個途徑建立環境權，它的建構與解釋都不能夠脫離社會、自然脈絡。一個有意義的環境權論述，是否能夠回應環境問題特色（科技的不確定性、隔代分配、利益衝突、國際關聯），將是本章檢討過去環境權理論，並建構環境權的重要基礎。

　　本章分為三個部分，介紹法律上環境權的本質，並分析它在社會脈絡下的意義。第一部分從古典的權利論述角度討論傳統環境權理論的內涵。第二部分討論環境權作為憲法基本權利的利弊。第三部分討論環境權作為法律權利的意義。最後，本章建構以程序參與為核心的環境權，並彰顯民主轉型的脈絡特色。

關鍵字：環境權、參與、程序、代表性強化、決策、資源使用衝突、兩面性、效率、優勢、污染優勢、環境優勢、正義、市場、選擇

1. 傳統環境權理論：性質與特色

「環境權」是在推動環境保護、人民享有健康環境的福祉、減緩氣候變遷時，一個非常具有道德推力的修辭。[1] 臺灣在 2006 年時，公民團體即有主張環境權入憲；[2] 2022 年聯合國大會通過決議，宣示環境權與人權有緊密關係。[3] 近來環境權是否要明文入憲，也再次成為環境保護意識濃厚政黨的主張。[4] 在各式各樣的國內或國際場域上，都可以見到以「環境權」為核心的環境保護論述。

環境問題出現時，在做點事的哲學下，提倡環境權似乎是最容易、直覺的方法。法律規定權利義務關係，那麼「環境權」是不是在法律制度上落實環境價值最好的方法；憲法既然是人民權利的保障書，那麼為確保環境權，將環境權明文納入憲法中，是否就是給予環境與身處其中生活的人們最大的保障？

然而環境權的解釋與環境法上的權利所謂為何？是個人或群體享有這個權利？誰對於權利人或權利主體負有義務？甚或是否打破傳統人類中心的思考，給予環境權利主體的身分？[5] 當傳統

1　See generally Cristina Espinosa, *The Advocacy of the Previously Inconceivable: A Discourse Analysis of the Universal Declaration of the Rights of Mother Earth at Rio+20*, 23(4) J. Env't & Dev. 391–416 (2014). Lavanya Rajamani, *The Increasing Currency and Relevance of Rights-Based Perspectives in the International Negotiations on Climate Change*, 22(3) J. Env't L. 391, 393-95 (2010).

2　《支持【環境權入憲】連署書》，環境資訊中心，https://e-info.org.tw/node/4044（最後瀏覽日：11/25/2011）。

3　See generally G.A. Res 76/300 (July 28, 2022).

4　《環境權入憲 台灣環保的未來》，綠黨，https://web.greenparty.org.tw/posts/news/20210411/（最後瀏覽日：08/08/2024）。

5　See, e.g., Rafi Youatt, *Personhood and the Rights of Nature: The New Subjects of*

文化或社會發展與環境保護衝突時，[6]又該如何處理？若欲將環境管制、保育以及永續發展規範化時，這些與環境相關的基本權利義務問題，將無可避免地被討論到。

環境權作為權利和政治的修辭，固然具有論述上的影響力。[7]但是在司法審判中，環境權作為法律概念並非單獨存在，法院必須做出協調性的解釋，將它置於既存的權利體系中。然而，環境議題所具有的多面性、資源分配的複雜程度、經濟社會發展的需求等等，導致司法權在解釋它時，猶如面對燙手山芋。另一方面，部分環境議題也具有急迫性，例如土地、水源的污染。在這些情形中，法院可能並不是處理這類問題的最適機關。[8]

1960 年代至 1970 年代是各國環境保護運動最為興盛的時期，當時環境問題雖已經獲得重視，但由於對於環境議題的了解不足，是處於有問題而無制度的狀態中。為求因應環境問題，除了採取各種實際的方式解決之外，包括環境運動者與學者，都提出了「環境權」的訴求。在法律上創設權利，作為法律上主張的基礎，要求他人不得侵犯這個權利，是法律解決問題的重要思考

　　Contemporary Earth Politics, 11(1) INT'L POL. SOCIO. 39, 43-47 (2017); Christopher D. Stone, *Should Trees Have Standing?-Toward Legal Rights for Natural Objects*, 45 S. CAL. L. REV. 450, 457-59 (1972); Niels Hoek et al., *Implementing Rights of Nature: An EU Natureship to Address Anthropocentrism in Environmental Law*, 19(1) UTRECH L. REV. 72, 73-74 (2023).

6　See Elaine C. Hsiao, *Whanganui River Agreement - Indigenous Rights and Rights of Nature*, 42(6) ENV'T POL'Y & L. 371, 371-72 (2012).

7　*See generally* Espinosa, *supra* note 1.

8　葉俊榮（2010），〈憲法位階的環境權——從擁有環境到參與環境決策〉，氏著，《環境政策與法律》，再版，頁 1，32-33，元照。

路徑。再加上當時民間對企業、科技與政府的不安全感、社會動員力的驅使，以及對環境事務的內涵的不了解，[9] 環境權的主張並不令人意外。

　　臺灣在 1970 年代開始面臨環境惡化的問題，對於環境的要求與主張在解嚴之後隨著社會運動的高漲也達到第一個高峰。環境權的主張亦可見於臺灣，[10] 認為環境權是「環境立法的根本」，也是環保法律與政策的指南，亦即環境權將是環境立法與解釋的基礎。[11] 從 1980 年代開始，臺灣的環境法規日趨完善，憲法增修條文中加入了環境與經濟發展應兼籌並顧的條款，[12] 環境基本法也於 2002 年 12 月制定公布，環境權內涵的討論，開始朝向它與當代人權體系間的關係為何發展。[13] 2006 年初，以臺灣環境保護聯盟與 21 世紀憲改聯盟為首的七十幾個民間團體組成了環境權

---

[9] *See* Stephen J. Turner, *Introduction: A Brief History of Environmental Rights and the Development of Standards*, *in* Environmental Rights: The Development of Standards 1, 4-7 (2019).

[10] 1970 至 1980 年代討論環境權的文章，例如：李鴻禧（1985），〈論環境權之憲法人權意義〉，氏著，《憲法與人權》，頁 529，自刊；邱聰智（1976），〈公害與環境權〉，《法律評論》，42 卷 1 期，頁 5；駱永家（1987），〈環境權之理念與運用〉，《中國論壇》，24 卷 8 期，頁 16；林信和（1987），〈環境人權的衍生與實踐〉，《中國論壇》，25 卷 3 期，頁 53；柴松林（09/08/1988），〈環境權的本質與立法保障〉，《中央日報》，3 版；羅常芬（1989），〈環境問題與環境權〉，《法律學刊》，20 期，頁 37。

[11] 柴松林，前揭註 10。

[12] 憲法增修條文第 10 條第 2 款。

[13] 2000 年後關於環境權的文獻，例如：李建良（2000），〈論環境保護與人權保障之關係〉，《東吳法律學報》，12 卷 2 期，頁 1；高樹人（2005），〈環境權與環境立法之反思〉，《法令月刊》，56 卷 12 期，頁 27；施正鋒，吳珮瑛（2007），〈原住民的環境權〉，《臺灣原住民研究論叢》，1 期，頁 1-30。

入憲聯盟,倡議環境權入憲。他們提出了五大憲改的主張:[14] 1. 以臺灣生態圈為範圍,制定新憲法;2. 環境權為基本人權,應予保障;3. 經濟及科技發展應以提升社會福祉及維護資源永續利用為目的;4. 環境及資源之利用,國民有權參與、決定及監督,必要時,應以公民投票決定之;5. 制定非核憲法條款,不發展或使用核子武器與核能。環境權論述從逐漸沒落,[15] 到現今因應氣候變遷、人類存亡議題,多國透過解釋具體化人民對健全環境的權利,[16] 作者也在多年前即討論過傳統環境權論述的今日,環境權的訴求又再度回到臺灣的環境場域。究竟環境權理論有什麼樣的魔力,使得各方仍執著於環境權的倡議?經過數十年後,傳統環境權理論的問題是否已經獲得解決?環保團體在2006年所提出的環境權主張,與作者曾提出的環境權相關主張,有何關連?如果採用作者對於環境權的理解與主張,是否仍有強烈主張環境權的必要?

　　傳統環境權論述對於環境權的內容、範圍、功能與性質等等,仍處於模糊的狀態。究竟什麼是環境權、環境權的位階、誰擁有環境權、環境權的功能、如何救濟等在環境權的論述中一直都有待釐清。接下來這部分即討論傳統環境權論述的輪廓。

---

14 環境資訊中心,前揭註2。
15 環境權理論沒落的討論,參葉俊榮,前揭註8。
16 *See* Turner, *supra* note 9. 除透過解釋來建立環境權,有許多國家直接將環境權明文入憲。*See generally* James R. May, *Constituting Fundamental Environmental Rights Worldwide*, 23 PACE EN'VT L. REV. 113 (2006).

1.1. 內涵

環境權的定義是「得享受良好之生活環境,且支配此生活環境的權利」。[17] 在這樣的定義下,傳統的環境權具有四個性質:雙重位階、實體權、共有權,以及不可讓渡性。

1.1.1. 雙重位階

傳統環境權的主張,究竟是指憲法位階的權利或法律位階的權利,經常不是十分清楚。作者的觀察認為,傳統環境權論述通常是同時指向憲法與法律層次兩個位階,並未清楚區分。雖然傳統環境權同時可能是憲法位階與法律位階,但其中憲法位階則是環境權主張的重要核心。主張憲法位階的環境權者,通常是從人權的角度立論,將環境權看作是基本人權,應與憲法上其他基本人權有同樣的效力。依此,憲法位階的環境權應拘束政府所有部門的行為,包括行政、立法、司法都應受拘束,在有司法違憲審查的國家,則是由法院作為法律是否違反環境權保障的最終判斷者。

1.1.2. 實體權

主張環境權者,在定義環境權時,一般多會使用「享有」、「擁有」或「支配」環境等用語。當法律上以這樣的用語在描述權利時,即表示這是一個實體而可被擁有的權利,而且這樣的權利通常具有財產權的性質。一旦將環境權定位成實體權,接下來必須面對的問題即是,這個權利是否有排他的性質、具體的權利

---

17 駱永家(1987),〈環境權之理念與應用〉,《中國論壇》,24卷8期,頁17。

內容為何、界限何在、誰可以擁有環境權、可不可以轉讓等等問題。

1.1.3. 共有權

主張環境權的論者多認為環境權應該為全民所共有，此從我們對於環境一詞的理解即可見一斑，例如環境基本法中即將環境定義為「影響人類生存與發展之各種天然資源及經過人為影響之自然因素總稱，包括陽光、空氣、水、土壤、陸地、礦產、森林、野生生物、景觀及遊憩、社會經濟、文化、人文史蹟、自然遺蹟及自然生態系統等」。被歸為「環境」的自然資源與自然因素，一般並無法劃歸為某一個人所有，而是共有之物。不過依照傳統對權利的理解，不論是私法上的權利或公法上的權利，多是由個人享有的權利，這種共有的權利實為例外。傳統權利論述之所以會將權利定性為「個人」的權利，是因為如此權利歸屬才清楚，才能成為可執行的權利。若一權利定性為全民共有，某個意義上已經是喪失了權利的性質，等於架空了該權利。

如果不將環境權定義為全民共有，又將陷入另一個困境：環境權的歸屬又再度陷入不清楚的狀態中。以國光石化一案為例，國光石化公司最後選擇了彰化縣大城鄉落腳，涉及的環境問題包括對當地濕地以及農漁業的影響、對人體健康的影響、用水問題、白海豚棲息地的破壞，以及高排碳等等。究竟是哪一個範圍的人擁有環境權？附近的居民？彰化縣全體縣民？環境團體？全臺灣的居民？在氣候變遷的全球連動下，是不是也要包括其他國家的居民？由此可知，一個實體性的環境權，將面臨權利所有者定義的困難。

又如針對核能電廠是否要繼續興建、營運,也會涉及究竟誰有權利決定,如非核家園推動法草案就提到:「核子反應器設施管制法部分條文修正草案則是規定,核電廠所在地周圍五十公里逃命圈民眾,擁有核電廠運作與否的最終決定權」,所顯示的是如認為有環境權,這樣的條文所宣示的是對於核電廠的興建,以核電廠為圓心、五十公里內的居民有決定的權利,但為什麼是五十公里,而不是其他的判斷標準呢?但無論如何,這正顯示了如肯認此為環境權,則環境權具有共有權的性質。另一方面,從這樣的草案條文看來,也可以顯示環境權本身同時具有憲法位階及法律位階權利的特色。

1.1.4. 不可轉讓

環境權不得轉讓的推論可從兩個面向來討論:基本人權的性格與共有權的性質。若將環境權定位為實體權利且為具有憲法位階的基本權利,則環境權與其他基本人權並列,基於天賦人權的理念,環境權自然會被定性為不可轉讓的權利。另一方面,從環境共有的角度而言,環境權為全民共有,此更強化了環境權不可轉讓的色彩,絕不允許由某些人獨占環境權,也不容許對環境進行交易。若進一步考慮環境權是不同世代間的國民所共有,性質上即更不允許轉讓環境權。此種環境權不可轉讓的想法清楚地展現在 1990 年的中油五輕建廠的爭議中,當時後勁居民允許中油建廠的條件之一是高達十五億的回饋基金,使得各界對此不斷有「出賣環境權」的指責。[18]

---

18 參葉俊榮(2010),〈「出賣環境權」——從五輕設廠的十五億「回饋基金」談起〉,氏著,《環境政策與法律》,再版,頁 35,37-41,元照。

不論是從基本人權或共有權角度,認為環境權不可轉讓的主張其實是將環境權神聖化,只從單一的污染者與被污染者視角觀察,而忽略了環境涉及的其實是資源的使用。此往往限制了資源使用的方向與可能性,而且無法解決實際的問題。

例如,1987 年,中油發布要在高雄楠梓區興建第五輕油裂解廠,後勁居民於是展開為時三年左右的抗爭,反對在該區興建五輕。抗爭的行動中除了向相關部會陳情、抗議之外,居民亦進行圍廠,引發許多衝突。當時公民投票法雖尚未通過,但地方居民在 1990 年 5 月 6 日舉行了地方性的公民投票,投票率約為 66%,反對者占 60.85%,同意協商者為 39.2%。雖然這次的公民投票因為沒有法源、不具拘束力,但卻是臺灣第一件公民投票案。

1990 年 9 月 22 日,在政府答應後勁居民三項條件後,中油五輕終於動工。這三項條件為:做好污染防制、二十五年遷廠,以及十五億的回饋金。其中最受矚目的是十五億的回饋金,鄰近居民亦表示受到污染,希望比照後勁地區辦理,而政府則聲明此為個案,下不為例。[19]

▶▶ 1.2. 特色

進一步分析傳統環境權論述的內涵,可以觀察到此種論述在權利論述方法論上的特性,包括法律與司法中心主義、自然本質論與絕對式的分析。

---

19 葉俊榮(1990),〈臺灣第一件公民投票案:後勁反五輕「民意調查」觀察報告〉,《國家政策季刊》,6 期,頁 136。

1.2.1. 法律與司法中心主義

這種傳統的環境權理論認為許多環境決策的實質問題可以透過「權利的創設」而獲得解決，卻並沒有進一步深究權利本身的內涵為何。在憲法權力分立的架構下，權利的具體內容與執行的重擔，自然是落在法院身上。此種權利論述顯然是極以司法為中心，認為只要創造出權利，法院自然會進一步詮釋並落實。

這種論述方式其實只是解決了問題的表象，只在制度上創造出權利，對於權利背後所隱藏的利益分布狀況則全然忽略，將所有的重擔推往司法部門，往往忽略了法院是否是決定權利內涵的最佳部門。

1.2.2. 自然本質論的環境權

傳統環境權論者在倡議環境權的推論過程中，從環境惡化到應有憲法位階的環境權的推論富有濃厚的自然法意味。典型的論者往往從環境已經惡化到何等程度，世界各國又是如何重視環境問題，人類的生存與人格發展又是如何需要清新與安全的生態環境，立即推論出應該在憲法與法律制度上創設或承認環境權。此種權利論述的前提（環境惡化、應重視環境問題等等）固然有一定的真確性，但此一前提是否必然可推導出實體性環境權，則頗有疑義。

1.2.3. 絕對式的分析

在分析方法上，傳統的環境權理論是以一個絕對、不妥協的態度在處理環境議題。[20] 在其思想脈絡中，高舉環境價值的重要

---

20 在分析方法上，傳統的環境權理論是以一個絕對、不妥協的態度在處理環境

性。此種論述固然凸顯了環境價值的重要性,也彰顯了長久以來環境價值往往被忽略的事實,然而卻是無視於現實的作法。環境價值必然與其他價值衝突,絕對式的論述毋寧是忽視了此種衝突的存在,更遑論進一步對各種利益與價值進行衡量。除此之外,傳統環境權論述以環境價值為尊,但對於環境的意義與環境權的內涵卻未能有清楚闡釋,往往更容易造成環境價值與其他價值的衝突。

▶▶ 1.3. 傳統環境權論述的水土不服

面對傳統環境權主張,必須將其放在環境問題特性來檢驗之。作者一再指出,環境問題富有高度科技背景、決策風險與利益衝突,前述的環境權論述適用在環境問題上,必然導致水土不服的現象。

試想一兩個假設的例子:王大富的工廠與別墅,以及採用劣質煤的工廠甲。王大富是國內經營石化工業的首富,他經營的某家化學工廠雖僅占地 300 坪,但所生產的空氣、水、噪音等污染卻一直困擾著附近廣大的中低收入戶。另一方面,王大富在另一處有一上千坪的別墅,附近有許多中小規模的養牛、養鴨與養豬戶。這些牧場產生的臭味、灰塵與噪音嚴重影響了王大富的度假時光。在這個例子中,如果採行絕對式的環境權分析,工廠附近的居民與王大富都可以向污染源(分別為王大富的工廠與附近的畜牧戶)主張環境權,這樣的主張有沒有任何問題?本例中不論是受害者人數、財力、使用環境的型態都差別甚鉅,污染者的型

議題。

態也有極大差別。承認一享有健康環境的權利,就本案的處理而言,是否反而阻礙正義或效率的實現?

另一個例子中,工廠甲採用劣質煤,因其無力做好防制工作,排放的廢氣影響了工廠東側的高級住宅區。工廠甲雇用了許多當地勞工,生產的產品專供中低收入家庭使用。如果有環境權的保障,誰可以主張?高級住宅區住戶若主張其環境權受嚴重損害,是否即表示應關閉工廠甲?若不關閉工廠甲,則少數富有的居民將受污染之害;若關閉工廠甲,則廣大的中低收入勞工的工作權益以及中低收入消費者的消費權益將受到影響。決策者在這當中,勢必面臨利益的衡量,絕對式的環境權主張是否妥適呢?

上述兩個假設的案例,其實都凸顯了傳統環境權論述在實際運用上的困難。這種困難其實並不只是出現在假設的案例中,現實中也有類似的案子。1960 年代末,大西洋水泥公司 (Atlantic Cement Co.) 於紐約州首府奧爾巴尼附近運營之水泥廠,其生產過程中產生之噪音、粉塵與震動,對周遭生活與環境造成了重大干擾。布默 (Boomer) 等居民因此提起訴訟,請求法院頒布禁制令 (injunction) 停止水泥廠之運作。紐約州上訴法院在為最終判決時,考量到水泥廠確實構成侵害,但若頒布禁制令將導致地方經濟受到重創。在平衡當地居民之權益以及該區整體公共利益後,判決大西洋水泥公司應支付相應賠償金,但水泥廠仍可繼續運營。[21]

斯伯牧場 (Spur Feedlot) 於 1956 年開始養牛 25 頭,隨後逐漸擴充。三年後偉伯開發公司 (Del E. Webb Development Co.) 在牧

---

21 *See generally* Boomer v. Atlantic Cement Co., 26 N.Y.2d 219 (N.Y. Apr. 9, 1970).

場北方開始興建老人退休中心。兩者因為事業範圍逐漸擴大而相互接近。牧場產生的臭氣與灰塵隨風吹向老人中心,嚴重影響老人退休中心的住戶,另外蒼蠅更讓住戶心煩,因此偉伯公司向法院請求判斯伯牧場遷往他處。法院認定斯伯牧場確實已構成相鄰侵害,但斯伯牧場早在偉伯公司開發前即已存在多年,偉伯公司是迎向公害 (coming to the nuisance)。除非偉伯公司支付斯伯牧場所需的所有搬遷費用,否則該牧場有權繼續經營。[22]

以上四個假設與現實的例子各有特色,每個案子中的污染者態樣不一,受害者的類型也不同。有的受害者是因為污染者建廠而受害,有的受害者則是自己向污染接近。從而,每一個案子中表現出的利益衝突亦有很大的差別。假設只是概念式或機械式地適用環境權,而忽略個案中利益權衡的差異,可能會產生忽視正義或效率的結果。若欲實現個案正義或效率,則勢必將扭曲環境權的本意。無論是何種結果,都不是我們與推促環境權論者所樂見的。

2. 憲法位階的環境權

第一部分概括地介紹了傳統環境權論述的發展、內涵與特色,第二部分將重心移到憲法位階的環境權,將更進一步地討論傳統環境權在論述憲法位階環境權時所遭遇的困難,並提出憲法位階環境權轉向的可能。

▶▶ 2.1. 憲法位階環境權的理論背景與實踐

---

22 *See generally* Spur Industries, Inc. v. Del E. Webb Development Co., 494 P. 2d 701 (Ariz. 1972).

2.1.1. 憲法位階環境權的理論背景

從一般憲政理論上有關在憲法中承認並「鎖定」某項權利的論理依據著眼，憲法位階環境權的主張有以下兩點效益：一者以銜接既存法制之欠缺，二者能彌補政治部門之不足。

在美國，隨著環境問題在質與量的轉變，普通法 (Common Law) 之中的「相鄰侵害」(nuisance) 逐漸難以因應，而顯得捉襟見肘；而在 1970 年代中期以前，行政管制措施亦不完備，以密西根大學法學院教授謝克思 (Joseph Sax) 為首的學者乃將希望寄託於經廣泛授權的法院。[23] 其中的一種作法就是廣泛地容許人民向法院起訴主張避免或彌補環境價值的損害，最直接的方法就是創設「憲法位階」的環境權，賦予法院介入環境議題的基礎。如此一來，除了給予法院創設制度以回應現狀不足的權限，更能彌補在民主代議政治的「正常」運作下，因各方利益的代表性不平均而產生缺陷：[24] 因為在環境保護的領域，論者主張政治運作中對環境價值未作適度的關注，復因下一代在政治結構中代表性的不足，有待於憲法中鎖定環境權，並由法院予以保障。[25]

---

23 *See generally* JOSEPH L. SAX, DEFENDING THE ENVIRONMENT: A STRATEGY OR CITIZEN ACTION (1971).
24 有關因政治基本結構的缺失，導致弱勢團體或某種利益被不當的忽視，在憲法上的補救論點，參 ALEXANDER M. BICKEL, THE LEAST DANGEROUS BRANCH: THE SUPREME COURT AT THE BAR OF POLITICS 24-27 (1962); John H. Ely, *The Constitutionality on Reverse Racial Discrimination*, 41(4) U. CHI. L. REV. 723, 734-36 (1974); Frank I. Michelman, *Welfare Rights in a Constitutional Democracy*, 1979 WASH. U. L. Q. 659, 659-61 (1979).
25 *See* Note, *Toward a Constitutionally Protected Environment*, 56 VA. L. REV. 458, 483 (1970).

然而，這樣的立論依據是否必然會推導出「實體」的憲法位階環境權確實有其爭議。

2.1.2. 環境權於各國入憲的實踐情形

在各國憲法的實踐方面，目前確實已有許多國家已將「環境權」入憲，包括韓國、法國、德國、俄羅斯、南非、西班牙以及以色列等國。[26]

從入憲的形式來看，有兩種模式，一種是將環境權列於基本人權的章節中，與其他人民的基本權利義務並列；另一種則不是列在基本人權章節，而是類似基本國策的憲法方針。列為基本人權者，例如 1987 年修改的大韓民國憲法，其將環境權編在第 2 章國民的基本權利義務中，於第 35 條第 1 項規定：「國民有享受健康 (healthy) 與愉快 (pleasant) 環境之權利。國家與所有國民均有保護環境之義務。」[27] 法國憲法則在 2004 年修正時增加了環境憲章 (Charter for the Environment)，規定人民有生活於有益健康之平衡環境 (balanced environment) 的權利；有接近、取得政府機關擁有的環境資訊的權利；有權利參與可能對環境形成影響的決策程序；有參與保護及改善環境的義務；有依法律規定避免、減少其對環境造成損害的義務；有補償其對環境造成之損害的義務。[28] 又如南非憲法也將環境權列在基本人權章節中，於第 24

26　May, *supra* note 16.
27　DAEHANMINKUK HUNBEOB [HUNBEOB] [CONSTITUTION] art. 35, para. 1 (S. Kor.).
28　*See generally* CONSEIL CONSTITUTIONNEL, CHARTER FOR THE ENVIRONMENT (2005), https://www.conseil-constitutionnel.fr/sites/default/files/2019-03/20190304_charter_environnement_0.pdf.

條規定:「人民有享有對其健康或福祉無害環境之權利。人民有經由合理的立法或其他方式,為當代與未來世代之利益,而要求環境獲得保護之權利。」[29]美國聯邦憲法雖未明文規定環境權,但有許多州的州憲法均明文列出對環境權的保障。例如美國伊利諾州憲法第11條第2項規定:「任何人均有健康環境之權。任何人均得循適當的法律程序……實行此權以對抗任何政府或私人」;[30]賓州憲法第1條第27項規定:「人民擁有清潔空氣、淨水、以及保有環境的自然、風景、歷史、與舒適的價值之權」;[31]紐約州憲法第1條第19項亦宣示:「人民有權享有乾淨的空氣、水,以及健康的環境。」;[32]密西根州憲法第4條第52項則宣示「州立法機關應立法保障水、空氣與其它自然資源,免受污染、破壞」。[33]

將環境權作為憲法基本方針的則如德國,德國聯邦於1994年10月17日經由修憲,而於基本法新定第20a條引入新的立國精神「自然的生命基礎」:「國家也以對未來諸世代負責的態度,於合於憲法秩序的架構內,經由立法,經由行政部門依照法律與法的標準所為之要求,而且也經由司法,而保護自然的生命基礎。」[34]

從環境權的內涵而言,同樣分為兩種模式,第一種是實質的

---

29 S. Afr. Const., 1996.
30 Ill. Const., art. XI, sec. 2.
31 Penn. Const., art. I, § 27.
32 NY, Const., art. I, § 19.
33 Mich. Const. art. IV, § 52.
34 德國法基本權與文中原則,參李建良,前揭註13。

環境權，第二種則是程序的環境權。實質的環境權通常以較為抽象的方式表述，例如享有安全、舒適、及健康環境的權利；有拒絕污染的權利等等。程序性的環境權則以法國憲法最為清楚，有獲得環境資訊的權利以及參與環境決策的權利。值得注意的是，大韓民國憲法第 35 條第 2 項規定，環境權的具體內涵應由法律制定，這也反映了即便在憲法中規定了環境權，其落實仍必須透過法律。

將環境權入憲的國家雖然並不少，但即便是在憲法中明文規範環境權的國家，在憲法法院要以憲法上的環境權對抗行政、立法時，也覺得難以適用。[35] 值得我們思考的是，為什麼憲法位階的環境權理論會無法落實？在憲法中規定享有清淨的水、乾淨的空氣與良好的權利究竟有什麼不好？各國不將環境權入憲，是代表環境價值的低落，各國更重視經濟與發展嗎？要回答這個問題，必須從理論本身的難題以及環境問題的特性來思考，憲法位階的環境權本身即面臨相當多的困難，這些困難放到環境問題的特性中（科技的不確定性、隔代分配、利益衝突、國際關聯）則更為明顯。

▶▶ 2.2. 憲法位階環境權理論的難題

什麼樣的權利應該納入憲法往往是各國在修憲或制憲時的焦點之一，有些憲法只規範了最典型的幾種基本人權，例如言論自

---

35 *See, e.g.*, Rebecca Bratspies, *Administering Environmental Justice: How New York's Environmental Rights Amendment Could Transform Business as Usual*, 41 PACE ENV'T L. REV. 100, 104-06 (2024).

由、人身自由、平等權等等；有些憲法則鉅細靡遺地規範了種種基本人權。憲法上的權利並不是越多越好，[36] 哪些權利應列為憲法位階必須考慮到權利的重要性與權利的內涵，更必須從權力分立的架構來思考。如果一個權利很難執行，會影響到其他基本權利的尊嚴。若環境權要成為憲法上的基本權，其內涵就應該要更具體明確，讓司法可以操作。[37]

2.2.1. 利益的認定與衡量

一個權利是否入憲，第一個必須考量的因素便是將此種權利入憲的利益認定為何？

環境保護固然是現代國家應重視的課題，環境利益更是政府施政過程中應妥善考量的因素，但是從國家整體發展與資源有效利用的觀點而言，即便環境價值是很重要的一環，其也只是國家所應追求的利益的一部分，而非全部。社會上還有許多其他同樣重要的價值，例如經濟發展、社會安全、消費者保護、勞工權益、少數族群的文化權等。環境決策對於這些價值都可能產生重大的影響。

如果將環境權入憲，賦予其憲法上絕對且不得侵犯的地位，在資源有限的情形下，政府就必須為了環境保護而對其他價值讓步，然而如此對一國的利益是否最好？只顧及環境利益而忽視其他同等重要的利益，對於全民是否是最好的決策？除了環境權之外，其他利益也同等重要，如果將環境權入憲，是否也應該承認

---

36 *See* George Tsebelis & Dominic J. Nardi, *A Long Constitution is a (Positively) Bad Constitution, Evidence from OECD Countries*, 46 B. J. POL. SCI. 457, 464-69 (2014).

37 For concurring opinion, see May, *supra* note 16.

憲法上的文化權、勞動權、消費者權等？如何說明只有環境權入憲，而其他權利不應該入憲？如果將所有重要的權利都入憲，每一種權利都具有憲法位階，其彼此之間發生衝突時，仍然必須在具體個案中衡量利益，如此將所有權利入憲是否又失去意義了。

2.2.2. 權利的內涵與界線

憲法上的環境權並不是可自我執行 (self-executing) 的權利，而是需要許多的立法才能落實，這也表示環境權的內涵無法透過單一的憲法或法律即可清楚界定。

環境權中的「環境」一詞乃一包羅萬象的乾坤袋，它至少包含兩層相互作用的意義：一為物理、化學與生物因素對有機體或生態體系發生作用的總體；一為政治、經濟、社會、與文化條件影響個人或團體的總合。[38] 政治運作、經濟哲學與文化條件，往往影響資源利用的方向與科技發展的走向，進而影響生態環境。生態環境的變化亦足以促成上述人文條件的改變，使得兩者作有機結合。以作者參加 1992 年里約地球高峰會的經歷為例，當時會場中設有各種帳棚，在帳蓬裡舉行的討論會上，也有許多子題與環境議題聯結，成為新型態的組合。這些議題，包括女權保障、兒童福利、貧窮、人口控制、原住民權益、宗教信仰、都市空間、教育、藝術、文化、貿易、資訊電腦、道德倫理、戰爭、世界語、西藏問題、管理、系統分析、協商、消費者、科技發展、決策模式、母乳推廣、社會主義、能源、建築、社會改革、社會安全、人格發展、人際關係、中藥、文明、殘障者等等。這些子題都會

---

38 Eva H. Hanks & John L. Hanks, *The Right to a Habitable Environment*, in THE RIGHTS OF AMERICANS: WHAT THEY ARE—WHAT THEY SHOULD BE 146, 146 (1971).

與環境議題扣上或鬆或緊的關聯。

從整個環境議題的發展史上看來,環境議題基於其內部問題面向的多元性,吸附其他議題的黏度十足,而且隨著外在環境的演變,此種黏性越來越大,許多既有的社會議題都不自主地被它吸附過來。此種複雜的組合與多元富變化的條件下,要在「環境」上建構一個權利,的確難以掌握權利的內涵與界線。

2.2.3. 決策的主體與客體

一個權利納為憲法權利後,無可迴避的問題即是誰擁有權利的最終解釋權。一般在有司法審查制度的國家,解釋憲法的權限是落在法院。此處必須考量的問題即是,法院是不是環境決策的最適決策者?決策者又應該就哪些環境事務做成什麼樣的決策?沒有民意基礎的法院是不是解釋環境權的最佳機構?環境決策交給有民意基礎的政治部門負責是否更為妥當?

東歐民主化的過程中制定了新的憲法,各國在憲法中應該設置哪些權利產生了一些辯論。美國的一些憲法教授如桑斯坦(Cass Sunstein),認為東歐國家不應該在憲法中鉅細靡遺規範各種基本權利。東歐在權利的設置上,應該以民主政治與促進自由市場的發展為重心,而非急切地將各種權利鎖進憲法價值中。民主政治與自由市場講求的是程序與選擇,尤其在東歐過去對財產權的保障較少的情形下,即應該往活絡經濟自由市場的方向發展,讓人民可以自由選擇,再配合民主政治的發展完備之。[39] 如果只是在憲法中規定各式各樣的權利,最終只是讓法院取得詮釋這些基本

---

39 *See* Cass R. Sunstein, *On Property and Constitutionalism*, 14 CARDOZO L. REV. 907, 907-09 (1992).

人權的權力,將議題鎖在狹窄的法院場域中。許多權利涉及了政策決定與社會資源的分配,究竟應該保障到什麼樣的程度,應該由政治部門透過公開的民主程序決定,而不應該由沒有民意基礎的法院做最終的決定者。

同樣的思考也適用於環境的場域中,環境權的內涵難以確定已如前述,再加上環境權的問題幾乎無可避免地牽涉到多元利益的衝突及資源配置,並且具有科技上、因果上的不確定性。面對環境問題的利益衡量及不確定的特性,需要仰賴公民社會的討論和利益的折衝妥協,法院以實體權利有無的法律問題介入環境問題的解決,反而可能壓抑或減少公民社會提升價值衝突和資源配置的討論量能,侵害民主和權力分立精神。[40]

環境問題的最大特色之一在於其涉及高度的科技背景,許多環境上的危害行為或產品往往是在經年累月後才被發現。例如農藥 DDT 在被發現對環境生態的危害之前幾乎被視為神藥,只有當科技上的資訊明朗之後才能有所行動。又如在科學上對臭氧層探測尚未發布之前,人們根本無以體會用途廣泛的氟氯化碳 (CFCs) 竟是罪魁禍首。此外,環境問題在因果關係的認定上亦格外困難,時常牽涉到科學上的極限,無法立即給予一個肯定的答案,以作為認定責任或採行相對措施的依據。再者,理想環境品質的設定、環境影響的評估或環境改善的認定等,亦涉及科技水準 (state of the art) 的考量。

由於此種高度的科技背景,使得環境決策的風險意味濃厚,所做的決定在日後都有可能被證明是錯誤或偏差。然而,雖然牽

---

40 Bratspies, *supra* note 35.

涉到科技與資訊上的未定，環境決策卻不能停擺，只得決策於未知之中 (decision-making under uncertainties)。以是，此一「風險性格」反而使得環境決策的「政治性」提高。[41]

環境問題與資源的利用息息相關，用與不用或者是如何使用現存的資源，都將引發各種利益之間的衝突。隔代分配的問題便是此種利益衝突的典型。我們這一代在文化與科技上承繼了許多上一代努力的成果，但在環境問題上，這一代的作為很可能是下一代的難題。同時，環境問題在先天上也往往引發不同利益陣營間資源利用上的利益衝突。要不要禁絕廢五金進口，直接引發業者的經濟利益與受害人的健康的衝突，間接觸動消費者的消費權益、從業勞工的健康與工作，以及相關企業的競爭優勢等廣度的利益糾葛。縱使在環境保護的領域內，亦有不同環境價值的衝突。例如，鼓勵多用紙製品以減少對塑膠容器的依賴，固然有助於垃圾的處理以及減低化學製品製程中污染源的產生，但卻對森林的砍伐帶來更大的壓力。

環境問題所帶來的利益衝突亦可能表現在國際上。臭氧層破壞、溫室效應、酸雨等問題都需要國際性或區域性的解決，但在國際上，各國對這些問題形成負有相當不同的責任。要不要採取補救措施，又如何實行，往往引發各國或不同發展階段國家之間的利益衝突。

---

41 許多國家將核電廠興建與否的問題訴諸公民投票，即是基於此種「風險與政治」的背景；近來面對氣候變遷時的調適政策也屬決策於未知風險的決策模式，參 M. Garschagen et al., *The Consideration of Future Risk Trends in National Adaptation Planning: Conceptual Gaps and Empirical Lessons*, 34 CLIMATE RISK MGMT. 1, 9-12 (2021), https://doi.org/10.1016/j.crm.2021.100357.

環境問題既然在性質上容易引發廣泛的利益衝突,在決策的過程中往往必須作利益衡量或輕重緩急次序的排定(priority setting),而難以完全考量某一利益並作絕對式的推進。此種「利益權衡」的性質,也使得環境問題的政治性格提高,進而加強民主理念的比重;但憲法位階的環境權將環境資源分配的終局決策權限賦予欠缺民主正當性的司法機關,使其陷入「抗多數決困境」,[42] 亦無助環境問題之「正確」解決。

此外,基於環境問題的諸多特性,法院本身無法確實執行環境權的保護,而需要仰賴行政機關及其他機制的配合。將環境權列成憲法位階不可讓與的權利,可能使得憲法權利中出現無法自動執行的權利,如此一來會消蝕、稀釋基本權利的神聖性。

不過要注意的是,以法院不適合作為環境議題的最終決定者,質疑環境權入憲與傳統實體環境權的論述,並不等同於認為法院不應該介入環境問題,而是認為法院不適合從實體面向介入環境議題,法院仍應從程序的面向捍衛環境的尊嚴。若從代表性強化理論而言,由於環境價值長久以來在民主程序中缺席,法院更應作為環境價值的代表,而有審理環境議題的正當性。

▶▶ 2.3. 憲法位階環境權的轉向

傳統以擁有環境為基礎的環境權入憲理論的困難已如上述,如果環境權仍要作為憲法上的基本權利,為了使其發揮功能,環

---

42 *See generally* JOHN ELY, DEMOCRACY AND DISTRUST: A THEORY OF JUDICIAL REVIEW (1981)。其更進一步認為,法院應在政治部門中特定利益未被代表時,司法方可介入以強化代表性(Representation Reinforcing)。

境權的性質必然要轉向，應朝程序性的環境權發展。

2.3.1. 參與為本位的環境權

1990 年前後，將環境權入憲的呼聲在我國不絕於耳，在二十年後的今日又再度被環保團體提出。環境權入憲聯盟的主張中包括：環境權為基本人權，應予保障；經濟及科技發展應以提升社會福祉及維護資源永續利用為目的；環境及資源之利用，國民有權參與、決定及監督，必要時，應以公民投票決定之。這樣的主張中其實同時包含了實體與程序的面向，第一點應是較偏向實體環境權的主張，後兩點則是程序面向的主張。作者在 1990 年時即已為文，針對我國特殊的背景，擬出環境權的轉型方向。作者以代表性強化 (representation reinforcing) 的憲法理論為基礎，從資源的有效利用與分配、民主理念的強調，以及政治運作缺失的彌補等觀點，指出由於環境價值牽涉資源有效的利用與分配，單純的權利配置無法完全反映環境問題的特色，應以從民主的參與及選擇來解決環境問題。更由於過去環境價值長期在政治過程中被壓抑，民眾的參與環境決策，將有助於讓環境價值回歸到正常的政治過程中，成為與其他價值同場競爭的價值。從而，在我國若欲建立憲法位階的環境權，應建立以參與為本位的環境權，而非擁有環境的實體權。亦即，憲法上若應有環境權，此權利應以肯認民眾適度參與環境決策的程序為是。[43]

憲法上以參與為本位的環境權，並不先驗地判定誰擁有環境，或誰應讓步，而容許民眾透過立法與行政程序，確定資源分

---

43 葉俊榮（2010），〈憲法位階的環境權——從擁有環境到參與環境決策〉，氏著，《環境政策與法律》，再版，頁 1，31-32，元照。

配以及利益調和的方向與原則。畢竟具體的法律規定（亦即水、空氣、噪音、廢棄物、毒性化學物質等管制法）方是環境保護規範的主體。此外，基於參與的理念，個人或環境團體為環境價值而訴諸法院的各種障礙應透過立法予以清除。

2.3.2. 規範依據

憲法上雖然沒有明白規定環境權，這樣程序取向的環境權在我國至少有兩個規範上的依據，分別為「正當法律程序」與憲法增修條文第 10 條第 2 款。

在正當法律程序的層面，我國憲法雖然並未明文規定正當法律程序，但大法官已在多號解釋中引入了正當法律程序此一概念。若將大法官使用的正當法律程序概念進行分類，則可區分為三種類型。第一類是司法的事後救濟領域，例如釋字第 396 號與 418 號解釋，這部分與憲法第 16 條的訴訟權有緊密關連；第二類則是與憲法第 8 條人身自由保障連結，例如釋字第 588、636 與 639 號解釋等；第三類則是涉及行政與立法領域的事前參與，例如釋字第 491 號解釋。從這三類型的解釋觀之，雖然正當法律程序適用的範圍與內涵都還有待進一步深究，但大法官確實已經肯認正當法律程序是我國憲法上重要的權利或原則。

作者在提出程序取向的環境權時，當時關於正當法律程序的解釋數量相當有限，面向也集中在司法領域。今日大法官解釋已經將正當法律程序擴及到立法與行政的事前參與，更可以肯認此一來自美國的憲法權利與憲法原則，已逐漸在我國憲法中生根，成為重要的程序權利依據，更能強化其作為程序取向環境權的基礎。

除了這些不斷演進的大法官解釋之外,作者也曾指出我國憲法第 16 條規定人民有「請願、訴願、訴訟權」,其中訴願權可以作為我國憲法正當法律程序的重要規範基礎。憲法規定的訴願權是由人民在行政機關內部提起,使行政機關對其本身行為有再一次反省的機會,與正當法律程序關係非常密切。法律上的訴願程序雖然是針對不當或違法的行政處分,向上級機關所提起的救濟,但憲法上的訴願權其實蘊涵著較為寬廣的空間,值得進一步延伸,而不應該將憲法上的訴願僅限於事後的救濟,以更進一步發揮事前參與的機制。[44]

　　在憲法增修條文第 10 條第 2 款的部分,該條文規定:「經濟及科學技術發展,應與環境及生態保護兼籌並顧」。這條條文是在環境團體與企業團體的競爭妥協下產出,要求環境保護與其他經濟議題必須兼籌並顧,但至於如何兼籌並顧則沒有明文,留待立法者與行政機關作判斷。此條款是屬於基本國策,原則上僅具有政策宣示的性質,但如果從功能性的釋憲觀點,這個兼籌並顧條款其實是蘊含著正當法律程序的精神。此條款所要強調的是經濟發展與環境保護必須兼籌並顧,若要落實此一條款,必須以一定程度的程序設計為基礎,否則此條款將僅是空談。由此,我們可以將兼籌並顧條款解釋為內含環境參與的理念,才能確實落實憲法的價值。[45]

44　葉俊榮(1997),《環境行政的正當法律程序》,頁 57-59,翰蘆圖書。
45　相關討論,參前註。

3. 作為法律管制的環境權

在憲法位階的環境權，作者主張其應該被理解成基於「代表性強化」的理念，而具有程序意義的環境參決權。當環境權放到法律管制的位階時，傳統環境權理論與適用上的困難，也使得這樣的權利主張無法有效因應環境問題。究竟我們應該如何定性、理解法律層次的環境權才是較為妥當而能真正解決問題呢？

▶▶ 3.1. 不能出賣的環境權？

在重新定位法律位階的環境權前，仍需要先釐清一個對於環境權的迷思——環境權不能出賣、不能轉讓。此種主張將環境權神聖化，使得環境糾紛的處理僅從污染者的污染防制面觀察，而完全忽略了居民防免損害的角色。事實上，環境糾紛乃典型的土地使用糾紛，雙方都希望如所願地使用自己的土地，不受別人的干擾。居民希望鄰近的污染源搬遷，就如同污染源希望居民搬遷一般。

正如前述在「傳統環境權論述的水土不服」章節中所討論的，如果將土地使用時間上的先來後到因素納入考慮，則有所謂「迎向污染」(coming to the nuisance) 的問題，而多少影響決策者解決土地使用糾紛的態度。面對因污染所造成的土地使用衝突，如果眼中僅有「環境權」，而完全忘卻「污染權」[46] 的面向，往

---

46 本文主張稱環境權為環境優勢，對所謂污染權亦等同主張稱其為污染優勢。至於經濟誘因制度設計下，作為交易對象的單位亦主張稱為污染「許可」(pollution permits)，而非污染「權」。參 Jiunn-rong Yeh, The Second Generation of Environmental Regulation: The Economic Incentive Approach (1988) (J.S.D. Dissertation, Yale University).

往未能深入具體個案中當事人的利益關聯,而作最符合社會整體利益的決斷。

再者,一旦認定環境權不能買賣,許多環境糾紛的處理,便理所當然地被認為不能有金錢的給付。這樣的觀點將可能造成兩種後果。第一,在環境抗爭的過程中,抗爭者大都被要求要有「環境意識」,不能只有「受害意識」,[47] 或只有「金錢意識」;應爭環境「權」,而不是爭環境「錢」。主張金錢給付者,不論其是出自賠償損害、懲罰污染源或交易財產權的動機,大都被冠上「只要錢,不要環保」的惡名。如此,以契約或損害賠償來調和環境糾紛中利益衝突的可能便大受阻礙,形成難解的零和局面(zero-sum situation),而陷入難以協商的僵局。其次,若本於此種想法,認為不能透過契約或損害賠償來處理環境問題,則有可能讓污染者持續污染但卻不需付出任何代價。這樣的結果當然也不是關心環境者所樂見的。

▶▶ 3.2. 衝突、優勢與權利

面對前述傳統環境權論述將環境權定性為實體且無法轉讓的權利的質疑,作者即曾提出將法律位階的環境權理解為環境優勢的觀點。這個討論是以環境糾紛的經濟分析作為思考的起點,進而為環境權找尋定位。

---

47 蕭新煌教授分析國內 70 年代 108 件反污染自力救濟事件,指出抗爭民眾大都「建立在立即之『受害意識』,而非較長遠之『環保意識』」。蕭新煌(1988),《70 年代反污染自力救濟的結構與過程分析》,頁 133,行政院環境保護署。

3.2.1. 環境糾紛的經濟分析

環境管制與資源的使用是法律經濟分析運用的最為頻繁的領域之一，在這裡我們要強調資源使用衝突關係中的「兩面性」與「效率」來幫助我們思考環境權的定位。

3.2.1.1. 兩面性

首先必須注意的是資源使用的兩面性。傳統的法律分析是以權利思考為基礎，認為有權利的人可以向義務人提出請求，而負有義務的人則必須就法律的規定履行責任。以損害賠償為例，是以受害人有權利向加害人提出請求為前提，一般是先界定事件的加害人（義務人），再進一步確定加害人是否因違反注意義務而有過失，而較少同時從加害人與受害人雙方的相互關係來思考。[48] 事實上，一個損害的發生，可能是加害人與受害人雙方都有能力去避免的，而不是只有單方有注意的義務。這種同時從雙方觀點去思考的作法就是所謂的兩面性，而此種兩面性在環境爭議中是更為明顯。[49]

環境爭議幾乎總是牽涉到資源使用的衝突。以煮咖啡為例，若我們在教室沖一杯咖啡，有人或許很喜歡咖啡香，有人卻很討厭咖啡，這時候我們應該以誰的喜好為優先？喜歡咖啡或討厭咖啡者的喜好？一個單純沖泡飲用咖啡的行為有了外部性的效果，透過空氣傳布，影響到別人，當然牽涉到資源配置，這種情況在多數人競逐同一個空間的使用時特別明顯。

再舉另一個例子，毗鄰的養牛者與種植夾竹桃（有毒）的花

---

48 See R. POSNER, ECONOMIC ANALYSIS OF LAW 43 (1986).
49 See generally Ronald Coase, The Problem of Social Cost, 3 J. L & ECON. 1 (1960).

農,為了避免夾竹桃被牛吃掉或為了避免牛隻因食用夾竹桃而中毒,究竟哪一方負有防免的責任(例如花錢架起柵欄),實有探究的餘地。

污染的情形亦是如此。在一致譴責污染的過程中,一碰到污染糾紛,馬上會理所當然地浮現出由污染源改善污染的思路。然而,污染關係中的損害,與上述養牛場例子中的損害相同,都具有兩面性。以毗鄰而居的聲樂家與文學家因「噪音」所發生的糾紛為例,聲樂家每日都必須拉音練聲,而文學家最需要安靜,以便釐清思路或培養靈感。面對此種衝突,聲樂家(污染源)可透過停止作為而達到避免損害的目標,文學家(污染的相對人)也可以透過戴耳機、裝隔音窗戶等措施而達到避免損害的目標。文學家雖然恨不得隔壁的聲樂家趕快搬走,聲樂家又何嘗不慨嘆自己倒霉,竟住在一個對「雅音」那麼不能「欣賞」的文學家隔壁?如果我們對「污染」採取兩面性的觀察態度,有關環境糾紛的處理,恐怕不是單純地由「污染者」改善或賠償就必然是社會整體最「好」或「正確」的安排,而是必須探求雙方的相對狀況,以求得最有效率或最合乎公平正義的安排。

3.2.1.2. 效率

效率是法律經濟分析的精髓,但什麼樣的作法才是符合效率的觀念,在經濟分析上則有兩種主要不同的判斷方式,分別是卡拉布雷西(Guido Calabresi)提出的成本極小化(cost minimization)以及由波斯納(Richard Posner)提出的福利極大化(wealth maximization)。

成本極小化是指最有效率的責任分配方式,應該從減少成本

的角度判斷,將整個社會的成本最小化。在雙方競逐使用資源的情形,即應該將責任分配給防免成本較小的一方。[50] 在上述文學家與聲樂家的例子中,假設若為了避免「噪音」的損害,應在兩人中間加裝隔音設備。若由聲樂家加裝隔音設備的成本為 X,而由文學家加裝隔音設備來隔絕聲音的成本為 2X 時,基於成本最小化的考慮,應該由聲樂家來加裝隔音設備。

另一種判斷的標準則不從減少成本的角度,而是從增加福利的立場觀察。福利極大是指解決的方法應該是使社會的福利最大化。[51] 同樣以文學家與聲樂家的衝突為例,若聲樂家對其吟唱相當重視,願意付出 100 單位來保有他吟唱的自由;而文學家願意以 40 單位來接受聲樂家的「噪音」,從整體福利的觀點,應該讓聲樂家保有唱歌的快樂,而由文學家忍受。

3.2.2. 法律位階環境權的重新定位:資源使用的優勢

依照上述兩面性與效率觀念的分析架構,在法律上究竟應該偏向污染者或者受污染者,不能一概而論。也就是說,基於經濟效率的概念,面臨資源使用的衝突時,傳統的環境權觀念下由「受污染者」向「污染者」主張環境權未必是最佳的資源配置結果,有些情形中,反而由受污染者忍受污染是較有效率的作法。在這樣的思考脈絡下,傳統的環境權主張也只是解決資源使用衝

---

50 *See generally* GUIDO CALABRESI, THE COST OF ACCIDENTS—A LEGAL AND ECONOMIC ANALYSIS (1970); Guido Calabresi & Jon T. Hirschoff, *Toward a Test for Strict Liability in Torts*, 81(6) YALE L. J. 1055 (1972).

51 *See* Richard A. Posner, *Utilitarianism, Economics, and Legal Theory*, 8 J. LEGAL STUD. 103, 119-124 (1979); Richard A. Posner, *Wealth Maximization Revisited*, 2 NOTRE DAME J. L. ETHICS & PUB. POL'Y 85, 85-89 (1985).

突的方法之一而已。

從法律的實際面向而言，由於對環境一詞的掌握並不清楚，更難在抽象的環境一詞上建構環境權，環境權也只是一個空洞的架構，這也是為什麼法律上甚少明訂環境權，也不會明文規定誰享有環境權。面對環境問題的規劃，立法者或個案決策者僅能夠在資源使用的衝突關係中做出判斷，讓當事人的一方在某種條件下，享有資源使用上的優勢。例如，法律在某種環境類型的環境糾紛中，也許會判斷污染者在一定限度內可以繼續運作（例如污染排放標準），鄰居不得無故干擾。這時我們認為法律已經初步判定在這個環境糾紛中，污染者取得資源使用上的優勢。反之，若法律在另一類型的環境糾紛中，判定居民得請求污染者停工，則是由居民取得資源使用的優勢。

因此，法律上的環境權其實應該是使用資源的「優勢」。之所以採用優勢而不用權利一詞，是因為優勢一詞更能深刻地表現出法律是對資源使用進行初步的判斷，而非終局的決定，這當中涉及複雜的利益權衡，而非強勢不可轉讓的權利。

3.2.3. 資源使用衝突關係中法律的雙重判斷

依照上述對環境權的定性，將環境權定位為法律上對資源使用衝突所做的初步判斷，使某一方能享有資源使用上的優勢，則獲得優勢的可能是受害者也可能是污染者。然而，對於法律這種初步的判斷，當事人可能會透過協商或交易，而改變原本法律的優勢判斷。

卡拉布雷西與梅勒枚德(A.Douglass Melamed)針對財產權的

使用糾紛提出法律的雙重判斷模式,[52] 對於理解資源使用衝突有相當的幫助,以下將介紹此一法律雙重判斷模式。然而必須注意的是,這個架構提出時,環境管制的作法仍是命令控制的行政管制與普通法上的損害賠償與禁制令,與當前的多元環境管制工具時代並不相同,這個模式並無法涵蓋所有的管制工具,不過這個架構卻能幫助我們進一步思考環境權或環境優勢能否交易的問題。

作者在早前已曾藉用卡拉布雷西與梅勒枚德提出的模式來分析資源使用衝突關係中,決策者得以採行的雙重判斷模式。第一重判斷是決定應該由污染者或受害者主張優勢,第二重判斷則是決定由什麼方式保障前述決定的優勢。

3.2.3.1. 優勢的判歸:環境優勢與污染優勢的選擇

第一層次是誰有使用資源優勢的問題,法律必須對資源使用的優勢做成初步的判斷:究竟應該由污染者取得優勢(以下稱污染優勢),還是由受害者享有優勢(以下稱環境優勢)。若污染者取得優勢,則污染者可以在優勢許可的範圍內污染,另一方若要改變,則必須採取行動;若是由受害者取得環境優勢,污染者則必須承擔改變現狀的義務。此種優勢的判斷在法律上具體的運用包括環境標準、土地區劃以及各種不確定的法律概念或裁量權的授予。[53]

至於法律究竟應該依照什麼樣的標準進行優勢的判斷?原則

---

52 *See generally* Guido Calabresi, & A. Douglas Melamed, *Property Rules, Liability Rules, and Inalienability: One View of the Cathedral*, 85 HARV. L. REV. 1089 (1972).
53 詳細說明,參葉俊榮,前揭註 18,頁 35,55-56。

上可能會有兩種分配的方式,一種是以效率為判準,另一種則是以正義為標準。以效率與以正義為判準的結果,往往可能相互衝突,此時則需要決策者作進一步的判斷。

若以效率為判準,在環境糾紛的處理過程中,將環境優勢判歸受害人或將污染優勢判歸給污染源,何者較符合經濟效率呢?依寇斯理論 (Coase Theorem),[54] 當交易成本等於零或幾近於零的情形,不論法律上對財產權如何劃定,當事人都會透過交易而達到最有效率的結果。所以,在文學家與聲樂家毗鄰而居,因「噪音」所發生的衝突關係中,當文學家願意為安寧所付出的代價遠高於聲樂家對吟唱的價值時,基於效率的考慮,法律原應將優勢判歸給文學家,以便讓資源發揮最大的作用。然而,縱使法律把優勢判歸給製造噪音的聲樂家,雙方仍會透過交易,而導致文學家享受安寧,聲樂家放棄吟唱的效率化結果。在此種情況下,將優勢判歸給文學家或聲樂家的唯一不同,僅表現在分配正義上。

在寇斯的交易下,以效率為基準來探討優勢判歸,其實並沒有意義。然而,寇斯理論中零交易成本的假定,在實際的社會上往往是不存在的。交易成本一定存在,而且常常很高。在有交易成本的情況下,仍有探究如何判歸優勢,以達到效率化的必要。

優勢如何判斷才能達到效率的目標,必須視具體環境糾紛的情形而定。一般而言應考慮的項目包括交易成本、防免成本、相對損害的大小以及資訊的優劣等。整體而言,應該將優勢判給成本較高的一方,讓成本較低的一方負起積極改變現狀的責任。以交易成本為例,若污染方為一家工廠,居民有數人,由於居民較

---

54 *See generally* Coase, *supra* note 50.

多時交易成本較高,則應將優勢判歸予居民。以防免成本為例,面對污染源,若是居民遷走的成本較低,則應該將優勢判給污染源;若污染者進行污染防制的成本較低,則應該由居民享有環境優勢。在損害大小部分,若污染者因為停工所受的損害較居民因污染所受的損害為大,則應該判給污染者污染優勢;反之則應該給予居民環境優勢。

以上的成本效益分析,在資訊充足時,固然可以經由計算以決定優勢,但在資訊不足時,無論是決策者或當事人都難以進行本益分析。此時,應該將優勢判給較無能力進行成本效益分析的一方,而由較有能力的一方負起主動行為的義務。

除了依照效率進行分配外,另一個分配的準則即是按照正義的標準。關於何謂正義,各領域的學者也有提出各種不同判斷的標準,在判斷上也會有先天的困難。因此,作者並不打算在此進入正義此等抽象的概念來做探討。

3.2.3.2. 保障優勢的方法:財產原則、責任原則與禁制原則的選擇

法律上雖作了第一重判斷,但如此未必能終局地決定該土地的使用型態或當事人間的權利義務關係,此一判斷僅是初步決定當事人間的優勢而已。為了更細膩地調整當事人之間的關係,決策者仍應作第二重的法律判斷,亦即以何種方法來保障第一重判斷所決定的優勢。決策者可能採取仰賴市場機能的財產原則、政府中度干預的責任原則或高度干預的禁制原則三種方式來保障當事人的優勢。

所謂財產原則 (property rule),乃指法律上容許他方當事人侵

犯優勢，但必須於事前獲得優勢持有人的同意。[55] 換言之，優勢的相對人得透過與優勢持有人的協商，議定彼此主觀上能接受的對價，而侵犯優勢或改變法律的第一重判斷。一般法律上的「物」，大都受此種以事前對價為主的方法所保障。在法律決定了優勢的情況下，某些時候可以透過市場機制來做第二層次的調整，此即為財產原則。例如放棄權利以交換代價。在交易成本為零的情形下，交易的達成往往意味著雙方利益的提升。例如 A 在五百元以上的代價下，願意忍受二手煙，而 B 則願意至多付出一千元來吸煙。最後可能在八百元左右成交，行情是落在兩人的期待之間，A 比期待多收了三百元，B 則保留了兩百元，雙方都得利。這是符合 Pareto 分配的一種行為，交易（資源的再配置）未造成任何一個人不利，但是造成社會整體利益的提升。

在交易成本過高或者交易的資訊和條件不清楚（例如對於環境究竟值多少錢），以至於市場機制無法運作時，即有第二種原則（責任原則）的出現。所謂責任原則 (liability rule)，乃指優勢的相對人可以自主地決定侵犯優勢，不須得到相對人的事先同意；但如果其侵犯對方的資源使用優勢，必須為適當的賠償，賠償金額由公正的第三者（可能是法院、公正的行政裁決機關或仲裁人）作客觀的核定，而非經當事人間依其主觀認定的價值與談判的實力自行協商議價。[56] 因為環境污染而引起的損害賠償訴訟，即為適例。此種容許他人自行取用，再於事後賠償的作法，由於不是事前即做好協議，在保護的層次上似乎較財產原則遜

---

55 *See* Calabresi & Melamed, *supra* note 53, at 1092.
56 *Id.* at 1106-11.

色。然而,責任原則避免當事人進行交易,減少交易成本,在第三者有資訊或資源可以更有效地判斷當事人的交易時,其反而可能比財產原則更佳。[57]

至於禁制原則 (rule of inalienability) 則是指決策者採取禁止轉讓優勢的方法,來保障當事人的優勢。換言之,經第一層法律判斷而得的優勢,不論優勢的持有人是否同意,均不得經事前的自行協議或事後的客觀補償而侵犯。

嚴格而言,三種保障優勢的方法絕非必然相互排斥,在許多場合反倒是交互為用或僅是一體事物的不同面向。然而細究三種方法(如表 4-1 所示)卻有結構性的差異。財產原則融合所有權絕對及契約自由的理念,非但強調優勢不可任意侵犯的尊嚴,更尊重市場的機能,與寇斯式的交易理念相通。責任原則補充市場機能的不足,在難以達成協議或性質上不適合協議的場合,打破協商的僵局,使政府作較深的介入。以政府介入市場的觀點為基準,則政府在禁制原則下的介入達到高峰,法律根本就排除市場的運作。

表 4-1:財產原則、責任原則與禁制原則

原則	性質	機能	說明
財產原則	事前對價	市場	不得侵犯優勢,除非事先與優勢持有者協商並獲得其同意。

---

57 *See* Michael G. Faure & Roy A. Partain, *Liability Rules*, *in* ENVIRONMENTAL LAW AND ECONOMICS: THEORY AND PRACTICE 145, 146-151 (2019).

責任原則	事後賠償	中度干預	得侵犯優勢,但於事後應由公正第三者核定賠償額,進行賠償。
禁制原則	禁止轉讓	強度干預	不得侵犯優勢,縱然事先得到優勢持有者同意或事後進行賠償亦然。

來源:作者製表

既然此三種保障優勢的原則有結構上的差異,適用的情形也有所不同,決策者在決定要採用何種原則時應該以什麼樣的基準為依歸?與優勢判歸的基準一樣,同樣也有經濟效率與分配正義兩個思考面向。

從經濟效率的觀點而言,政府低度干預,由市場充分發揮機能的財產原則是最佳的選擇。然而,市場原則固然可以減少政府的介入,但在財產原則下並不代表政府即無功能,政府的責任即在於維持自由市場機制正常運作。不過在交易成本過高或資訊嚴重缺少的情形,由政府來核定損害賠償金額反而是更有效率的作法。因此,具體情形中應適用財產原則或責任原則,應從交易成本與資訊角度考量。[58] 至於禁制原則的運用,一般會認為其是最不效率的作法。然而在某些交易先天容易使第三者承受外部性時,禁制原則可能才是符合效率的作法。例如 A 獲得第一重的環境優勢,若 A 為了金錢而願意將環境優勢轉讓給 B,卻會引起社會其他眾多人利益的損害時,這時禁制原則即較能達成效率。

---

58 See Robert C. Ellickson, *Alternatives to Zoning: Covenants, Nuisance Rules, and Fines as Land Use Controls*, 40(4) U. CHI. L. REV. 681, 719-722 (1973); A. Mitchell Polinsky, *Resolving Nuisance Disputes: The Simple Economics of Injunctive and Damage Remedies*, 32(6) STANFORD L. REV. 1075, 1086-92 (1980).

從分配正義的角度而言,此通常較欠缺明確的準據,一向較難進行,但本書仍提出幾個思考的方向。在財產原則與責任原則之間,若雙方當事人間財富與地位相差甚大,事實上可能很難達成協議,但優勢侵犯依舊難以避免。因此,選擇責任原則反而較能落實分配正義。就禁制原則而言,也有考慮分配正義的餘地。是否禁止出賣環境優勢,對於處於環境糾紛的當事人而言,至少在財富分配上會有實質的影響。如果全面禁止交易或損害賠償,最後導致的結果可能是受害人必須忍受污染,但污染者卻不須付出任何代價。

3.2.3.3. 六種資源配置方案

　　依照上述的法律雙重判斷模式,可以組合出六種處理土地使用衝突關係的方案。

　　方案一是判給環境優勢,並以財產原則保護該優勢。由於將優勢判給環境,因此污染源不可以運作,但在財產原則之下,若居民同意,污染源可以付費而運作。這種安排一方面使居民獲得資源使用的優勢,另一方面容許市場運作來反映這個優勢的市場價格,讓環境資源使用的優勢,透過市場最後落到最能有效使用該資源的一方。由於方案一是透過市場,在政府難以掌握污染對雙方的成本,且交易成本不高時,最能達到經濟效益,但這種方案以金錢給付換取使用環境的優勢,也最容易被指摘為出賣環境權。在方案一中,若污染源沒有獲得居民同意即運作而侵犯環境優勢時,有可能要面對損害賠償或罰金。

　　方案二是給予環境優勢,並以責任原則保護該優勢。在此方案中,污染源可以繼續污染,而由公正的第三人核定補償金額,

對居民進行補償。這種安排與方案一的差別在於免去市場的運作，因此在政府可以掌握雙方污染的成本效益且雙方交易成本太高時，最能達到效率。相較於方案一被指摘為出賣環境權，方案二則容易被指責為付錢就能污染，形同給予污染的執照。[59] 在此方案中，若污染源沒有經過補償即進行污染，也可能要面對損害賠償或罰金。大西洋水泥公司案即是方案二的具體應用。

方案三判定環境優勢，以禁制原則保障之，即便居民同意污染源給予價金或污染源願意支付補償，污染源也都不能運作。這是對環境優勢最嚴格的保護，在污染源侵犯環境優勢時，可能必須支付損害賠償或罰金。

方案四判定污染優勢，並以財產原則保障之。因此污染源可以運作，但居民若獲得污染源的同意，可以用金錢給付換取污染源停止運作。

方案五判定污染優勢，以責任原則保障之。因此，居民可以阻止污染源運作，但應該由公正第三人核定補償的金額，對污染源進行補償。方案五適用在迎向污染的情形，即污染源已在某地設廠後，居民才來居住的案例中，例如斯伯牧場案。

方案六判定污染優勢並以禁制原則保障之，因此污染源可以運作，且居民不可以用任何方式阻止其運作，違反者必須面對損害賠償或罰金。

此六種方案各有其優劣得失，在實際上運用的情形也可能有相當大的差別，必須視個案中當事人的利益衝突的態樣、財富分

---

59 See Boomer v. Atlantic Cement Co., 26 N.Y.2d 219, 229-31 (N.Y. Apr. 9, 1970) (Jasen, J., dissenting).

配狀況、資訊分布等等，再配合社會整體對各種價值的優先次序排定，做出選擇，無法一概而論。

3.2.4. 以資源使用衝突觀點省思五輕建廠事件

同樣是金錢給付，在法律上可能是基於完全不同性質的法律關係，分別適用不同的法律規範內容。不同的法律關係也可能會有不同的社會觀感、道德評價或政治意義。因此面對一筆金錢給付，當事人雙方或一方往往會去操控或規避法律關係，而讓這個金錢給付符合主觀的價值判斷。環境糾紛中即常有這樣的情形，在多起環境糾紛的索賠事件中，污染源或出於自願或為了解決抗爭，依抗爭者的請求而為金錢給付時，往往會一再強調此為「道義賠償」。[60]

以中油五輕抗爭事件為例，中油為五輕順利開工而答應支付的十五億元，是以道德意味深厚的「回饋基金」為名，而不是賠償、補償或價金等任何法律專業名詞。然而，各界對其仍不斷有出賣環境權的疑慮。究竟我們該如何評價這個事件？

事實上，如果把資源使用衝突的分析架構運用在五輕事件上，可以分析出政府在適用法律的過程中是給予五輕污染優勢，並以財產原則保障之（第四方案）。按理說，後勁居民不得干擾五輕設廠，除非他們能「買通」中油。然而實際的發展結果，卻反而是獲得優勢的中油必須支付金錢，與法律的預設相反。這個落差必須回到五輕事件在法律面與實力面的差距。後勁居民雖然沒有法律上的環境優勢，但實際上卻享有阻擾設廠的實力。這種

---

60 詳細說明，參葉俊榮，前揭註 18，頁 35，66-67。

事實面的實力使得法律的第一重優勢判斷產生倒置的局面，在實際面上卻反而是後勁居民獲得環境優勢。在政府大力介入協商下，實際上也是用財產原則在保障環境優勢，故中油才會一直探求後勁居民能接受的條件。

五輕事件的名實不符情形，事實上存在臺灣的各種事務領域，而不僅是環境。要能確實解決這種情形，最終必須面對「環境優勢」是否能交易的疑問。若一直不能離開「環境權不能出賣」的空洞道德標準，環境問題不但不能獲得有效率或正義的解決，更可能會一再出現像五輕這種價值混淆的問題。從資源使用衝突與環境優勢的觀點來定性環境權，一方面能確實解決環境問題，另一方面也才能在制度上累積經驗。

4. 結　語

如同在本章一開始所言，對於權利的建構不能只建立在抽象的價值演繹之上，而必須切合環境議題的特性。從環境議題究其核心，其實正是資源衝突的使用分配，不同的人對於資源使用有不同的需求、想像與利益。污染源並不完全是黑心的產業或惡人，將污染與污染者視為環境的絕對大敵，而認為應該有一種實體的環境權以保護人民對環境的使用，在實際上並無法解決問題。

環境要如何使用與維護，正如同作者一再強調的，牽涉到科技、多重利益、國際關連與代際正義，這其中是有多重選項與考量，而不是只有單一的價值。高舉單一的環境至高價值，並無法符合現代社會的需求，必須能涵納平衡各種不同的價值，讓人民能在其中自由選擇應如何使用環境，並透過程序理性的保障，一

方面確保選擇的自由與多樣性，另一方面則透過程序，做出環境決策。

　　從上述關於環境權在憲法位階與法律管制層次的討論，不管是憲法位階或法律管制層次的環境權其實都是充滿選擇的，例如法律在第一階段必須要先選擇要將優勢判斷給誰。在法律進行第一重判斷後，人民也不是完全沒有選擇，而是可以再進一步決定要採取什麼樣的行動。

　　一個有意義的自由選擇則需要民主社會與理性的程序予以支撐，提供選擇的空間與可能性，而不是由政府做好全盤的計畫。選擇越多的社會就越需要法律來管理程序以及市場，讓人民在良好的市場秩序下，有預測可能性，而能夠做出更多與更合理的選擇。然而，一個對於市民社會不放心的政府或者不願意讓人民進行選擇的政府，則會忽略人民的選擇可能性。例如彰化大埔案、中科三期四期以及國光石化案，都是由政府片面為人民就環境資源的利用做下決定。然而這樣的決策是否正確？過去臺灣規劃了大量的工業區，如今工業區卻都呈現閒置的狀態。政府的決定並非最好的，反而是應該建置程序與市場，讓人民在環境事項上有充分的選擇，並能夠自由理性地進行選擇，而這也才是環境權的真義。

第二篇

環境體制

環境議題的發展,在既有國家體制內進行,並由憲法權力分立下的行政、立法與司法三個面向構成體制條件。環境立法結合專業與民意,作為環境行政的基礎,而行政除了專業考量外,更結合資訊公開及參與程序取得正當性。法院則在環境議題上發揮保障人民權利與確保制度尊嚴的功能。

第五章

環境立法與執行

立法所反映的是一個社會對特定議題的態度,法律的執行亦反映具有公權力的政府機關對該議題嚴肅看待的程度,環境議題當然也不例外。如果從社會的角度來看,環境立法的強度與內涵,會受到社會脈絡及社會結構的影響。為何環境立法有時候會特別快、特別強勢,有時卻又會相當緩慢?促成立法及其有效執行的動因究竟為何?

相較於全球各國的環境立法主要出現於 1970 年代,臺灣的大量環境立法是在 1980 年代末期才開始。這反映了當時面對民主轉型的臺灣社會,對於環境價值的啟蒙與重視。不過,不同於多數傳統法律,臺灣的環境立法並未採取體系化、架構化的立法模式。同時,環境立法並不重視決策作成的程序,也賦予行政機關相當大的決定空間。許多環境立法的執行成效不佳,執法赤字亦偏高。究竟是在什麼樣的背景與脈絡下,臺灣會發展出這樣的立法模式?又是什麼樣的原因,使臺灣環境立法的執行成效不彰?

針對前述問題,本章先探討環境立法的動因及功能,其次分析臺灣為因應當代發展所發展出的環境立法態樣及制度內涵,檢討其妥當性,並提出相關建議。針對臺灣環境立法的執行赤字,

本章從執行機制及相關缺失來加以分析,並提出改變現狀的政策建言。

　　關鍵字:環境立法、社會脈絡、社會結構、大量環境立法、整合性立法、執行赤字、協商式執行、公民訴訟

1. 環境立法的動因與模式

環境立法，包括靜態與動態兩組概念。前者指由立法機關三讀通過用來管制環境或環境相關議題的法律整體，一般稱為環境法律。後者則指形成環境法／律的動力、過程、發展、與影響。

▶▶ 1.1. 環境立法的動因

究竟是什麼原因促成環境立法？環境立法的走向與內涵，又由哪些因素促成？不同國家有不同的政治社會經濟背景，因應不同發展階段的問題與需求，及形成不同態樣的環境立法。關於環境立法的動因，學理在民主社會的背景前提下，歸納出公益理論、利益團體政治理論、以及制度結構理論等三種詮釋方向。[1]

1.1.1. 公益理論

從公益理論 (public interests theory) 的角度思考，環境立法基本上是為了社會運作的良善，具體表現出來的是環境品質的維護。國會代表全民意志，具有民意的代表性及對民意的敏銳度，可以反映時代及社會的需求。當社會關心環境議題時，國會基於關心國家整體發展，會積極地進行立法。環境立法因而產生，也就是在這樣的情狀下產生，而具有民主正當性。[2]

公益理論的想法是從性善的角度出發，認為國會議員或所屬

---

1 公益理論、利益團體政治理論及其相關修正，參葉俊榮（2010），〈大量環境立法：我國環境立法的模式、難題及因應方向〉，氏著，《環境政策與法律》，再版，頁 76-88，元照。
2 *See* Kofi Oteng Kufuor, *New Institutional Economics and the Failure of Sustainable Forestry in Ghana,* 44 NAT. RESOURCES J. 743, 749 (2004). *See* Arthur Cecil Pigou, ECONOMICS OF WELFARE 331-35 (4th ed. 1932).

政黨均以社會需求的公益為念,透過立法,為環境維護提供制度性與規範性的基礎。當然,證諸經驗,採用這樣的理解模式難免過於天真。在現實的世界中,國會未必單純出於環境維護的需求而促成環境立法。法律案的提出,雖然當然有可能是由國會議員提出,但事實上絕大多數是來自行政部門。國會的黨團或委員,往往仰賴學者或民間團體的意見,或針對行政部門所提出的草案進行比對思考,經過協商討論做成定案。所以,在實際的政治運作過程,並非國會在運籌帷幄,透過其仔細觀察社會需要來進行立法,反而是國會必須高度仰賴專業的行政部門、或是受到包括環境團體在內等民間團體倡議的影響。

即便將公益理論套用在行政部門,仍有值得質疑之處。行政部門固然會權衡各種需求,經過與其他部會機關進行協調,最後在行政院院會通過,將法案送交立法院審查。在這個過程中,環境立法所要維護的環境價值,仍必須跟其他價值折衝協調,甚至做相當讓步,才能走出行政院的大門,送交立法院。無論如何,以公益的角度來看環境立法,認為環境立法就是為了公益,僅是合理的想像,但與放在社會脈絡底下的現實,仍有差距。包括在美國、歐洲,乃至臺灣,都可以看到與公共利益相乖違的環境立法。

即便是表面上看來相當強勢的環境立法,亦不見得是單純從環境價值的公益角度出發。例如,美國在 1970 年代有相當強勢的環境立法,1969 年通過「國家環境政策法」(National Environmental Policy Act, NEPA),接著「潔淨空氣法」(Clean Air Act, CAA) 及其修正,國會相當強勢地要求政府必須對污染宣戰,在短期間內一舉解決相關污染的問題。不過,這些陳義過高的立

法,不但不切實際,亦不可行,反而造成執法延宕,嚴重的污染問題不但沒能解決,反而更加惡化。這些高調且強勢的立法,難道都是基於維護環境價值的公益考量嗎?在以選舉為核心的政治運作下,政黨迎合社會氛圍、拉抬選票的短線操作,才是更根本的動因。

1.1.2. 利益團體政治理論

相對於公益理論,利益團體政治理論 (interest group politics theory) 認為立法就如一種產品,國會的場域如同一個利益交換的場所,會訂定符合特定團體需求的法律,如同是為最有力的利益團體量身訂作出他們所要的法律。[3] 如同俘虜理論 (capture theory)[4] 所觀察的一樣,在最極端的情形,國會可能被這些利益團體所俘虜,而為特定的利益團體服務。如果行政部門或國會被利益團體俘虜,所作成的決策,即非著眼於整體的利益,而是反映特定團體的需求或利益。

以前面提到美國 1970 年代的環境立法為例,相對於公益理論,利益團體政治理論會認為當時非常高調的環境立法,是因為許多強勢的環境團體不斷壓迫行政部門,讓行政部門感受到巨大的民間壓力,以及非如此不足以因應問題的態勢。從而,利益團體政治理論可以解釋,包括環保團體在內的各種民間團體,聚焦各項議題進行倡議的重要性。不過,民間團體的倡議,之所以可

---

3 Andrew McFarland, *Interest Group Theory*, in THE OXFORD HANDBOOK OF AMERICAN POLITICAL PARTIES AND INTEREST GROUPS 37, 38-40 (2010).
4 Amitai Etzioni, *The Capture Theory of Regulation—Revisited*, 46 SOC'Y 319, 319-320 (2009).

以發揮作用,還是要透過社會的公開、多元、民主。倘若市民社會太薄弱、或者因為各式法令限制使民間團體無法活絡運作,相關的社會或環境議題,就不會有特定的非政府團體進行倡議,來影響政府及國會,也就不會有相應的環境立法。[5]

因此,開放的社會才會有各式的環境團體,活絡的社會及政治,才能讓這些環境團體有足夠的力量推動行政部門採取相關政策,並遊說立法部門進一步立法。在這個過程中,即使會面對企業或其他政府部門基於經濟發展的利益而阻擋相關環境立法,但政治部門還是會感受到各式環境團體的壓力,即使不會全盤接受,也還是會在一定範圍內納入環境價值的思考,就連帶影響到環境立法的強弱。從這個角度來看,雖然像美國1970年代那種由環境團體勝出的情況,確實較為少見,但利益團體政治理論確實能解釋,何以在不同政治社會脈絡下,因為不同利益團體政治的活絡競爭,會出現不同模式及態樣的環境立法。

1.1.3. 制度結構理論

相較於公益理論或利益團體政治理論,1980年代中期,另有一些學者提出不同的解釋,認為美國在1970年代之所以出現許多強勢的環境立法,並非是環境團體的功勞。[6] 他們從制度結構的角度出發,挑戰當時主流的利益團體政治理論,主張作為民主政治核心的定期選舉及其相關制度結構基礎,才是環境立法大

---

5 葉俊榮(2002),〈轉型臺灣的程序立法〉,氏著,《面對行政程序法》,頁19-20,元照。
6 Donald Elliott et al., *Toward A Theory of Statutory Evolution: The Federalization of Environmental Law*, 1 J. L., Econ. & Organization 313, 318-20 (1985).

量出現的原因。以美國來說,其總統定期改選,具有統合行政部門的實力,這樣的制度結構使得總統必須不斷關心民意趨向。因此,大量環境立法的出現,並非出自環保團體的施壓,而是總統為討好選民,作出政策來取得人民的認同。

當然,總統不能總是關心某一種特定價值,而必須要予以權衡,找出對自己最有利的選擇。美國1970年代出現大量環境立法的背景,是尼克森 (Richard M. Nixon) 總統追求連任之際,要求幕僚必須不斷地對其進行簡報,由於前幾項人民關心的問題都不是短期可以解決,因此選擇從人民關心順位排行第三的環境污染問題來優先處理。[7] 尼克森總統透過其所屬政黨的黨團在國會的運作,尋求短時間可以解決的方案,再加上其競爭對手同樣關心此一問題,兩黨相互競逐的結果是推出嚴格標準的法案進入國會。為了求取選民認同,尼克森總統進一步提出更嚴格的法案,並訴求更早一步可以達成污染防治的目標。

然而,在相互競逐、加碼之後,立法所提出的標準雖然嚴格,但實際上卻難以達成。[8] 在這個過程中,不同於前述利益團體政治理論所臆測,尼克森總統並沒有真正關切過任何一個環保團體所提的建議;相反地,他與跟他競選總統的對手相互競逐可以最大化選票的政見,如同兩個囚犯般,陷入所謂的「囚犯兩難」(prisoner's dilemma),[9] 也就是當雙方都基於自己最大利益做出的理性決定,卻造成對雙方都最不利的結果——所提出的法案都不

---

7 當時民眾最關心的是越戰的問題,其次是青少年墮落的問題。*Id.* at 333-38.
8 *Id.*
9 *See generally*, J.R. Clark & Dwight R. Lee, *Leadership, Prisoner's Dilemmas, and Politics*, 25(2) CATO J. 379, 379-80 (2005).

是他們最想要的。[10] 這是在美國背景下所看到，環境立法如何在民主、定期改選的制度結構，透過候選人個人的考量及政見的推動成形的實例。事實上，在制度結構理論的觀察下，不僅是美國，其他民主國家也會在類似的脈絡有環境立法的出現。

▶ 1.2. 環境立法的模式

環境立法的態樣主要可以區分為管制性立法及政策性立法兩者。而從這兩種立法模式出發，我們可以理解環境立法的內容及其特色。

1.2.1. 管制性立法

管制性立法是環境立法的原型，包括針對污染所進行的管制或自然保育，其特色是針對不同的管制項目或介質，訂定一定的目標，透過不同的手段，以維護或改善環境的品質。環境立法中有相當龐大的部分都屬於管制性立法，例如空污法、水污法、毒性化學物質管理法、土壤及地下水污染整治法、自然保育法等等。[11]

管制性立法所展現的特色可以從管制結構來思考。管制結構中的幾個要素有管制者、被管制者（管制對象）、管制目的、管制工具，以及執行手段。在一個環境管制結構中，管制者對被管制者進行管制，而進行管制時則須考量管制目的、管制工具與執行手段間的相關性。

---

10 Elliott et al., *supra* note 6.
11 詳見葉俊榮（1993），〈大量環境立法：我國環境立法的模式、難題及因應方向〉，《臺大法學論叢》，22 卷 1 期，頁 105-147。

對應管制結構,管制性立法的規範內容重點,包括指定主管機關、界定規範對象、釐清管制目的、選擇合適的管制工具以達成管制目的、運用執行手段以推促管制工具的落實。指定主管機關即是在確定管制者,也就是處理由誰來進行管制,管制性立法通常會針對管制的事項,在法規中清楚指定由哪一機關主管此一管制事項。界定規範對象是在界定被管制者,也就是哪些事業單位或哪些人需要受到管制。釐清管制目的則是確立管制立法究竟要達成何等環境品質。管制工具則是決定以什麼手段或手段的組合來推進所設定的管制目的。在管制工具已朝向多元化發展的今日,要選擇哪些管制工具(標準訂定、禁止、分區、許可或經濟誘因)、管制工具之間又如何相互搭配,往往是管制立法最為重要的部分。執行手段則是為了促使被管制者落實管制工具的要求,以達成管制的目的,所採取的方式有行政上的處罰,甚至有可能採用刑罰的方式。[12] 總結而言,管制性立法具有清楚的主管機關與規範對象,有具體的管制目標及管制工具,為了確保管制目標的達成,立法者也會採取罰則的方式來對違反法律義務的行為人施以相當的制裁以維護管制機制的尊嚴。

　　管制性立法在環境管制占有一定的重要性,透過這種立法模式,可對不同的介質與事項進行有效的管制。當代環境法面臨越來越複雜與龐大的管制事項與需求,也有越來越多樣的管制性法律。在龐大的管制性立法結構下,各法律可能有不同的主管機

---

[12] 環境法中刑罰角色的討論,參葉俊榮(2010),〈環境問題的制度因應:刑罰與其他因應措施的比較與選擇〉,氏著,《環境政策與法律》,再版,頁135-172,元照。

關,可能引發法律適用、組織分工與實際管制行動上的諸多重疊或障礙,新的污染型態也可能因為此種分工而成了無人管理的「管制孤兒」。[13] 管制性法律林立更可能造成管制的繁複,形成無效率的管制。面對此種情形,管制性法律彼此之間究竟應如何統合是當下環境立法上最大的挑戰。

1.2.2. 政策性立法

相較於管制性立法是以特定的管制事項為範疇,政策性立法則非鎖定於單一的管制領域或管制事項,而是規範整體的環境政策方向、原則與環境基礎制度。這種整體性的環境政策規範除了透過內國立法的方式,在一些國家的憲法層次或國際規範的層次,也有此種原則性、導向性的環境規範。在憲法的層次,例如法國憲法在 2004 年修正時增加了環境憲章 (Charter for the Environment),規定人民有生活於有益健康之平衡環境的權利;有參與保護及改善環境的義務;有依法律規定避免、減少其對環境造成損害的義務;有接近、取得政府機關所擁有環境資訊的權利;有權利參與可能對環境形成影響的決策程序。[14] 在國際規範的層次,則有如 1972 年的人類環境會議宣言、1992 年的里約宣言、二十一世紀議程等軟法,都揭櫫了處理環境議題的原則與重要方向。[15]

---

13 葉俊榮,前揭註 1,頁 95-96。
14 CHARTER FOR THE ENVIRONMENT art.1-3,7, , https://www.conseil-constitutionnel.fr/en/charter-for-the-environment (last visited Mar. 30, 2025).
15 Declaration of the United Nations Conference on the Human Environment, *Report of the United Nations Conference on the Human Environment*, U.N. Doc. A/CONF.48/14/Rev.1 (1973); Rio Declaration on Environment and Development,

政策性立法，最典型的是美國 1969 年的國家環境政策法 (National Environmental Policy Act, NEPA)。這部法律雖然也受到許多環境事故的觸動，但整體反映出建立機關（環境品質委員會），建立制度（環境影響評估），與整體環境政策方向的格局，亦深深影響 1970 年代以來美國環境立法、法院判決，以及環境公民團體的論述方向。[16]

美國的國家環境政策法，從名稱上即很清楚地可以看出是在規範國家整體的環境政策，主要的內容包括：確立國家環境政策的目標、建立相關制度以達成國家環境政策目標、建立相關組織。在制度面向最重要的是創設了後來影響各國與國際甚多的環評制度；在組織方面則是在總統下設立了環境品質委員會(Council on Environmental Quality, CEQ)。[17] 美國國家環境政策法的三大重要內容，其實正是一政策性環境立法所需包含的：確立一國環境政策的方向、設定重要的環境制度與組織建制、提供重要的環境法原則。臺灣在 2002 年制定的環境基本法也屬於此類政策性的環境立法。

與管制性立法相較，政策性立法並非針對具體的環境管制事項，而是確立整體國家的環境政策導向、原則與制度。政策性立

Report of the United Nations Conference on Environment and Development, U.N. Doc. A/CONF.151/26 (Vol. I) (1993); 21 Agenda, *Report of the United Nations Conference on Environment and Development*, U.N. Doc. A/CONF.151/26 (Vol. II) (1993). 相關國際法規範，參葉俊榮、姜皇池、張文貞（著編）（2010），《國際環境法：條約選輯與解說》，頁 2-7、13-49，新學林。

16 參葉俊榮，前揭註 1，頁 82-86。
17 葉俊榮（2010），〈環境影響評估的公共參與：法規範的要求與現實的考慮〉，氏著，《環境政策與法律》，再版，頁 208-211，元照。

法非關具體管制工具與執行手段,而應規範國家環境法制中所需的基礎制度,例如環評、公民訴訟、永續發展指標的建立等。政策性立法無特定的主管機關,並以政府各級機關為規範對象,這代表著行政部門在執行環境政策時,必須以政策性法律為基準。並且,除了行政部門外,立法部門亦有義務制定相關制度,法院在解決環境爭議時也必須以此政策性的環境法律為依歸,以符合國家整體政策運作方向。

對於政策性環境立法常有的誤解,是將政策性的法律等同於邏輯或體系上的總則性法律。政策性立法中確立了環境政策與重要環境的原則,確實也有總則性法律的功能,[18] 但若僅將其理解為靜態總則或綱要,則過於低估了政策性立法的應有功能。

我們應該從更為動態的觀點來理解政策性立法,政策性立法有四大功能。第一,政策性立法是透過立法或行政作為來具體化國家的政策方向與制度,指引國家行政及立法部門的施政。例如,政策性的環境立法中會規定重要的制度,如公民訴訟制度、環評制度、應設立環境資訊系統、應設立的組織等,立法與行政部門即有義務完成相關的制度與建制。政策性立法中也可能會規定一些政策目標或環境法原則,例如對國家核能的基本立場或污染者付費原則,國家即應有義務實現相關要求。

第二,政策性環境立法,有強化法院在環境爭議中角色的功能。法院在環境議題中向來是較為弱化的一環,環境問題本身的複雜度高又具有強烈的政策性格,法院往往被認為是欠缺民主

---

18 有關環境基本法立法模式的討論,參建良(2000),〈環境基本法的理念與規範取向〉,《臺灣本土法學雜誌》,14期,頁3-5。

正當性而不適合介入環境爭議。然而，所有的議題事實上都無法規避司法部門的檢視，透過法院的程序性格與先例的累積，才能不斷匯聚社會對環境議題的量能，使法院在環境議題中的角色不可忽視。如何讓法院在環境議題中有適切的角色，也是政策性環境法律的功能。一個方式是增加環境爭議進入法院的管道，例如公民訴訟制度的設立。另一個方式則是提供環境爭議的底線與原則，例如在個案中釐清國家責任、經濟與環境價值衝突等問題的判斷，政策性法律都可望發揮一定法律解釋及說理的功能。透過法院的詮釋，更可以活化政策性法律。

　　第三，政策性的環境立法提供足夠的制度基礎，活絡市民社會對環境的對話。市民社會對於環境的關懷，需要一定的制度以讓其能發揮動能；足夠而強大的制度基礎，也能更進一步活絡市民社會在環境議題上的對話。包括環評、環境資訊公開系統、公民訴訟等制度，都開拓了公民參與環境政策的空間，也讓公民們有足夠的資訊基礎，對環境決策進行論辯並檢視國家的環境決策。

　　第四，政策性的環境立法有增強全球連結的功能。隨著溫室效應、臭氧層破壞、酸雨、油污、乃至野生動植物跨國交易等問題，環境議題已明顯地超越國界，甚至朝全球尺度的方向發展，氣候變遷問題的出現，更顯現環境議題的全球連帶性格。政策性環境法可落實重要的國際環境法價值與原則，強化全球連結。[19]

　　整體而言，政策性環境立法不單單是環境法的總則性規定，更是提供環境法決策平臺的框架。政策性環境法並不是停留在立法的時點，而是為了啟動後續環境法制與政策的發展，提供論辯

---

19 參葉俊榮（1999），《全球環境議題──臺灣觀點》，頁 59-68，巨流。

與對話的管道與基礎。

相對於管制性立法最大的挑戰在於整合,對於政策性環境立法而言,最重要的挑戰是導向。有無環境基本法或環境保護法這類的法律是一回事,但整體提供了何等制度基礎與政策方向,則是更為實質的問題。

2. 臺灣環境立法的分析

以上所提的公益理論、利益團體政治理論、以及制度結構理論等三種環境立法的理論,分別代表了三種不同的觀察角度來分析環境立法。其共通之處,在於將觀察角度建立在當代民主政治及多元社會的脈絡。

然而,綜觀全球各國所呈現的環境立法,不僅多元價值及民主社會有環境立法,在價值單一的集權主義社會亦同樣可能產生環境立法,只是其環境立法是基於獨裁者個人或少數統治者的意志,由上而下將政治意志貫穿到國家各個部門及社會各個角落,而非如民主社會的環境立法是透過市民社會由下而上的形成。在獨裁或極權主義國家,環境立法所體現的並不是社會共同追求的價值,也因此並沒有穩定的根基,難免「人亡政息」。[20]

在多元價值及民主社會的運作之下,環境立法是透過社會的討論與互動,以堅實的論辯為基礎所形成。[21] 經過這樣的程序,

---

20 Marina Povitkina & Sverker Carlsson Jagers, *Environmental commitments in different types of democracies: The role of liberal, social-liberal, and deliberative politics*, 74 GLOB. ENV'T CHANGE 1, 8-10 (2022).

21 *See generally* GRAHAM SMITH, DELIBERATIVE DEMOCRACY AND THE ENVIRONMENT (2003); Eirini Koutsoukou, *Deliberative democracy: Facilitating environmental*

環境價值可以透過論辯獲得重視,所據以形成的立法,也因此具有正當性的基礎,其所體現的價值也不會輕易地因為執政者的不同而任意變動。從而,環境立法所需的制度與程序量能的提升,其重要性也就更可見一斑。

臺灣的環境立法,歷經威權到民主轉型的不同時代脈絡,其間社會與環境立法的互動,民主化之後,又如何透過民主機制逐漸獲得社會共識,均值得深究。以下針對臺灣環境立法的歷程、事務領域及組織架構、以及其立法動因,分別討論。

▶▶ 2.1. 臺灣環境立法的歷程

環境立法的理論與現實之間,並非毫無落差。如前所述,在許多立法實際運作的層面上,正因為行政及立法部門有被利益團體俘虜的可能,因此,決策的作成更應講求公開透明及程序參與。每一個國家在實際運作時,利益團體傾向的程度會有不同,如果從臺灣的脈絡來看,早期在威權統治的脈絡下,環境立法並不多,可以說處於法律真空的狀態。隨著民主轉型的發展,其後逐漸有許多環境立法出現。

---

protection, GLOB. CAMPUS OF HUMAN RIGHTS (May 13, 2024), https://www.gchumanrights.org/preparedness/deliberative-democracy-facilitating-environmental-protection/.

表 5-1：臺灣環境立法的歷程

年代	(一)資源利用性立法	(二)突破性立法	(三)典型公害防治立法	(四)自然保育與環境制度立法	(五)政策性立法
2023					氣候變遷因應法
2019					海洋基本法
2016				國土計畫法	
2015			溫室氣體減量及管理法	海岸管理法	
2013				濕地保育法	
2011			室內空氣品質管理法		
2010					環境教育法
2009	再生能源發展條例				
2006			低放射性廢棄物最終處置設施場址設置條例		
2003	土石採取法 溫泉法		核子反應器設施管制法		
2002			游離輻射防護法 放射性物料管理法	資源回收再利用法	環境基本法
2001	石油管理法				
2000				土壤及地下水汙染整治法 海洋汙染防治法 災害防救法	
1998	畜牧法				
1997				環境用藥管理法	
1994		水土保持法		環境影響評估法	
1992				公害糾紛處理法	
1989				野生動物保育法	
1986			毒性及關注化學物質管理法		
1984			下水道法		
1983			噪音管制法		
1982				文化資產保存法	
1980	能源管理法				
1976				山坡地保育利用條例	
1975			空氣汙染防制法		
1974			水汙染防治法 廢棄物清理法		
1972		國家公園法 飲用水管理條例	農藥管理法		
1971		核子損害賠償法			
1968	原子能法				
1966	自來水法				
1947	電業法				
1942	水利法				
1932	森林法				
1930	礦業法				
1929	漁業法				

來源：作者製表

表 5-1 呈現臺灣各個環境立法制定的時點，不包括法律制定後的修正，惟修正後在法律定性上已大幅改變的氣候變遷因應法仍納入。透過上表，我們可以看出在臺灣的環境立法進程中，主要呈現出五個階段性的演變過程。

2.1.1. 1970年代以前：資源利用性立法

臺灣在1970年代以前的環境立法，主要是以資源利用性的立法為主，例如森林法、礦業法、漁業法等等。這些立法多數是政府在中國大陸時期所制定，目的在於進行產業管理，著重於自然資源利用的面向。

國家在發展的過程中，本來就需要相當多資源的投入，在使用資源的過程中，多不會顧慮到自然資源的耗竭，以及資源使用的方式是否同時可能對環境造成污染。此種聚焦資源利用以謀求經濟成長的線性發展，在世界上許多國家都可以見到，這樣的模式也會反映在法律的規範上。資源利用性的立法，可以說是環境立法的開山始祖。

值得注意的是，在2000年以後，臺灣又出現了新一批的資源利用性立法，尤其是石油管理法與再生能源發展條例。這新一波的資源利用性立法，與第一波聚焦於臺灣自然資源的利用不同，主要是反映地球整體資源的短缺，臺灣對於能源緊張與相應措施的立法需求。

2.1.2. 1970年代初期：突破性／結構啟動性立法

如前所述，第一波的資源利用性立法，多是在中國大陸時期制定，甚至是在1930年代或1940年代。國民黨政府遷臺後，並未立即就環境資源利用的產業面向制定新法。不過，到了1970

年代初期,陸續出現包括國家公園法、水土保持法、山坡地保育利用條例、文化資產保存法、以及野生動物保育法等五部自然資源保育性的立法。

不同於第一波的立法聚焦於自然資源利用的產業面向,這一波包括國家公園、水土保持、山坡地保育利用及野生動物保育等的立法,已經從資源利用的線性思維,轉為同時著重自然資源的保育,以免面臨資源匱乏、甚至資源枯竭的危機。同時,生態永續的概念,亦受到正視。

這一波對於自然資源轉為保育的突破性立法,相當程度反映了政府遷臺後快速經濟發展與成長,對於臺灣本島的國土利用及自然資源,已經造成很大的壓力,必須透過立法給予結構性的制度調節與因應。從這個角度來看,對於自然環境及生態永續的重視,也是呼應了國民黨政權及中華民國法統本土化的政治需求。[22]

2.1.3. 1970 年代中期到 1980 年代中期:公害防治立法

臺灣在 1970 年代中期到 1980 年代的環境立法,主要是以公害防治為主,反映的是前一階段經濟成長快速起飛及蓬勃發展所帶來的環境污染、甚至是造成健康危害的問題。這階段的立法成果,以廢棄物清理法、水污法、空污法、噪音管制法、毒性及關注化學物質管理法等,聚焦污染防治及管制的政策目標為代表。

---

22 Jiunn-rong Yeh, *Institutional Capacity-building Towards Sustainable Development: Taiwan's Environmental Protection in the Climate of Economic Development and Political Liberalization*, 6 Duke J. Comp. & Int'l L. 229, 263-266 (1996); Jiunn-rong Yeh, *The Cult of Fatung: Representational Manipulation and Reconstruction in Taiwan*, in The People's Representatives: Electoral Systems in the Asia-Pacific Region 23, 30-37 (Graham Hassall & Cheryl Saunders eds., 1997)

事實上，隨著經濟發展的持續，臺灣的公害防治立法也不僅止於這一階段。核能發電的安全性問題，逐漸進入社會各界的視野，臺灣也在 2000 年初期，陸續訂定了相關的管制法律，包括放射性物料管理法、游離輻射防護法、核子反應器設施管制法、低放射性廢棄物最終處置設施場址設置條例等。甚至，臺灣的公害防治立法也出現了領先國際的發展，於 2011 年制定了室內空氣品質管理法，成為繼韓國之後，世界上第二個將室內空氣品質對人民健康的影響及管制納入法律規範的國家。[23]

2.1.4. 1990 年代：自然保育與環境制度設計立法

　　1987 年解嚴後，由於政治氛圍鬆綁，被威權統治壓抑許久的環境意識開始展現於社會運動的場合之中，因為偏重經濟成長而未能真正有效應對處理的環境嚴重污染也無法不再正視。開放的政治及社會氛圍、環境污染的抗爭、環境運動、以及公眾的環境保護意識等等，都促成了從 1980 年代底到 1990 年代、甚至一直延續到 2000 年初期的大量環境立法。

　　這一波的環境立法，以 1987 年的野生動物保育法為開端，主要是以自然保育與環境制度的設計為中心，包括公害糾紛處理法、環評法、環境用藥管理法、災害防救法、海洋污染防治法、土壤及地下水污染整治法、以及資源回收再利用法等等。在這當中，最具代表性的便是 1994 年所制定的環評法，透過環評制度的建立，來有效預防、或至少減輕開發行為對於環境可能造成的

---

23 環境部新聞專區，〈環保署配合「室內空氣品質管理法」於 101 年月 23 日正式施行訂定發布 5 項配套法規〉，https://enews.moenv.gov.tw/page/3b3c62c78849f32f/c788f6b6-497e-443a-82f5-2cac1dbfd64f（最後瀏覽日：4/13/2025）。

不良影響。自此之後,環評制度幾乎成為民眾參與、甚至是環保抗爭的唯一管道,在法院將環評結論定性為可受司法審查之後,更成為開發許可是否作成的關鍵。[24] 不管是開發與否的決定或環評結論,都不可避免面臨司法化 (judicialization) 的命運。[25]

除了在 1990 年代有自然保育與環境制度設計的立法外,近年來亦有包括國土計畫法、海岸管理法及濕地保育法等的制度設計性立法,這也顯示出了臺灣在自然與環境保護的觀念及制度發展上的進一步深化。以 2013 年的濕地保育法為例,其保護的對象是濕地整體。不同於先前的立法例,如野生動物保育法將保護對象僅限於野生動物,濕地保育法將立法保護目標擴及到整體自然環境的生態平衡。[26] 同樣地,2016 年制定的國土計畫法,聚焦於國家土地的整體管理,將國土區分為國土保育地區、海洋資源地區、農業發展地區與城鄉發展地區,以在自然環境保育與資源產業配置間取得平衡,並且復育環境,以追求永續發展。[27]

2.1.5. 2000 年代以後:政策性立法

從上述臺灣環境立法的歷程來看,可以清楚發現,臺灣的環境立法主要是先從具體的管制性法律開始發展,直到 1990 年

---

24 詳見葉俊榮、張文貞(2010),《環境影響評估制度問題之探討》,行政院研究發展考核委員會。
25 張文貞(2016),〈從中科四期系列判決省思我國行政法院發展的困局與轉機〉,葉俊榮(等編),《變遷中的東亞法院:從指標性判決看東亞法院的角色與功能》,頁 57-105,國立臺灣大學出版中心。
26 濕地保育法第 1 條清楚規定保育溼地的目的,在於為確保濕地天然滯洪等功能,維護生物多樣性,促進濕地生態保育及明智利用。
27 參國土計畫法第 1 條、第 3 條。

代中期才有如環評法這種聚焦於整體的制度設計性法律出現。在 2000 年後，臺灣環境立法的發展則脫離了個別議題的立法，以 2002 年的環境基本法為濫觴，開始出現了代表國家整體政策方向的政策立法。

這樣的脈絡，顯示的是立法者對於環境議題的處理，並不是先有一個整體性的規劃，再進行細節性的具體規範。相反地，立法者是「頭痛醫頭、腳痛醫腳」，主要因應立法當下所必須面對的問題，對眼前所看到的環境議題逐一處理，待處理到一定程度後，才能進一步地拉高視野，作出抽象化的努力，從整體及根本的制度面與政策面，來進行規範工程，甚或制定總則性的立法。同樣地，程序取向立法如環評法，或是預防取向的環境教育法，都是在許多管制性立法出現後，在 1990 年代中期、甚或 2000 年以後才有，在在可以清楚看出臺灣環境立法「先具體管制、後制度預防」的立法取向。

2000 年以後的政策性立法，包括 2002 年的環境基本法、2010 年的環境教育法、2019 年的海洋基本法等。其中，環境教育法的立法，代表著臺灣在環境立法的進一步發展，領先於世界上多數國家，是世界上第六個、亞洲第三個有類似立法的國家。[28] 環境教育法的通過，代表臺灣的環境政策與立法，開始將目光投向未來世代，透過環境教育基金與環境教育課程的建立，落實永續發展與環境倫理的建構。[29]

---

28 行政院環保署（2024），〈建國百年地球環境季 環境教育法開創新紀元〉，《環保政策月刊》，14 第 6 期，頁 4-5。
29 參環境教育法第 1 條。

另外，2023年由溫室氣體減量及管理法大幅修正而成的氣候變遷因應法，亦屬於政策性立法的一環。原本的溫室氣體減量及管理法僅著重於溫室氣體的減量，仍然屬於污染防治的一種立法形式，然而在新修正的氣候變遷因應法之中，並不只限於溫室氣體的減量，也包含了對氣候變遷的調適措施與教育宣導，並針對氣候變遷因應的各項議題與措施，詳細規範各政府機關權責。因此，2023年，從原本溫室氣體減量及管理法大幅修正而成的氣候變遷因應法，可以說是代表著在新的氣候變遷時代下，臺灣對於當下最重要的環境議題的再一次政策性立法，成為型塑臺灣整體氣候政策方向的關鍵。

▶▶ 2.2. 臺灣環境立法的事務領域

如前所述，臺灣的環境立法，從時間歷程來歸納，可以看出一個從資源利用性立法、結構啟動性立法、公害防治立法、自然保育與環境制度設計立法、再到政策性立法的過程。

如果進一步將上述的環境立法，就環境政策及預防、污染防治、資源保育利用、救濟、組織等議題取向來做分類，我們可以發現，臺灣環境立法大量集中於環境管制。而環境政策及預防的立法，主要就是環評法，其他則相當貧瘠。在救濟的立法面向上，也只有公害糾紛處理法，並沒有以基金作為本位的補償法，亦沒有因應環境侵權特殊性的特別民事立法。

下圖呈現從預防、污染防治、資源保育利用、救濟及組織等五大面向來分類的環境立法，是目前臺灣主要環境立法的結構。其中，具總則性地位的環境基本法，可以定位為環境立法的根本性法律，以下則區分為預防環境損害發生及擴大的預防性立法、

處理透過各種媒介污染的污染防治性立法、處理環境資源保育利用的資源保育利用性立法、專門處理環境損害的救濟性法律，以及有關環境主管機關的組織性立法等五大面向的環境法律。

環境基本法

預防性法律
- 環境影響評估法
- 環境教育法
- 溫室氣體減量及管理法／氣候變遷因應法
- 水土保持法
- 災害防救法

汙染防治性法律
- 空氣污染防制法
- 水污染防治法
- 海洋污染防治法
- 噪音管制法
- 土壤及地下水污染整治法
- 下水道法
- 飲用水管理條例
- 廢棄物清理法
- 低放射性廢棄物最終處置設施場址設置條例
- 資源回收再利用法
- 毒性及關注化學物質管理法
- 環境用藥管理法
- 農藥管理法
- 原子能法
- 游離輻射防護法
- 放射性物料管理法
- 核子反應器設施管制法

資源保育利用性法律
- 國家公園法
- 森林法
- 礦業法
- 漁業法
- 畜牧法
- 能源管理法
- 石油管理法
- 電業法
- 水土保持法
- 土石採取法
- 溫泉法
- 山坡地保育利用條例
- 野生動物保育法
- 再生能源發展條例
- 文化資產保存法
- 水利法
- 自來水法
- 國土計畫法
- 海岸管理法
- 濕地保育法
- *海洋保育法
- *海域管理法

救濟性法律
- 公害糾紛處理法
- 核子損害賠償法

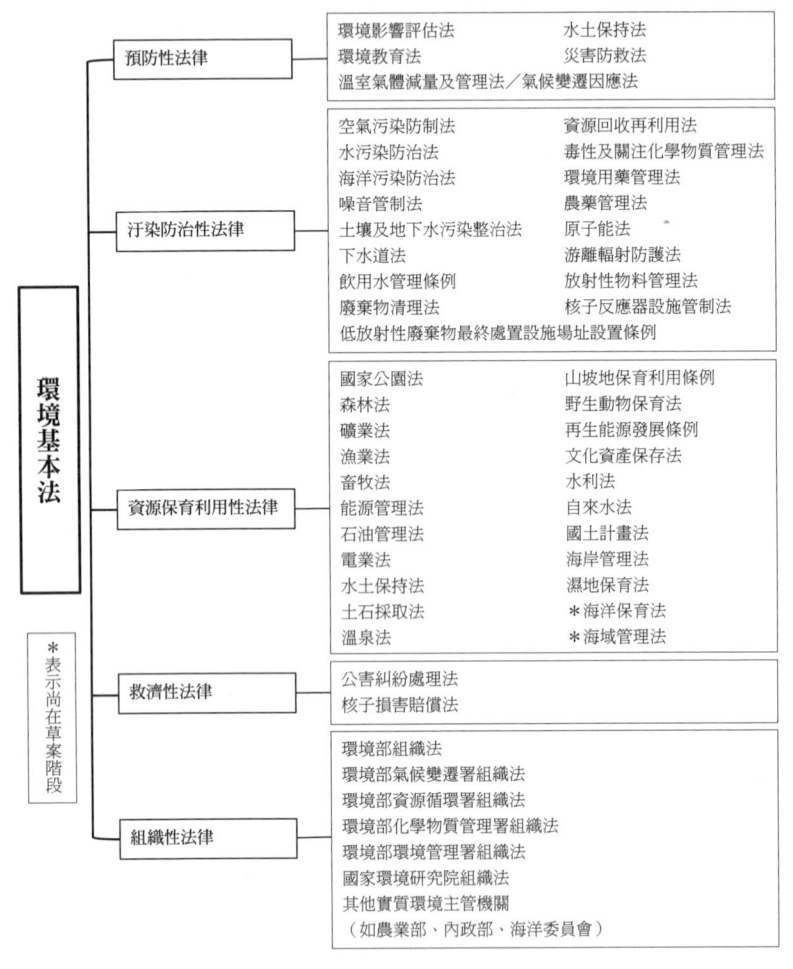

組織性法律
- 環境部組織法
- 環境部氣候變遷署組織法
- 環境部資源循環署組織法
- 環境部化學物質管理署組織法
- 環境部環境管理署組織法
- 國家環境研究院組織法
- 其他實質環境主管機關
  （如農業部、內政部、海洋委員會）

＊表示尚在草案階段

圖 5-1 ｜臺灣環境立法的結構
來源：作者製圖

觀察這五大面向的環境立法，可以發現污染防治性及資源保育利用性的立法是環境立法的大宗，也就是管制性法律是目前環境法的主流，而此等事務領域所涵蓋的範圍，也相對龐雜。相對地，預防性、救濟性及組織性的法律較少。在這當中，組織性立法較少是可以理解的，因為組織的存在本來就是為了實際從事行政行為而存在的，組織法只要制定出大的架構及方向即可，重點在於行政機關如何執行法律，因此，篇幅及數量當然不會太多。

另外，救濟性的立法，則主要集中在公害及核子損害此等特殊的污染類型。是否有其他的環境損害，亦需另外制定法律加以處理，有待討論。不過，儘管救濟性法律表面看起來並不多，環境損害的案件仍有可能適用民法、國家賠償法及行政訴訟法來處理，這些法律是否足以因應，在研擬新的救濟性立法之際，亦應認真思考。

最後，上圖顯現出我國的預防性立法較少，當中的災害防救法，其部分內容亦應劃歸救濟性立法。政策及預防性立法短缺的現象，必須予以擔憂及重視。環境損害多具有巨大性及不可逆性的現象，如何在環境損害發生前採取預防措施，更是環境法所要嚴肅看待的課題，尤其在面對氣候變遷等全球環境議題時，更應仔細思考如何防患環境損害於未然。

本於這樣的思考，許多國家都已有相應的立法產生，臺灣也已經於 2023 年將溫室氣體減量及管理法全面翻新為氣候變遷因應法，以建立全面性的氣候變遷調適策略。我們可以斷言，預防性的立法，是未來環境立法火力的密集區。

▶▶ 2.3. 臺灣環境立法的動因

臺灣在 1980 年代中期出現大量環境立法時，仍處於威權統治的脈絡，國會並未大量改選，大部分立法委員仍為國民黨籍，反對黨 (後來的民進黨) 立法委員僅占非常少數。即令如此，國民黨內部的不同派系如當時的集思會或新國民黨連線，對包括環境立法等的各個不同議題，彼此之間會有合縱連橫，反對黨 (後來的民進黨) 在其中也扮演關鍵性的角色。因此，即使當時仍處威權脈絡，行政部門所提出的法律案，在立法過程中，也還是會受到各種質疑，立法院並非當然就是扮演「橡皮圖章」的功能。在這樣的背景下，環境立法的政治過程，所出現的不是政黨與政黨的對決，而是對議題本身有不同關切的各個力量，這也使得環保團體在其中，仍可以扮演重要的角色。[30]

後來臺灣進入到 1980 年代末期及 1990 年代的民主轉型時代，陸續必須面對先前經濟快速發展而未能顧及環境問題，包括各地工廠的嚴重污染，五輕、六輕的設廠、核四的爭議等，並且在臺灣各地都出現了由受害民眾發起的環境自力救濟事件。[31] 在民主轉型相對開放的政治及社會環境下，一方面有民間環境團體的高度動員，另方面也有學者積極透過撰寫報章雜誌呼籲政府積極透過立法來面對問題，再加上記者及媒體主動報導，進而引起更多的社會公眾關心。這樣由下而上的互動循環，是當時出現大量環境立法的重要原因。[32]

---

30 葉俊榮，前揭註 1，頁 77-86。
31 葉俊榮，同前註，頁 99-110。
32 葉俊榮，同前註，頁 104。

1990年代初期，立法院已經全面改選，立法委員面對選舉時，必須反映當時的社會公眾對環境污染的擔憂、以及對環境保護的重視。當時，總統尚未直選，而是由尚未全面改選的國民大會代表選出，不須直接面對困難環境問題的解決。某個程度上，可以說是轉型的臺灣把政治的緊箍咒拿掉，讓社會有更多的政治空間可以反映污染及環境保護的問題，使環境議題在這樣的脈絡下有發展的可能，這是臺灣與其他歐美國家在環境立法脈絡下的不同之處。

　　在整體環境立法的脈絡原因之外，個別環境立法亦有不同的動因。其中，危機的觸動，往往是很常見到的立法或修法動因。我國著名的案例，是1980年代的林園事件，並且因此而有公害糾紛處理法的制定。[33] 此外，同時間，桃園基力化工排放廢水造成土地污染，也促成土壤及地下水污染整治法的制定。

　　林園事件是起因於1973年，政府開始規劃石化專業區，林園成為中油三輕的園區，位於高雄縣南端高屏溪出海口，區內有十八家廠商。規劃之初，政府承諾當地居民有穩定的工作，以後可以不再辛苦地種田、捕魚。不過，後來廠商竟然以居民「素質太差」為由，對外招攬員工。運作數年後，林園成了公害之鄉，工業區將廢水直接排放進農用溝渠，再順高屏溪流入臺灣海峽。而工業區的運作也需要大量用水，迫使農民與養殖業者需要抽取地下水。由於廢水排放溝渠，經由土壤滲透進地下水層，使地下水在不久後也開始有臭油味。

---

33 林園事件的脈絡參葉俊榮（2010），〈環境法上的「期限」：行政法院林園判決的微觀與巨視〉，氏著，《環境政策與法律》，再版，頁169-193，元照。

1988年9月20日,工業區趁連日大雨將工業廢水大量排出,同月23日,高雄林園鄉汕尾地區漁民發現工業區污水布滿整個漁港,海面上到處是魚屍,漁民謀生的舢舨都受到污染。憤怒的群眾要求工業區停工,居民包圍石化園區,造成十八家的石化廠無法運作,使相關石化產業相繼停擺,面臨嚴重危機。經過談判,政府答應付出總額近十三億元賠償金,由廠商共同負擔。具體的賠償金額為汕尾地區每人八萬元,中芸等四村每人五萬元,林園其他地區每村可獲得建設基金一千萬元以下,政府並表示這樣的賠償下不為例。另一方面,獲賠這樣高額的賠償金,卻讓林園人背負「環保流氓」的罵名,居民對污染抗爭的正當性亦遭媒體及學者批評。[34] 林園事件及其鉅額賠償,引發各界議論及檢討,最後為了能公正、迅速、有效處理公害糾紛,才有公害糾紛處理法的制定。[35]

　　基力化工排放廢水事件,則是在1977年,基力化工排放廢水造成土地污染,導致蘆竹鄉中福村、新興村廣達八十三公頃田地被污染並造成「鎘米」。事發之後,對於土壤的污染,中央及地方都沒有足夠的財源可以處理。時任桃園縣長的劉邦友向議會要求三億元來解決土壤污染的問題,但方法卻是將受污染的區域以變更地目的方式改為工業區。此舉造成土地價格飆升,引發土地炒作,帶來更進一步的危機。後來才制定土壤及地下水污染整治法,以設置土壤污染整治基金的方式,來解決這類問題。

　　除了危機之外,環境立法的動因,也可能來自政治人物的理

---

34 葉俊榮,前揭註1,頁104。
35 葉俊榮,前揭註33。

念及倡議,其背後往往也是因為民眾的請願、甚或陳抗。此外,外國法或外國制度的參照或觸動,也是一種立法動因。以環境基本法為例,在立法技術上,原本不一定要有環境基本法,但有法學研究者從比較法的角度出發,認為日本有公害對策基本法,因此建議我國也應有相類似的立法。此外,在臺灣社會的環境立法過程中,也大量參考美國相關的環境立法,例如環境標準的訂定、環評等制度,均師法美國。最後,必須加以提醒的是,以上所提及的各個動因,並不能在個別環境立法中予以切割。特定的環境立法,並非單純基於某一動因,往往必須綜合加以觀察,才能了解環境立法的全貌。

▶▶ 2.4. 臺灣環境立法的特點

2.4.1. 多元化的管制工具

臺灣許多的立法都會面臨要參考哪一個國家的問題,而當時在多數的立法中,臺灣最常參考的就是日本法。因為日本也是從西方引進法制,經過內部消化而訂定成法律。因此,在制度及背景上,臺灣與日本具有相當的同質性,最容易接受的就是日本法。

然而,環境法並非如此。環境保護署於 1987 年成立,相較於其他臺灣的中央級行政機關,是一個新的機關,其中的人員相對年輕,知識的來源多是美國,加上當時協助臺灣處理環境問題之國外環境工程顧問公司的華裔專家也多來自於美國,這些人協助環保署將美國環境法上從法律、命令、審查到許可的制度整套引進臺灣。如許可制 (permit system) 背後所須的程序、審查標準

等整套制度,都仰賴這些學者在美國的經驗,並帶入臺灣。又如空污法中以五種標準污染物,來評量空氣品質標準 (PSI),也是從美國引進的。同樣地,美國法上有空氣標準、空氣品質標準及排放標準的分類,並要求各州訂定推動方案來符合此等標準 (州執行計畫,SIP),讓州合乎聯邦標準的制度,也放進臺灣的法律中,而產生了地方的推行標準。又如美國的自行申報制度,於其後修法時也引進臺灣,成為污染源的自行申報制度;污染泡制度也同樣引進臺灣成為空污法的一部分。在這樣的背景下,臺灣的環境立法成為相當具有美國風格的立法,包括管制工具的多元化及管制工具的組合而言都是如此,這與臺灣其他法律領域是相當不同的。

2.4.2. 單一立法而非整體立法

然而,美國風格的環境立法由於考慮到環境問題的廣泛性,所以都是單一立法,這與英國、瑞典、荷蘭等歐陸國家是相當不同的。這些歐陸國由於是幅員較小的國家,對於環境問題的處理不願意分太細,甚至將排放水、排放氣體的事務集中在單一的許可制度下加以考量。但臺灣幅員雖然不大,環境法卻是就各個污染媒體單獨立法,分別管制水、空氣、土地、噪音、廢棄物、土壤等媒體,就是因為在前述背景之下,學習美國法制的緣故。這也讓臺灣形成大量的環境立法,但如此一來,對於法的操作而言,有賴許多橫向整合的工作;亦即,對管制而言,需要審查很多項目,也因此衍生不少執行上的難題。因此臺灣採取單一立法非整體立法的立法模式雖是世界上的主流,但如何運作才能更有效率,仍是值得進一步思考的。

2.4.3. 程序真空

如果觀察現有的環境立法,會發現除了環評法、公害糾紛處理法外,幾乎皆為實體管制法律。然而,許多實體管制的決定,需要許多配套措施才有辦法作成適當決定,當中最為重要的就是要有適當的程序使當事人有一定的基準可循;然而,臺灣的立法對這部分的重要性卻是缺乏認識的。

如前所述,美國的州執行計畫為我國所引進,但美國則有聯邦可以允許各州訂定州執行計畫,並對州如何行之就程序詳為規定。但在臺灣則僅有規定一簡單的概括授權條款,完全沒有其他的程序規定。於是,形成了程序真空的狀態。在臺灣,常常僅有引進外國的管制工具,但如何推動管制工具的配套則不會置放於法律之中,如此一來,就產生了許多爭議的空間。在一個民主社會要求資訊公開透明之下,程序真空會釀成程序失調的現象。

具體而言,臺灣環境法中,有許多管制工具師法美國的做法,但在程序的控制上,儘管已有行政程序法立法規定行政機關得依職權舉行聽證,但在環境法律中,僅有放射性物料管理法與低放射性廢棄物最終處置設施場址設置條例有規定聽證程序。[36]而在管制標準或整治管理計畫訂定的法規範中,並沒有相應的程序控制,至多僅有對主管機關並無拘束力的公聽會程序,如土壤及地下水污染整治法第 24 條、海岸管理法第 9 與 16 條、氣候變遷因應法第 10、11 與 19 條。除此之外,行政機關將法案送請立法院審查的過程中,也沒有主動讓人民參與的機會,使得許多抽

---

36 放射性物料管理法第 8 條、第 17 條;低放射性廢棄物最終處置設施場址設置條例第 10 條。

象法規範的作成缺乏程序參與的機會，所作成的決定自然與社會產生一段不小的差距。

2.4.4. 授權範圍寬廣

臺灣環境立法給予行政機關有相當大的決定空間，許多事務都授權給行政機關加以決定。最為常見的文字即為「主管機關得……」，但不會見到主管機關必須在多久的時間內作成什麼樣的決策，更沒有明白說明主管機關應該考慮什麼事務。

行政事務本來就呈現專業而雜沓的現象，要由立法者進行全盤而無所遺漏的規定並不容易，因此，授權讓行政權訂定相關的規範以為補充是管制上必然要存在的。然而，由於環境管制領域會涉及整個社會上產業的運作，更會根本地影響到污染源或排放源的生產成本，並與一般人民的身體健康有著無法切割的關聯性存在。是以，當立法進行授權之際，應該要確定授權的內容，而不應採取空泛的授權。以防制費的訂定為例，管制者所要考量的因素包括哪些污染源或排放源應繳納防制費用、應繳納費用的多寡、應繳納防制費用的分級及標準如何等事項，這些事項的考量，應由立法者於授權時一併加以確定，否則將淪於行政機關的恣意認定，且當行政機關以相關命令來填充管制內涵時，也不一定可以得到受管制者的信賴。[37]

氣候變遷因應法便是最新的例子，除了 2050 淨零排放的具體減碳目標與期程交由主管機關制定外，碳費的徵收與溫室氣體

---

37 張文貞（1995），《行政命令訂定程序的改革：多元最適程序原則的提出》，頁 85-94，國立臺灣大學法律學研究所碩士論文。

抵換的具體政策細節同樣均交由主管機關自行訂定[38]，而到目前為止，儘管氣候變遷因應法已通過兩年左右，環境部仍未制定出碳費徵收辦法。目前已經有環境團體以立法者並未直接在氣候變遷因應法中制定具體短、中期減碳目標，向憲法法庭提起憲法訴訟。[39] 此外，當立法者對此等考量因素加以確定，也可以從中特定參與者的對象及參與的強度，以此補足前述程序真空的情形，並使臺灣環境立法更為完備。

2.5. 臺灣未來立法走向的改革

臺灣的環境立法，所採取的並不是整合性的立法模式，而是採用分散式的立法模式，並對不同的媒體進行不同的管制。事實上，採取什麼樣的立法模式本就沒有一定的定論，尤其當初人類社會開始面對環境問題時，對於個別發生的環境問題個別訂定不同的法律，也是人之常情。只是當一個環境問題發生時，依個案所面臨的情形，可能會牽涉到一部或多部的法律，可能會使得問題的解決更為複雜，長遠而言，並非有效率的做法。

從臺灣以往的環境立法史看來，我國環境立法的開始，較先進國家為遲，在立法的過程中除了針對國內的需要外，也不時參考外國制度作為立法的重要參考，尤其是美國與日本的立法結構，更是國人模仿的對象。在此種情況下，日本有土壤及地下水污染整治法，臺灣也理所當然地認為應制定一部同等的法律，卻

---

38 氣候變遷因應法第 24 條、第 29 條。
39 荒野保護協會，〈首次氣候憲法訴訟，落實世代正義〉，https://www.sow.org.tw/info/news/20240131/43287（最後瀏覽日：4/13/2024）。

未仔細地探討是否可藉水污法解決土壤污染的問題。同樣地，美國有「超級基金」(superfund)，臺灣也在思索是否應有一部相同的法，而未仔細探究同樣問題可否與廢棄物清理法或毒性及關注化學物質管理法一同處理。此種一味模仿立法的心態，造成立法越來越多，整合越來越少。

　　現行的立法模式造成組織上有諸多不同的機關掌管不同的事務，立法或修法過程中也難免立於各法律的本位主義思考，造成環境法律間不一致或衝突的情形，並引發了法律適用、組織分工與實際管制行動上的諸多障礙。首先，由於各別法律分立，執法的各次級環保單位也各有專司，在互相推卻下也容易造成管制漏洞，污染源也往往針對各個管制法的規定或執行的寬鬆程度，將某種污染轉換成另外一種污染。其次，新的污染型態也會因為法律林立及機關分工的結果而成了「管制孤兒」，直到危害造成才急忙找主管機關或單位「收養」，非但缺乏事先預防管理的可能，且只能亦步亦趨地謀求補救。

　　再者，各個法律間若涉及競合而有優先適用問題時，若無一共通的衡量標準，也很難恰如其分地對各種污染類型作出理性的次序排定，而坐令危機或損害的發生主導因應的先後次序。最後，分散立法的情形下，由於各個法律會有個別的許可，容易造成為了管制一個設施的污染，就必須領取幾十個許可或執照的現象。當文件資料有相當程度重疊時，更造成程序上的浪費；如在各個法律中都設有基金或付費稅的規定時，也會有重複課稅的現象；甚至執法的人員、態度、程序都因個別法律的分立而有歧異，造成管制的繁複及受管制者因應配合上的困難。

　　面對這樣的問題，在制度上我們或許可以考慮改採整合性

的立法模式,在功能取向上,可以打破污染媒體的界線,就如安全、健康、生態平衡等功能作整體的制度設計及規劃;並以環境部為單一管制機關,讓環境管制事務及相關機關職權做有效的整合。[40] 總之,對於現有分散式的環境立法模式,我們可以考慮做重新的規劃,避免因過多程序的繁複及不效率,導致降低行政上的效能,並影響我國在國際上的競爭力。

3. 環境立法的執行

立法之後倘若沒有確實地執行,則法律將成為表象的事物,不僅沒有發揮法的功能,更讓環境立法變成裝飾品。事實上,是否有立法與事情是否有做好是兩回事,事情是否做好有賴執行是否確實;又立法如果妥當,於執行中是否會造成傷害,都是一門相當重要且細膩的學問。

▶▶ 3.1. 環境立法的執行思維與狀況

從立法的執行,也常能看出立法是否有缺失。所以,法律的執行本身肩負著回饋立法缺失的功能。一個個案經由執行,當事人不服將案件送到行政法院,法院會發現對法律規範內容的疑義,如有不足,可以藉之後修法予以補足。以下,作者先就環境立法執行的現行制度做討論;其後,再就現有制度產生何等問題做討論。

---

40 葉俊榮,前揭註 1,頁 122-126。

3.1.1. 現行環境立法的執行機制

在現有的法制度上，環境立法的執行是依據行政執行法的規定執行。也因此，環境執行也同樣有直接強制、間接強制及即時強制的分別。從環境實體法律裡面所衍生的義務，如包括對廢棄物的清理、排放不符合放流水標準的廢水、土壤污染的回復原狀等，行為人也因此負有行為或不行為義務。對於此等行政法上的義務，可以視情形以直接強制或間接強制的方式，來達到合法的狀態，而在執行手段的選擇上，仍然應該本於合法性及合目的性來從事此等行政行為。此外，許多對於環境有侵害的行為，會對公共利益產生危害，或可能有犯罪的疑慮，是以，也有進行即時強制的必要。

另外，有關環境立法的執行機關，依照行政執行法的規定，有關公法上的金錢給付義務逾期不履行時，由法務部行政執行署執行，除此之外的行政執行，則交由主管機關執行。而本於行政罰或執行法上怠金所生行政上金錢上給付義務所繳納的金錢，以及法務部行政執行署執法所執行得到的金錢，則歸國庫統籌運用。從目前諸多的環境立法觀之，多有區分中央主管機關及地方主管機關，在實際的執法上，就地方所發生或主導的事務，多由地方所面對的是第一線的執行責任，中央所負的往往是第二線的責任。

然而，執法所需要的是專業及能力，地方是否具有足夠的執法量能，是環境行政執行最為現實的問題，地方環境主管機關在執行時，通常必須透過行政部門內部職務互助的程序，會同建管機關或衛生主管機關進行實際上的執法工作，才有辦法對違反環境立法的行為採取回復原狀的措施。在這樣的基礎之下，再加

上中央與地方就與環境有關的事務，諸多權限的劃分也不見得清楚，是以，我們可以看到很多的個案中，都會出現中央與地方相互推諉的情況。如 2008 年間所發生的大寮空氣污染事件，即可看到中央政府與當時的高雄縣政府就到底是誰的責任爭執不休。其實，最終的問題出在地方沒有充分的執法量能，而中央也沒有辦法即時介入，使得事情的發展越發嚴重。

另一方面，中央所負責的第二線責任，主要反映在由環境部環境管理署的業務範圍。環管署即為過去隸屬於環保署的環保督察總隊，負責督導直轄市、縣(市)環境保護執行事項。所督察的事項包括廚餘回收再利用、大廢棄物回收再利用、巨大廢棄物回收再利用、重點河川污染管制、環評監督與追蹤、預鑄式建築物污水處理設施審核之推動等事務。目前分為北、中、南三區三個環境管理中心，分別駐於臺北市、臺中市及高雄市。

另外，與執法有關的是內政部警政署保安警察第七總隊。其中，保七總隊第二大隊負責配合經濟部，就水庫與其集水區周遭執法事項提供協助；而第三大隊即為過去的警政署環境警察大隊。除此之外，過去的警政署下轄的國家公園警察隊與農委會下轄的森林暨自然保育警察隊亦同樣整併進入保七總隊，成為現今的第四到第九大隊。這些警察所負責的，是處理與環境有關的警政及刑事責任的偵查事務。但警政有關的事務在組織上隸屬於內政部，是以實際的執行上如何與環境主管機關相互配合，有效整合資源，此等議題是相當值得認真處理的。

環境立法的執行不單只是各個單行法中罰則處罰的問題，個別法律中會要求要編制什麼機關，機關要如何運作、建立何等制度、訂定何種標準等均屬之。此外，法律的執行也因此可能展現

在制度形成的層次等以往未曾關心到的面向。如在因應氣候變遷時，美國就能源端的管制要求各機關於購買公務車時，要有一定比例的車輛使用替代能源，但民間團體發現規定施行數年後，許多機關根本沒有購買此種車輛，於是提起訴訟，讓法院有機會回應這些法律的執行實效。

3.1.2. 環境立法執行的缺失

　　當法律要求行政機關執行法律，但行政機關執行不夠時，就會產生「執行赤字」。如果執行赤字過高，將造成守法的誘因降低、嚇阻力也會下降。如對於違反標準者制裁十萬元，但違法者如不按法律規定標準行事可以省一百萬，因違法是划得來的，所以會傾向違法也在所不惜。另外，執行的密度也會影響當事人守法的誘因，如違反標準處罰一百萬，依照標準則同樣要付出一百萬成本，但實際上被抓到違法情事的機率僅有十分之一，則當事人也可能會傾向違法。又倘若罰鍰訂為一千萬，則對當事人而言就會慎重考慮要達到法所規定的標準。因此，即使整個法律制度設計得再好，假設讓人覺得執法是鬆散的，則終將無法達成法律訂定所要追求的目的。

　　如前所述，臺灣有許多的管制立法，如果這些立法的目的可以有效達成，則臺灣的環境品質就可望提升，或至少維持一定的水準。然而，從前述的林園事件、基力化工案，乃至 2008 年以後的大寮案、中科三期排放廢水毒魚案來看，不同時期都有不同的污染事件，環境品質也沒有因為有這些管制法規而改善，顯現臺灣環境立法的執行赤字相當高。至於為何會產生這樣的情形？本書將就其原因進行討論。

3.2. 環境立法執行不彰的原因

臺灣環境立法有許多的執行赤字產生，原因常出在縱向及橫向的權限劃分與協調不良，如臺北縣政府環保局就核一及核二用過的核燃料棒置放於廠中的蓄水池，沒有合理處理一事，要求台電提出報告並科予罰鍰，台電不服提起訴訟，法院認同台電的主張，認為事權不歸地方政府，而是屬於環保署的職權範圍，是以，判決臺北縣政府敗訴。同樣地，以往也有過環保署要求地方政府執行，而地方政府不執行的問題。這都涉及誰有權執行的問題。執行權限不明會造成執行效率低落，也讓違法的企業有鑽漏洞的可能。

其次，還有「非正式經濟」叢生的社會因素，在臺灣社會的運作中，確實有許多地下工廠在運作，許多人也靠著這樣的地下經濟謀生。然而，這樣的經濟模式因為規模小而無法進入法律管制的範圍，讓這些地下經濟成為管制的漏洞而無法有效執行，間接對環境產生不良的影響。再者，地方政治結構也會影響環境立法的執行，在以往「統合式的威權體制時代」，中央政府要求地方支持特定立法，但地方常有許多的派系及利益結構，透過地方選舉使地方派系得利，並鞏固中央政府政權的結構，其餘絮仍留存迄今。於是，易產生執法的縣市政府與被管制對象間俘虜的現象，而影響到環境立法的執法。

另外，不良的誘因與嚇阻體系也會影響執法，如罰鍰若無法充分反映對行為人違法行為的制裁，使其對所為的污染行為付出代價，此時環境的外部性無法藉著罰鍰加以內部化，則守法的誘因將因此大為減損，而影響法律執行的成敗。最後，各級環保機

關的資源不足,使法律無法有效執行,最後,環保署為了因應這樣的現象,於區域設立督察大隊以彌補地方資源的不足,但仍無法根本解決執法監督功能失調的問題。

▶▶ 3.3. 可能的因應方向

在環境法律的執行上,作者以為,充實地方環保局的執法能力才是當務之急,因為地方才能真正了解第一線的狀況,所以執法的第一線應放在地方,只有當地方執法不良時,中央才相當程度地介入干預。此外,再加上民間團體的監督,將可以讓環境立法的執行獲得確保。為了因應以上執法赤字的現象,作者提出可能因應此種現象的途徑。

3.3.1. 協商與裁決式的執行

在裁罰執行時,要更重視協商,裁決的程序也要公開透明。如美國在開罰單之前,常要經過委員會的決定,在此程序中,也讓當事人有機會表示意見,因此,不是單方面的處罰,而是重在執法機關與當事人間關係的建立。藉此讓當事人了解環境法律的內涵,間接杜絕當事人未來的再犯。

是以,可以透過將協商式執行 (consent decree implementation) 引進於制度之中,來進行引導與指導當事人如何達成管制標準,或改善其既有設施來達到法規範課予當事人之目的。透過此等機制,可以讓受管制者進行自我監控及自我調適,來達成管制革新的效果;此外,也可以戲劇性地改變企業文化 (dramatically change the culture),並協助該企業回復社群的信任 (regain the trust of the community)。[41] 事實上，美國運用此等機制已有一段歷史，在該國的實際運用上，州總檢察長 (state attorneys general) 可以在州層級上與聯邦機關共同進行革新，完成聯邦指令。於環境領域中，環保署可以提供間接的資金給州總檢察長並監督聯邦計劃的執行，憑藉著聯邦總檢察長的力量，環保署也可以監督環境訴訟，且當認為有達成聯邦指令之必要時，也可以提起訴訟。是以，聯邦總檢察長在執法上可以扮演有意義的角色。[42]

臺灣雖然沒有聯邦總檢察長的職務設計，但並不表示臺灣就不可以進行協商式的執行。類似的機制，臺灣也並不是完全沒有採行，如在稅務案件中，也不乏見到行政機關與當事人進行稅務協商，此等機制雖然與協商式的執行在目的的追求上不完全相同，但在行為人外觀的行為上卻相當接近。也代表在沒有類似聯邦總檢察長的制度下，臺灣的行政機關仍有辦法與當事人進行協商，只要行政部門以積極協助受管制者達成管制目標的心態做協商，此等機制在臺灣仍有進行的空間。

3.3.2. 環境公民訴訟

在臺灣現有的制度中，如果行政機關不積極執法，就可以多使用環境公民訴訟，[43] 讓民眾可以監督，逼迫行政機關積極執

---

41 *See* Samuel Walker & Morgan Macdonald, *An Alternative Remedy for Police Misconduct: A Model State "Pattern or Practice" Statute,* 19 Civ. Rts. L.J. 479, 480-482 (2009).
42 *Id.* at 542.
43 公民訴訟是在行政機關疏於執行相關環境法令，造成環境污染事件時，受害人民或其他非受害人民及團體可以對行政機關提起此類訴訟，要求行政機關確實執行。

法。這樣的制度，是因為環境為「公共財」，外部性極高，國家權力要對其領域內所有的污染行為或規避法律之行為的監督並不容易，因此，有必要引進公民訴訟制度，讓更多的人民可以對行政機關的執法進行監督。讓一切與環境有關的行為可以藉著民間量能的發揮，獲得適當的監督。

在公民訴訟的制度設計上，主要是要讓行政機關能夠依法執行，因此，一旦人民發現有違反環境立法的行為，要先「告知」行政機關，使其了解社會上可能存有違反環境立法的行為，並裁量是否要進行調查與執法。如果行政機關仍執意不作為，則人民在告知後六十日即可向法院提出訴訟，由法院對行政機關的不作為進行監督。由於公民訴訟所提起的訴訟乃是為了公益而提起的，因此，立法者突破以往植基於「權利救濟」的訴權理論，讓更多的人民可以提起訴訟，並讓起訴的原告人民可以請求包含律師費在內的訴訟費用。

1998年的空污法修法，是我國公民訴訟立法的開端。立法院也決議將來如有環境立法進入立法院審查，都會增訂公民訴訟條款於其中。也因此，其後於水污法、廢棄物清理法、環評法、環境基本法也都訂定了公民訴訟條款。實務上，也有不少人民及環境團體循此等制度進入訴訟程序。此外，總則性立法的行政訴訟法也於第9條對公民訴訟做了規範，確認我國的訴訟制度並非僅僅是權利救濟訴訟所獨占。然而可惜的是，年代最新的氣候變遷因應法中，卻缺乏了氣候公民訴訟的制度設計。

不僅是中央行政機關，尤其在地方層級的行政機關，更有使用公民訴訟的必要。所以，當臺東縣政府在開發單位開發杉原海案成為美麗灣渡假村時，未要求開發單位進行環評時，環境保護

聯盟就循公民訴訟途徑起訴,高雄高等行政法院也判決認為臺東縣政府疏於執行環評法的要求。如此,也顯見環境法上公民訴訟條款的運用,不但對環保署發生效力,也對地方層次的環境主管機關發生效力。

4. 結　語

　　法律的訂定與執行,總是與適用法律的社會有著直接的關係,社會價值觀的形塑,受到傳統文化、政治局勢、社會發展條件交織地影響;不論是環境立法的動因、速度、立法結構、執行都受到當時社會價值觀及統治者意識的影響。當社會走出威權之後,統治者的意識不再可以肆無忌憚地貫穿於法律之中,生活於社會的人民就理所當然地成為主角,而由人民自我決定自己所處社會的未來。

　　臺灣的環境立法與臺灣社會的民主轉型有著相當密切的關係,在解嚴之後,社會力的解放,使得市民社會的量能得以貫徹到政治部門之中,經由危機的發生、民眾的請願、政治人物的理想及表態,並參考外國制度,以及對於法體系完整性的要求,逐步累積成今天的立法成果。

　　今日,臺灣環境立法呈現出大量環境立法的現象,多針對個別管制單元進行環境管制,較不具程序面向的要求,授權的範圍也相當廣泛。這樣的立法形貌,在組織面上,有著不同的主管機關處理貌似不同但卻可能重疊的事務;在程序面上,使同一事件可能必須要面對兩次以上的程序,造成時程拖延過久,甚至可能形成管制漏洞;又個別管制標準的認定,也將造成當事人適用法律上的困擾。是以,在立法政策上,當以進行事務整合式的環境

立法為妥。

在執行面上，臺灣儘管有諸多環境立法，但由於機關間權限劃分與協調不良、社會中「非正式經濟」的情形偏多、不良的誘因、各級環保機關的資源不足，及地方政治結構使然，使得執行赤字的情況仍難以免除。面對這樣的情況，與民間建立夥伴式的關係將有助於法的執行，具體的方式如善用協商式的執行方式，可望降低執行成本；此外，市民社會的量能可以扮演監督者的角色，並讓法院在環境立法執行面向上發揮功能，也可讓環境立法獲得執行。

完善的立法，植基於社會的共識、受管制者的理解、多方價值的論辯；所可以追求的，是因為多方價值的論辯，可望達成兼顧多方利益的決策，追求社會永續地發展，並極小化對經濟產業的衝擊；由於受管制者的理解，可以甘心地接受法律的決定，追求執法的效率；而法律的訂定由於有社會的共識作為基礎，也可以更獲得信賴與尊嚴，更能追求法律本身所要達成的價值。當我們了解到現有的環境法制所面臨的諸多問題後，也更有義務面對問題予以解決，建立符合時代要求，追求社會共識、效能的環境立法。當完善的立法建立之後，行政部門的執法、司法部門對行政部門執法的監督、對環境糾紛的解決，是法制的下游問題。

行政機關的任何執法動作，有賴正當的程序加以維持，同樣地，司法部門的決定，則取決於其對自我如何定位，在以下的兩個章節中，作者將對行政及司法中與環境有關的問題加以討論。也期待經由這樣的討論，可以讓臺灣的國家機關有環境的思考，為社會的整體發展及永續性多做一點事。

第六章

環境行政與程序

　　環境問題有利益衝突與科技不確定性的特性,造成環境決策的事理基礎往往無法堅實確立,更何況政治力經常介入決策流程,在在考驗環境決策的正當性基礎。此種現象對於政府的公信力、決策的正當性以及行政效能等都構成嚴重的考驗。然而,即便在實際上因為種種科學、經濟、民意、國際壓力等因素,而無法做成完美的決策時,政府仍舊必須做成決策。面對此種現實上的必然,程序機制與理性的彰顯,便能提供決策的正當性基礎,更具有積極引導的功能。環境行政的正當法律程序基礎與功能為何?環境行政程序中有哪些程序單元可以運用?又應該如何組合設計?一個良好的程序設計又應該有哪些配套的措施?

　　本章的目的即在於討論在環境行政的決策程序中,如何建構正當的法律程序。本章分為四部分,第一部分是關於程序在環境行政的重要性;第二部分是討論正當法律程序的基礎與功能;第三部分則是進一步討論程序的單元與組合。一個好的程序設計,除了程序的本身之外,資訊更是重要的基礎,若沒有資訊的基礎,程序便也只是擺設的裝飾,因此第四部分將討論環境行政的資訊基礎。

關鍵字：正當法律程序、環境行政、行政程序法、環境資訊、社區知的權利

1. 程序在環境行政的意義與重要性

如同本書前面所分析,環境議題的面對及解決,難免在政治運作與科學迷思,這兩種非常不同的邏輯與系統之間擺盪,但法律可以作為其中的調和,透過程序的設計與保障增加決策的信賴度,強化決策的正當性,藉由提升程序理性,補足實體理性的不足。

程序在決策與行政中的重要性不僅是在環境領域中,各領域的行政都有如此的需求,從多數國家均制定行政程序法的立法實踐來看,也可見一斑。臺灣在 1999 年制定公布行政程序法,並自 21 世紀的第一天開始施行。這是在程序觀念上的一大進展,代表著從過去將決策體系外的人當成是宣導或溝通的對象,改變為將決策體系外的人也視為程序的主體。程序理性從隱晦的溝通、協調與宣導,改變為強調公開、參與、說理與制度化。[1]

2. 正當法律程序的基礎與功能

在具體討論環境行政的程序單元前,必須先了解什麼是正當法律程序 (Due Process of Law)?正當法律程序的憲法與法律基礎為何?正當法律程序對於行政而言究竟有什麼樣的功能?正當法律程序運用到環境法領域,是否又有其特殊的意義?在對上述問題有基本的理解後,後續才能在此基礎上進一步討論程序相關的設計與組合。

---

[1] 行政程序法的形成背景,參葉俊榮(2010),《面對行政程序法——轉型臺灣的程序建制》,再版,頁 13-30,元照。

▶ 2.1. 正當法律程序的基礎

正當法律程序的基礎，從規範的角度來看，主要來自作為國家根本大法的憲法、以及在憲法位階之下的法律，以下分別從這兩個面向來加以說明。[2]

2.1.1. 憲法

雖然我國憲法並未直接規定正當法律程序，但從各個相關憲法條文的解釋，亦能推導出正當法律程序的保障。此外，除了一般性的正當法律程序，在環境行政的面向上，亦有不同的規範與保障基礎。

2.1.1.1. 正當法律程序

我國的憲法中並沒有明文規範正當法律程序，但透過大法官的解釋，正當法律程序已經成為我國憲法中的重要原則，並且在正當法律程序的適用上，亦已逐漸從與司法、訴訟等程序的連結，擴張至立法與行政領域。[3]

在釋字第491號解釋中，大法官明確表示：「對於公務人員之免職處分既係限制憲法保障人民服公職之權利，自應踐行正當法律程序，諸如作成處分應經機關內部組成立場公正之委員會決議，處分前並應給予受處分人陳述及申辯之機會，處分書應附記理由，並表明救濟方法、期間及受理機關等，設立相關制度予以保障。」大法官明文表示正當法律程序在行政處分程序中亦有適

---

2 關於正當法律程序的更進一步及完整的討論，詳見葉俊榮（1997），《環境行政的正當法律程序》，翰蘆圖書。
3 葉俊榮，前揭註2。

用餘地,並具體指出免職處分所應遵序之程序保障制度。

此外,釋字第 709 號解釋更進一步要求,在都市更新事項,法律「除應規定主管機關應設置公平、專業及多元之適當組織以行審議外,並應按主管機關之審查事項、處分之內容與效力、權利限制程度等之不同,規定應踐行之正當行政程序,包括應規定確保利害關係人知悉相關資訊之可能性,及許其適時向主管機關以言詞或書面陳述意見,以主張或維護其權利。」凡此均屬於行政部門限制人民權利前,所應踐行的程序要求。

2.1.1.2. 環境行政正當法律程序的依據：兼籌並顧條款

除了適用於所有行政行為的正當法律程序原則之外,針對環境行政,憲法上亦提供了另一個正當法律程序的基礎,即憲法增修條文第 10 條第 2 項的兼籌並顧條款。從功能性的解釋觀點,所謂兼籌並顧,其實正蘊含著正當法律程序的精神。該條款雖然本質上僅是對經濟及科技發展與環境生態應兼籌並顧的宣示,但其畢竟是規範於憲法中的原則,並不只是政治意義上的口號,而是需要進一步透過法律制度予以落實。

憲法增修條文第 10 條第 2 項的兼籌並顧條款的實現,必須以一定程度以上的程序作為基礎。例如,在重大的開發案中,若沒有讓相關的團體或利害關係人參與,並從各方面呈現完整的資訊基礎,在現實的發展與政治壓力之下,非常可能使得開發案中完全不將環境價值納入考慮。亦即,兼籌並顧的實現,必須以一定的程序機制作為前提。[4] 縱令憲法增修條文第 10 條第 2 項在修

4　葉俊榮,前揭註 2,頁 64-66。

憲納入的過程中，不一定有明白揭示這樣的理念，但為了實現該條款，還是可以透過功能性解釋，使兼籌並顧條款成為環境行政正當法律程序的規範基礎。

2.1.2. 行政程序法

在憲法之外，另一個提供正當法律程序基礎的法源便是法律層次的行政程序法。行政程序法立法的先鋒國家是美國，其在 1946 年即制定了行政程序法，作為行政程序的基礎法規。在程序概念的影響下，各國也都陸續完成了行政程序法的立法。就臺灣而言，早在 1960 年代即有制定行政程序法的倡議，一直到 1999 年才制定公布行政程序法。[5] 行政程序法是一個通則性的規定，具有一般適用性，行政機關為行政行為時，除法律另有程序規定外，應以本法規定為之。[6] 環境行政從機關與事項而言，並不屬於應限縮行政程序法的範圍，自應受到行政程序法的規範。

▶▶ 2.2. 正當法律程序在行政的功能

2.2.1.1. 權利保障

從人權保護與歷史的觀點而言，正當法律程序與其他基本人權相同，都是人民試圖藉憲法鎖定人類重要的基本價值，防止政府濫權。因此，正當法律程序實則充滿了保障人民權益免受政府濫權的防弊色彩。從這種古典的理論看來，正當法律程序的最原始與最基本的功能，在於消極地保障人民的權利。釋字第 491 號

---

5 關於行政程序法的立法過程，參葉俊榮，前揭註 1，頁 39-45。
6 行政程序法第 3 條第 1 項。

解釋正是正當法律程序此種權利保障功能的展現。

2.2.1.2. 提升行政效能

由於公共事務越來越複雜,再加上全球化的影響,政府的職能在質與量上都發生重大的變化,國家的角色也逐漸轉型為管制型國家。行政的重點已經從防止濫權,移轉到如何有效管制,並實現最大的公共善。傳統以權力限制的法律體制,面臨重大的挑戰。作為規範行政行為的正當法律程序,自必須將此種重要的功能內化至程序中。相對於給予紅燈的人民權益保障,行政效能的提升與有效的管制其實是給予行政權綠燈,要求行政權要發揮更為積極的功能。值得注意的是,這種積極的功能,仍然必須以保障人民權利為基礎,而不能違背正當法律程序最原初的權利保障功能。[7]

2.2.1.3. 人性尊嚴保障

隨著對功利主義的反省,人本主義色彩濃厚的非工具價值逐漸受到重視,正當法律程序的本體價值也受到正視,成為功能目標的一部分。因此,程序上的自我實現、自尊與心理滿足等本體價值,也在正當法律程序的功能光譜上占有一席之地。

▶▶ 2.3. 正當法律程序在環境行政的功能

正當法律程序除了前述一般性的功能外,在環境行政上,還有另外一層的功能。在消極功能上,正當法律程序可以提供環境

---

7 See Jiunn-rong Yeh, *Globalization, Government Reform and the Paradigm Shift of Administrative Law*, 5 NTU L. REV. 113, 128-129 (2010).

行政上的正當性基礎；在積極功能上，則有作為永續發展的制度性基礎的重要意義。

2.3.1. 消極功能：提供環境行政的正當性基礎

正當法律程序對於行政權而言，最典型與傳統的功能即是提供行政權的正當性基礎，而此一功能在環境行政上更顯重要。環境行政的核心在於資源的使用與配置具有濃厚科技色彩、高度利益衝突、國際關連與隔代正義等特色。如何有效、正義地分配有限資源，是環境行政最重要的目標。因此由誰來做成環境決策以及如何做成環境決策，便顯得格外重要。由一般被認為不具有民意的行政機關來制定環境決策，比起其他管制領域，更有正當性的危機。

行政權的正當化理論中包括傳送帶模型、專業模型、參與模型與尊嚴理論。傳送帶模型是古典的論點，認為行政權的正當性是來自於具有民意基礎的立法權透過授權而傳送至行政權。[8] 透過授權，立法權將民意傳送到行政權。落實此一理論的原則即是法律保留原則，強調行政機關的行為若涉及人民的權利義務，應依法律為之，或在法律授權的範圍內為之。隨著現代管制國家的出現，公共事務越來越複雜，法律保留原則已面臨多重的鬆化壓力，但在我國行政法學界或司法實務上，對於行政行為是否正當的判準，仍多停留在以授權完整性為本位的傳送帶理論。

環境行政面對的是一個變動的管制環境，由於許多管制措施的發動，決定於科學上的實證或發現，許多管制是因應新事實的

8　關於行政權正當性基礎的討論，詳見葉俊榮，前揭註2，頁22-33。

必然反應。如果在環境管制上,事事要求法律的完整授權,可以預見的是,法律常常無法全面、充分地設想到環境管制行政的需求,而會造成沒有充分授權,使得環境行政無法針對重要環境議題立刻管制的情形。

專業模型則認為行政權的正當性是來自於行政的專業,此種理論對於有高度科技背景的環境行政而言,是很有說服力的觀點。事實上,專業模型的興起,與跟環境、勞工安全衛生、食品安全衛生,以及藥物管制等相關的新興領域,有密切的關連。之所以要將環境決策交給專責的主管機關,正是因為該主管機關有專業的人才與資訊,來處理此一較為複雜而需要高度專業的議題。從此一觀點而言,環境主管機關若擁有比其他公私部門更高度的專業,即建立了環境主管機關的正當性。然而,環境機關是否具有更高度的專業呢?

從實際面而言,不論是臺灣或其他國家,環境主管機關並不見得擁有最專業的知識,而是學者、顧問公司或環保團體。因此,專業模型也不能夠完全作為環境行政的正當性基礎,而必須配合其他的模型,例如參與模型。

參與模型的提出,與管制事項牽動多方利益衝突以及管制受制於各種不確定因素有關,此種特色更是反映在環境行政中。透過程序的參與,一方面可由各方補充相關的管制資訊,另一方面在參與的強化下,也可以補充環境行政實質理性的欠缺。然而,若要以參與來提升環境行政的正當性,必須是制度性的參與,讓參與者對於程序都有相當程度的預見可能性,並能信賴程序。

最後一個理論是尊嚴理論,這是馬蕭 (Jerry Mashaw) 教授透過對社會安全法實務研究所獲得的理論。從環境議題的演變過程

中,確實可以看見環境議題與人性尊嚴的關連,包括對人類生命與健康的維護、人類對自然生態的尊重,以及代際間的正義與倫理等,都可以看出與人性尊嚴的關連。因此,尊嚴理論在一定程度上,也確實為環境行政,提供了補強的基礎。

以上這四個行政權的正當性基礎理論,對於環境行政都提供了一定程度的正當性基礎,不過從環境行政的特性而言,每一種理論都有其侷限。作者對此曾提出,應以正當法律程序作為行政權(包括環境行政權)正當性的基礎。

從環境行政經常是決策於未知的角度而言,正當法律程序透過權利保障與行政效能的提升,有助於環境行政權正當性的強化。正當法律程序的權利保障功能,在於對可能因為環境行政而受到權益影響者,有最低限度以上的程序保障,使得環境行政機關因為議題的廣度利益衝突,而必須決策於未知並做利益衡量時,仍獲得正當性。正當法律程序的行政效能提升功能,則表現在程序參與所帶來的資訊強化,以及透過程序理性來補足實質理性的不足,強化了環境行政因為科技等基礎事實不完整而需要決策於未知時的正當性。就代際正義而言,正當法律程序的尊嚴維護功能,對於衡平、自尊、理性等重要價值的堅持,則可能緩解違反隔代倫理的可能性。在國際關連部分,正當法律程序的權利保障與人性尊嚴的維護功能,也能調和配合國際與尊重本國人民主體間的衝突。

2.3.2. 積極功能:提供永續發展的制度性基礎

除了提供正當性此一消極的功能之外,正當法律程序在環境行政的領域,更有進一步的積極意義。在永續發展此一概念成為

環境議題的指導概念後,所有與環境行政有關的組織與制度,都面臨了是否與永續此一概念相一致的考驗,因此,正當法律程序除了提供行政權正當性的地位外,更應該積極地作為永續發展的制度條件。

永續性的討論不能只將焦點放在資源生態面的永續,而必須同時考慮社會制度面的永續性。社會制度面的永續重點是,什麼樣的政治結構、法令基礎、執行體系以及社會結構,才能促成永續發展。亦即,資源生態的永續,必須藉著社會制度面的永續來維持、落實。目前對於永續的社會制度的研究,多半是指向一些重要的制度或理念,包括民主、科學、法治與經濟原理等。然而,上述這些制度與理念,必須同時兼備與協調,而不能僅片面地以某一主張為絕對,否則容易造成決策的偏頗。從這個角度而言,環境決策與環境行政真正的困難,並不僅是如何調和環境與經濟,而是如何調和民主、經濟、科學與法治這些基本理念,以提升決策的理性。

經過重新定位的正當法律程序,將發揮這種協調的角色,使行政權的行使,不只是偏向民主而成為民意的俘虜;不至於過於迷信科技,造成技術官僚的專制;不至於凡事只求合法,而自限於法律中心主義;也不至於過度仰賴市場,而忽略了正義。

3. 程序單元的設計與組合

正當法律程序的基礎與功能已如前述,下一問題是究竟什麼樣的程序設計才能被稱之為「正當」?不同性質的管制手段是否應該踐行不同的行政程序?都是具體制度設計關心的問題。這一部分將先說明行政程序的設計原則、各種行政程序的單元,再進

一步說明在各環境行政行為時的程序設計。

3.1. 原則：漏斗式的設計

　　正當法律程序的功能既然在於保障人民權利、提升行政效能與維護人性尊嚴，具體的程序設計即必須要能彰顯這三個功能。為了達成這三個功能，行政程序的設計應該以什麼為原則呢？

　　一個理想、正當的行政程序，必須考量兩個要素：「誰」來參與行政程序以及進行程序的「時間點」。也就是說，進行行政程序的時間點與參與人員是在建置行政程序時，必須列為首要考慮的。

　　一個行政行為的行政程序可能包含許多程序單元，需要相當長的時間，進入不同的階段，就會有不同的程序單元必須遵守。是不是一個行政行為的行政程序中的所有程序，都必須要納入所有受到權益影響的人？受到影響程度不同的人、利害關係程度不一的人，都必須給予參與所有的程序的權利嗎？環境決策又有高度的科學背景，專家的意見應該要放在哪個階段？

　　行政程序的理想設計方式應該是漏斗型的參與設計，如圖6-1 所示。議題在最初發酵的階段，應讓最多的人能夠廣泛地參與，隨著時間與程序的推進，再逐漸限縮參與者的資格，最後決策時則留下利害最相關者。程序最初所討論的議題範圍，也會因為有許多參與而較為廣泛，在程序中再逐漸限縮議題，將主題聚焦到重點問題之上。漏斗式的程序參與，一方面能廣納最廣泛的議題，提供給所有權益受到影響者最低度的程序參與權，一方面也可以有效率地讓程序協助實質議題的推展與聚焦，是一個能兼顧涵納 (inclusive)、篩選、聚焦功能的設計。

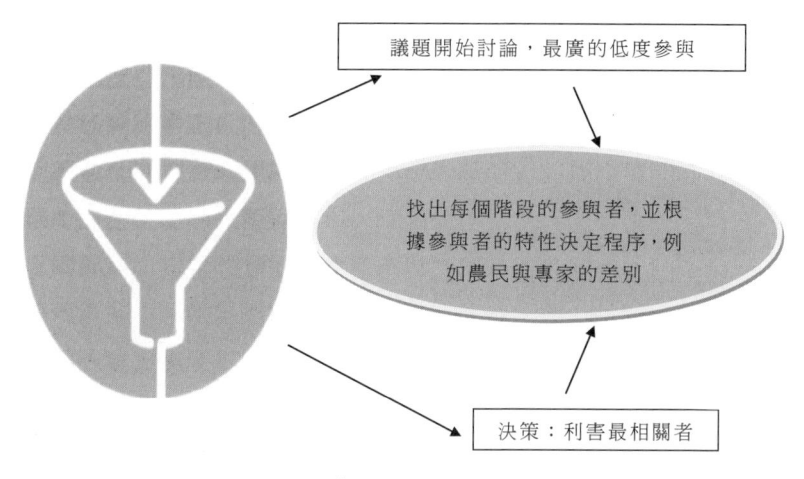

圖 6-1 ｜漏斗型的程序設計
來源：作者製圖

3.2. 程序單元

環境法律中有關環境行政的程序真空現象，在一定的程度內，可以經由行政程序法彌補，也因此環境行政的個別程序跟行政程序法之間具有互補的關係。環境法律對於行政行為的方式、管轄、實體效力及應該遵守的法律原則等，都沒有詳細的規定，此時行政程序法作為一程序性的法律，即提供了環境行政的基礎。再者，行政程序法中有關程序導引的規定，有透明化、參與化、論辯化、一般化以及夥伴化等五大取向。[9] 此五大取向也在某種程度上回應了環境行政中因為科技背景與利益衝突等特色，而特別著重於決策風險分散與民眾參與的需求。

---

9 葉俊榮，前揭註 1，頁 110-119。

除了行政程序法中的一般性程序單元之外，在個別的環境法規中也有其他的程序單元，主要是規定在環評法中，包括公開說明會、範疇界定、現場勘查、公聽會。

3.2.1. 公開說明會

公開說明會規定於環評法中，舉行的時間點是在第一階段環評結束時，不論開發行為是否應進入第二階段環評，開發單位都應該舉行公開說明會。[10] 差別之處在於不需進行第二階段環評的開發行為，只需在第一階段環評結束後舉行，至於時間、地點、方式等細節性事項，則是依照環境影響評估法施行細則（以下簡稱環評法細則）第 22 條及環境影響評估公開說明會作業要點的相關規定。此種公開說明會的性質是單方面的通知說明，讓相關民眾了解開發案對於環境可能造成的影響，並透過此一公開說明，讓民眾接受環評的結論。

需要進行第二階段環評的公開說明會，則必須由開發單位將環評第一階段做成的環境影響說明書於開發場所附近適當的地點陳列或揭示，期間不得少於三十日，並於陳列或揭示期滿後由開發單位舉行公開說明會。有關機關或當地居民若對開發單位的說明有任何意見，應於公開說明會後十五日內以書面方式向開發單位提出，並副知主管機關與目的事業主管機關。[11] 這種公開說明會的性質，則有預告與公告的效果，事先讓相關者了解開發行為對環境的影響，藉此獲得相關意見，以作為下一階段程序的準備。

---

10 環評法第 7、8 條。
11 環評法第 8、9 條。

3.2.2. 範疇界定

環評法第 10 條規定，進入第二階段環評的開發行為，主管機關應於公開說明會後邀集目的事業主管機關、相關機關、團體、學者、專家及居民代表界定評估範疇。應界定的項目包括：(1) 確認可行之替代方案；(2) 確認應進行環評之項目；(3) 決定調查、預測、分析及評定之方法；(4) 其他有關執行環評作業之事項。

從參與的人員看來，參與範疇界定者除了行政機關之外，尚包括學者、專家與居民代表，範疇界定可定性為第二階段環評最初階段的程序，在這個階段，即擴大了參與者的範圍，使得所有相關人士與關心相關議題者，都可以參與。範疇界定的目的在於及早以公開的方式決定議題的範圍以及認定與開發活動相關的重要問題，包括第二階段環評是否有可行的替代方案，以及應該評估的項目、評估的方法等，凡此都會影響後續環評的進行。然而究竟學者專家應具備何種資格、如何認定相關機關、居民代表如何選出等等，不論是環評法本身或環評法細則都沒有進一步的規定。

3.2.3. 現場勘查

在第二階段環評中，開發單位在參考相關意見後，應該做成環境影響評估報告書。目的事業主管機關收到評估書初稿後三十日內，應會同主管機關、委員會委員、其他有關機關，並邀集專家、學者、團體及當地居民，進行現場勘察。[12] 現場勘查是為了實地了解環境影響評估報告書中所陳述的內容是否真實正確，可

---

12 參環評法第 12 條。

以說是調查事實與證據更進一步的具體化規定。

3.2.4. 公聽會

第二階段的環評中，除了應進行現場勘查之外，也同時規定應舉行公聽會。然而公聽會的規定並不見於行政程序法的規定中，究竟其性質是屬於聽證或是陳述意見，公聽會應該如何進行等，都欠缺進一步的規定。唯一的規定是環評法細則第 26 條規定，主管機關應於公聽會前十日通知相關人員，並於適當地點舉行，但關於參與者的資格界定、詳細的進行程序、公聽會的效力等都付之闕如。

3.3. 環境行政的程序組合

以上所述的各種程序單元各有其欲落實的目的，環境行政中涉及許多不同的行政行為，亦因其行為的性質與管制事項的差異，而有不同的程序需求。在分別討論環境行政行為的程序前，必須了解程序不能自外於整個管制結構，因為程序是相應於實體的管制機制存在。因此，以下將先討論環境行政的管制結構，以作為後續程序討論的基礎。

3.3.1. 環境行政的制度結構

從經濟管理的角度來看，環境行政的整體目標，是希望將外部性內部化，以維持理想的環境品質。污染的管制當然是環境行政中非常重要的一環，但為了能夠到有效的管制，環境管制不僅是在末端對已經造成的污染進行干預，還必須要在產業活動或政府施政進行前或進行中，就針對相關事項進行預防，減少對環境的影響。此外，針對環境問題所造成的糾紛或損害，如何尋求適

當的賠償與處理,也是環境行政必須處理的。

因此,環境行政的三大任務包括環境預防、污染防制與糾紛處理。環境預防的工作包括將決策納入環境因素以及資源的減廢;環境防制的工作包括管制污染源、提升污染防制技術、因應環境變化、分配防制成本等;糾紛處理則有簡化程序、提高公信力與填補損失等工作。

如同前幾章所提過的,為了因應環境問題的多樣性,環境管制的手段已經朝向多元化的發展,面對不同的管制工具,行政程序也必須有相應的配套。另外,在污染防制的領域,由於污染態樣眾多,危害的性質與程度有許多差別,管制的方法與重點也不相同,在程序上可能也會有所差異。更重要的是,不論是目標設定、手段的採行或具體的執行,要如何實現理想的環境品質,往往會受到社會的政治、經濟、社會結構、教育文化與法治傳統的影響。

下表為環境行政的制度結構表,從表中可以看到,環境行政的制度結構包括整體目標的確定、任務的創設與調整、管制範圍的劃定、管制手段的選擇與調配,以及法律的分立與整合等。在此種糾結下,行政程序往往必須做不同面向的割裂或整合,形成程序緊接程序或程序中有程序的現象。

表 6-1：環境行政的制度結構

目標	主要任務	衍生任務	範圍	手段	法律
理想的環境品質	環境預防	決策納入環境因素 減量 資源保育	空間規劃 環境影響	區劃 影響評估	環境影響評估法 森林法 水土保持法 礦業法 野生動物保護法
	污染防制	管制污染源 提升防制技術 限制新污染源 因應環境變化 分配防制成本	空氣污染 水污染 毒性化學物質 廢棄物 噪音 海洋污染 土壤污染	劃定管制區 標準訂定 證照管制 禁止 收費 申報、監測 總量管制 污染泡 （罰鍰、停工、勒令歇業、撤照、刑罰）	空氣污染防制法 水污染防治法 毒性及關注化學物質管理法 噪音管制法 廢棄物清理法 海洋污染防治法 土壤及地下水污染整治法
	糾紛處理	簡化程序 提高公信力 填補損失	損害賠償 設廠糾紛	調處 裁決 鑑定 管制協定	公害糾紛處理法
	政治結構、經濟結構、社會結構、教育文化、法治傳統					

來源：作者製表

　　在環境行政的發展過程中，水污染與空氣污染的防制最具代表性。接下來就以空氣污染為例，說明典型的環境行政結構。環境行政結構可以分為上游、中游與下游。上游主要是規劃，中游是各種管制措施，下游則是為了落實管制措施所需的工作。

```
                    環境政策
                       │
      ┌────────────────┼────────────────┐
      ▼                                 ▼
  訂定空氣品質標準                 訂定空氣污染排放標準
      │          ┌──────┐        │
      │          │劃定防制│   污染行為之禁止
      │          └──────┘        │
      ▼              │            ▼
  制定空氣污染防制計畫 ──── 監測公布空氣品質
```

┌────┬────┬────┬────┬────┬────┐
│許可│污染│防制│收費│排放│緊急│
│   │   │設備│   │   │   │
└────┴────┴────┴────┴────┴────┘

    ▼   ▼   ▼
 輔導改善   不利處分   民事救濟與糾紛處理

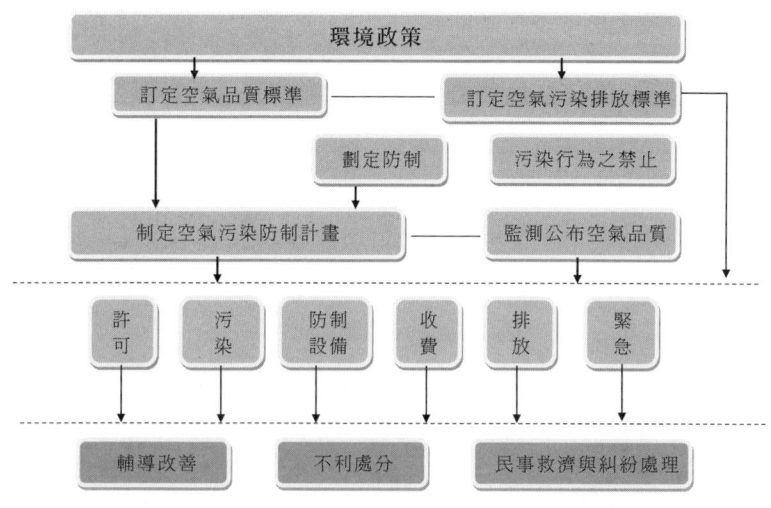

圖 6-2 │典型環境行政程序：空氣污染防制
來源：作者製圖

　　空氣污染只是整體環境行政的一環，因此整體環境行政的政策目標會引導空氣污染防制的工作。空氣污染管制的首要重點在於制定標準，尤其是整體的空氣品質標準，作為整個空氣品質的目標。為了達到空氣品質的目標，決策者必須進一步制定各種空氣污染物的排放標準（如氧化硫或懸浮微粒等），使管制得以執行落實。在標準的引導下，決策者還需要劃定空氣污染防制區與總量管制區。在區劃的思考下，並由地方政府針對不同防制區與總量管制區，以達成空氣品質標準為目標，制定相應的空氣污染防制計畫。針對前述的上游規劃，需要在中游的程序中利用對各排放口的許可、污染泡、收費、緊急應變、排放交易制度等落實。中游的管制事項則有賴下游的輔導、不利處分（如罰鍰、限期改

善等）以及民事救濟與糾紛處理等措施來落實。

3.3.2. 依行政行為性質分類的行政程序

前一個部分是從結構的觀點來觀察環境行政，若將結構中的各部分以行政行為的概念做區分，則不同的管制事項會對應到不同的行政行為。由於行政行為的區分在行政程序法上有一定的實益，程序設計是以行政行為作為基準。因此，對於各種行政行為的行政程序的了解，在環境行政自屬必然。

3.3.2.1. 行政處分

行政處分是指行政機關就公法上具體事件所為之決定或其他公權力措施而對外直接發生法律效果之單方行政為。[13] 環境行政行為中屬於行政處分者相當多，舉凡污染排放許可的核發、各種不利處分（如停工、罰鍰）、劃定管制區等在法律性質上都是行政處分。

行政處分的程序導引規定主要規定在行政程序法第 102 條至 109 條，包括聽證與陳述意見兩種程序。陳述意見是行政處分的基礎程序要求，至於何時舉行較為嚴格的聽證程序則由立法者或行政機關決定。行政機關有舉行聽證義務的情形是在為限制或禁止行為之處分或剝奪或消滅資格、權利之處分時，應依受處罰者的申請，舉行聽證。[14] 綜合分析行政處分的程序要求，可發現行政處分的程序設計是以人民權益保障為核心，在有公益維護或成

---

13 行政程序法第 92 條第 1 項。
14 行政罰法第 43 條。

本控制需求時,可排除相關程序要求。[15]

在個別的環境法規中,就行政處分的相關程序規範不多,絕大多數是關於機關權限劃分與程序發動方式的規定。比較特別的是,公害糾紛處理法中規定調處書與裁決書須經過法院的核定,當事人若有不服的情形,亦得向法院起訴。[16]

3.3.2.2. 行政契約

由於國家任務的複雜化,政府部門無法獨立完成國家任務,而需要人民的合作,傳統國家與人民之間不對稱的行政行為模式,逐漸失去獨占性,因而有行政契約的發展。在行政契約的關係中,政府與人民是處於對等的關係,目的在於能有效地完成國家任務。環境行政中也不乏此類行政契約的類型,最典型的即為環境保護協定。[17] 相較於其他的行政行為,行政程序法就行政契約的程序規範密度較低,相關的環境法規中也缺少程序性的規定。

3.3.2.3. 行政命令的訂定

行政程序法將行政命令是否經過法律授權與效力範圍,二分為法規命令與行政規則,前者是指行政機關基於法律授權,對多數不特定人民就一般事項所作抽象之對外發生法律效果之規定;[18] 行政規則是指上級機關對下級機關,或長官對屬官,依其權限或職權為規範機關內部秩序及運作,所為非直接對外發生法規範效

---

15 關於行政處分程序要求的說明,詳見葉俊榮,前揭註 1。
16 公害糾紛處理法第 28、31、39 條。
17 公害糾紛處理法第 30 條第 2 項。
18 行政程序法第 150 條。

力之一般、抽象之規定。[19]兩種類型的行政命令分別適用不同的程序規範。

法規命令訂定程序原則上採取預告程序,並賦予人民對訂定中的法規命令有陳述意見的權利,[20]例外則由行政機關依職權採取聽證程序。[21]就此觀之,法規命令的訂定是著重於外部參與,程序規範取向是以透明化與參與化為主。法規命令的程序參與的重點是著重於意見的表達與資訊的傳遞,而非個人權利的保障。[22]除了由行政機關發動程序外,行政程序法中尚有提議的規定,[23]行政命令的利害關係人可以在程序的最初,就有機會就是否或如何訂定命令表示意見,大幅增加民眾參與的廣度與深度。[24]最後則是核定的規定,[25]這是屬於內部控制的設計。

相較於法規命令,基於行政規則無對外效力的預設,故行政程序法中對其訂定程序與民眾參與的規範只有非常低度的要求,即行政規則應下達下級機關或屬官,在例外情形則需要登載於政府公報。[26]此種立法一方面忽略了行政規則也可能對人民利益有所影響,一方面亦忽略了程序規範具有強化決策理性的功能。

環境行政中亦有許多訂定行政命令的行為,典型的法規命令如標準訂定、檢驗辦法與許可證管理辦法等;典型的行政規則如

---

19 行政程序法第 159 條。
20 行政程序法第 154 條。
21 行政程序法第 155 條。
22 葉俊榮,前揭註 5。
23 行政程序法第 152、153 條。
24 葉俊榮,前揭註 5。
25 行政程序法第 157、158 條。
26 行政程序法第 160 條。

各種罰鍰的裁罰基準。在環境部網站上可以查詢到環境部已發布以及其正在研擬中的行政命令。[27]

3.3.2.4. 行政計畫

行政計畫是指行政機關為將來一定期限內達成特定之目的或實現一定之構想，事前就達成該目的或實現該構想有關之方法、步驟或措施等所為之設計與規劃。[28] 從實際的運用而言，行政計畫涵蓋了現代管制國家行政內容的大部分。原則上，行政機關對於行政計畫的程序有完全的決定權，但在有關一定地區土地之特定利用或重大公共設施之設置，涉及不同利益之多數不同行政機關的行政計畫時，確定計畫之裁決則應進行聽證程序並得集中事權的效果。[29]

從前述的圖 6-1 典型環境行政程序觀之，環境行政與「規劃」有密不可分的關係。最上位的是整體的環境政策目標，目標再具體化為各種管制標準，為了達成管制標準，再進一步就相關的方法、步驟或措施進行規劃。因此，環境行政中有各式各樣由行政機關擬定計畫，例如空污法中的空氣污染防制計畫[30]與總量管制計畫、[31] 土壤及地下水污染整治法中的土壤及地下水污染整治計畫[32]等。以空氣污染防制計畫為例，空氣污染防制計畫的目

---

27 環境部主管法規查詢系統，https://oaout.moenv.gov.tw/law/（最後瀏覽日：04/11/2025）。
28 行政程序法第 163 條。
29 行政程序法第 164 條
30 空污法第 7 條。
31 空污法第 8 條第 1 項。
32 土壤及地下水污染整治法第 22 條第 2 項。

標在於達成或維持空氣品質標準,由於有不同等級的空氣污染防制區,每一防制區應依其等級與各種需求,制定符合該區域的計畫。目前個別環境法規中對行政計畫的程序規範亦甚少,主要是關於應定期檢討與核備的規定,如空污法規定空氣污染防制計畫應每四年檢討修正,並報中央主管機關核備之。

3.3.2.5. 行政指導

行政指導是指行政機關在其職權或所掌之事務範圍內,為實現一定之行政目的,以輔導、協助、勸告、建議或其他不具法律上強制力之方法,促請特定人為一定作為或不作為之行為。[33] 這是行政機關在日常的行政實務上經常採取的行政行為。由於行政指導不具法律效力且沒有一定的形式,因此要有明確的程序規範有其內在限制。行政程序法僅規定應明示行政指導的目的、內容及負責指導者,以及賦予相對人有請求行政機關以書面交付行政指導的權利。[34]

行政指導在環境行政的運用相當多,例如法規授予環境主管機關有要求違法者限期改善的權限,主管機關可能會要求被管制者提出相應的改善計畫,作為審查是否已有改善的內容之一。主管機關在提出改善計畫要求時,可能會不正式地向被管制者傳達或指示其希望的改善方式。個別環境法規並未對應如何進行行政指導有相應的程序規範。

---

33 行政程序法第 165 條。
34 行政程序法第 167 條。

3.3.2.6. 陳情之處理

陳情是一種人民言論自由的表達,人民對於行政上各種相關事項,包括行政興革之建議、行政法令之查詢、行政違失之舉發或行政上權益之維護等,都可以向行政機關提出陳情。陳情是人民與行政機關間互動最直接的方式,同時行政機關也能透過陳情了解其施政的盲點。行政程序法就陳情與其處理有相關的程序規範,包括陳情的方式、陳情作業規定、對於陳情的回應方式等等。[35]

實際的環境行政中有許多來自於人民的陳情,最典型的是對於公害的陳情。[36] 環保署也針對陳情依照行政程序法的規範制定了相關作業規定,如:公害陳情案件追蹤清查及管制複查作業要點、環境保護機關處理民眾陳情案件保密要點、環境保護機關處理公害污染陳情案件作業程序。

3.3.3. 依管制事項區分

環境法規中所規定的管制事項,有單一行政行為即可達成的,例如標準訂定,也有數個行政行為才能完成的,如污染排放許可證的核發與展延。從行政行為的角度看行政程序固然符合法律人的思路,但對於實際運作的行政人員或其他人,最切身的問題還是具體的管制事項。因此,以管制事項作為程序思考的主體,將更能符合環境行政的現況與需求。

---

35 行政程序法第 168 條。
36 公害糾紛處理法第 48 條。

3.3.3.1. 環境影響評估

環評法與其他環境法律最大的差別之處，在於多數的環境法律都是管制性的法律，針對特定的媒介或事項，就應採行哪些管制手段進行詳盡的規範。對照之下，環評法並非管制性法律，而是一程序性法律，目的在於將對環境的影響納入決策過程中。細觀整部環評法，其實正是在規定「如何進行環評的程序」。環評法第 5 條第 1 項規定的開發行為對環境有不良影響者，開發單位須實施環評。而環評被分成兩個階段，兩個階段的環評都是由開發單位進行，並由環境主管機關審查。

在第一階段中，開發單位應做成環境影響說明書，交由主管機關審查。開發單位做成的環境影響說明書，並不具有對外的法律效果。主管機關於收到說明書五十日內，應做成審查結論公告。如果審查結論認定對環境並無重大影響，則不須進行第二階段環評，由開發單位舉行公開說明會。若第一階段審查結論認為對環境有重大影響，則應進行第二階段環評。

第二階段環評中，則由開發單位公告環境影響說明書後進行範疇界定與陳述意見，再由開發單位製作環境影響評估報告書初稿。目的事業主管機關與主管機關收到評估書初稿後三十日內，應會同相關機關與人士進行現場勘查，並舉行公聽會，現場勘查與公聽會皆應做成紀錄送交主管機關。主管機關則應依照各種紀錄於六十日內做成審查結論。

環評此一程序性的法律在實際的適用上，最常有的爭執即是環評與行政程序法之間的關連為何。一個開發行為的核准，究竟應該符合多少的程序要求？行政程序法與環評法是否都有適用？還是環評法可以完全取代行政程序法？

以中科三期為例,要設置中科三期的廠房,必須向國科會提出申請,國科會發給建廠的執照,在概念上是一行政處分,依行政程序法的規定,應該要給予處分相對人陳述意見或聽證的機會。同時,中科三期的建廠對於環境也可能有不良影響,依照環評法,則應該進行環評程序。這兩個程序應該如何調和?

　　傳統的靜態解釋原則會從行政程序法第 3 條的除外條款來思考,討論環評法是否為行政程序法的特別規定,來決定其是否排除行政程序法的適用。然而,即便如此,也還是必須處理要用什麼樣的標準來決定環評法的程序設計是行政程序法的特別規定。從程序設計的密度而言,環評法中對於審查委員會的設置、二階段的審查程序、公開說明會、公聽會等,都較行政程序法的密度為高。因此,從程序要求的觀點而言,環評法應可以認為是行政程序法的特別規定,應優先適用。

　　不過,環評法的程序密度與周延性是否真的高於行政程序法,其實也有存疑之處。其根本的問題在於環評法關於民眾參與的機制並不詳盡。第一階段中並沒有民眾參與機制(公開說明會並不是民眾參與機制)。環境部雖訂有環境部環境影響評估審查旁聽要點,[37] 並在目的中說明此係為落實民眾參與環評審查,並在審查會中給予旁聽民眾表達意見的機會。然而,每個開發案件的表達意見總時間限定為三十分鐘,每個發言只有三分鐘,如此急促而不充分的意見表達以及對旁聽總人數的限制(二十人),

---

37 2009 年 2 月 17 日訂定公布。環境部主管法規查詢系統,https://oaout.moenv.gov.tw/law/LawContent.aspx?id=GL004840&kw=%e6%97%81%e8%81%bd%e8%a6%81%e9%bb%9e(最後瀏覽日:04/11/2025)。

事實上究竟能獲得多少民眾參與的效果實令人玩味。

　　至於第二階段的公聽會，正如之前所言，公聽會的規定並不清楚，相較於行政程序法中對於聽證的完整設計，其實是一個較低度的程序保障。因此有主張認為行政程序法與環評法是兩個平行的法律，在中科的例子中，即必須實行兩套程序，先就執照的發給，依行政程序法給予陳述意見或聽證的機會，另外再依環評法進行環評程序。這種觀點固然有助於程序保障與決策理性，但程序的成本也相當高昂。因此，作者認為應從具體管制的生態，匯納多元實質與程序考量的動態適用觀點來考慮。從整體制度設計的角度，原則上環評確實較行政程序法更為完備，應優先適用。在依環評程序舉行公聽會或公開說明會時，應承認環評法的相關規定過於簡陋，而適用行政程序法有關聽證的規定。

　　另一個環評法與行政程序法的關連則是環評的審查過程與結論，是否也有行政程序法的適用。由於環評法規定環評的審查結論有否決開發行為的作用，在概念上應可以認為環評結論是獨立的行政處分，而須適用行政程序法相關的規定。

3.3.3.2. 標準訂定

　　標準訂定是屬於行政命令的訂定，應依照行政程序法中的規定，進行預告與表示意見或聽證等程序。在實體的數值訂定標準上，大部分的立法都沒有指出應依照哪些原則進行標準的訂定。較為例外者有空污法第 20 條第 2 項規定固定污染源的排放標準應依特定業別、設施、污染物項目或區域會商有關機關定之；水污法第 7 條第 2 項則規定了放流水標準的內容應包括適用範圍、管制方式、項目、濃度或總量限值、研訂基準及其他應遵行之事項。

相較於美國，我國在訂定行政命令時所受到程序的拘束較少，所訂定的行政命令本身也難以受到司法機關的審查。此種情形雖然給予行政機關相當多程序上的彈性空間，但對於其他行政機關、環保團體、受管制企業或一般關心的民眾而言，卻造成相當不明確的情形。[38]

3.3.3.3. 分區

管制區的劃定是屬於行政處分，應依照行政程序法的規定，需要時依職權進行聽證程序。個別的環境法規中對於分區基礎一般有所指引，如空氣污染防制區應依土地用途對於空氣品質之需求或空氣品質狀況；[39] 總量管制區是依地形與氣象條件；[40] 水區的劃分則是按水體特質及所在地的情況。[41] 此外還規定了機關的權限劃分，以及其他機關的參與、上級機關的核定與組織法上相關的程序，以及公告的程序要求等。例如空氣污染防制區應由中央主管機關會商有關機關訂定；[42] 中央主管機關可將水區的劃定交由地方政府負責，但應會商水體用途相關單位（例如漁業署、水利署）訂定之。[43]

---

38 參葉俊榮、張文貞（1992），〈環境行政上的協商：我國採行美國「協商式規則訂定」之可行性〉，《經社法制論叢》，10 期，頁 83-90。
39 空污法第 5 條第 1 項。
40 空污法第 8 條第 1 項。
41 水污法第 6 條第 1 項。
42 空污法第 5 條第 3 項。
43 水污法第 6 條第 2、3 項。

3.3.3.4. 污染防制計畫的訂定與核定

污染防制計畫的訂定與核定屬於行政計畫的一種,除了符合行政程序法第 164 條要件的行政計畫由聽證與集中事權效果的規定外,並沒有其他的一般性程序要求。個別的環境法律規範的範圍也僅限於權限、是否應經上級機關核定,以及定期檢討的年限等,如空氣污染防制計畫是由地方政府制定,報請中央主管機關核備,並每四年檢討。至於如何落實民眾參與等則全無規定。

3.3.3.5. 許可證的核發

許可證的核發與延展等屬行政處分,依法主管機關得依職權舉行聽證。在各環境法律部分,除了規定機關間的權限劃分,[44] 尚可能有其他額外的程序要求的制度設計。如空污法第 24 條第 3 項:「直轄市、縣(市)主管機關或經中央主管機關委託之機關,應於前二項許可證核發前,將申請資料登載於公開網站,供民眾查詢並表示意見,作為核發許可證之參考。」或者依照固定污染源設置操作及燃料使用許可證管理辦法第 31 條規定,要求審核機關實質審查許可證展延時,應進行現場勘查。此外,在申請人的部分,則有相當的先行程序,例如事業應檢具污染防制計畫。[45]

3.3.3.6. 收費與費率核定

環境法律中關於徵收污染費的規定,除收費機關的權限劃分外,[46] 並無其他程序要求,繳費流程與繳納期限、追繳等事項通

---

44 空污法第 24、25 條;水污法第 14、15 條;廢清法第 31 條;毒性及關注化學物質管理法第 13、14 條。
45 空污法第 24 條、水污法第 13 條。
46 空污法第 17 條第 1 項;水污法第 11 條第 1、2 項。

常都授權給主管機關決定，而沒有進一步的引導。[47]至於費率的核定，亦屬於規則制定，應踐行預告與表達意見或聽證程序。個別環境法律對於費率的制定已發展出較以往精細的規範。在費率計算基礎的部分，空污法指出空污費的計算應以空氣品質現況、污染源、污染物、油（燃）料種類及污染防制成本定之；[48]水污染防治費則應按排放之水質水量徵收。[49]

3.3.3.7. 各種不利處分

環境行政中的執行手段是為了落實管制工具而設，其一般都以行政罰此種不利處分的方式呈現。行政罰除了適用行政程序法外，亦有針對其規範的行政罰法。該法就程序部分原則上採取陳述意見的程序，[50]針對限制或禁止處分（如停工、停業）以及剝奪或消滅資格、權利之處分（如命令歇業、撤銷或廢止許可或登記），除在例外的情形下，應依受處罰者之申請，舉行聽證。[51]此是由於這兩種處分相較於其他的行政罰（如罰鍰、影響名譽的處分、警告性處分）對於受處罰者的權益影響層面更深，尤其是剝奪或消滅資格、權利的處分，更是向後改變法律資格。從保護權利的角度觀之，更應以嚴謹的程序對之。

3.3.3.8. 糾紛處理

糾紛處理傳統上是以司法救濟途徑為主，但在眾多公害自力

---

47 空污法第 16 條第 2 項；水污法第 11 條第 8 項。
48 空污法第 17 條第 2 項。
49 水污法第 11 條第 1 項。
50 行政罰法第 42 條。
51 行政罰法第 43 條。

救濟運動的壓力下,以行政手段來介入公害糾紛也成為制度上的選擇之一。公害糾紛處理法除了明定行政機關的權限外,也相應地有較多的程序規範。該法是以法院的訴訟程序為本,但也針對行政處理的特質,加入了權宜性或政治性的調整,「稀釋」了程序的司法性格。在組織方面,調處或裁決機關的人員組成要件較寬鬆,不是以法律的專業與獨立為唯一考慮。[52] 在程序的進行方面,也不以言詞辯論為必要。

在事後的裁決與調處程序之外,公害糾紛處理尚有一事前的處理機制,即環境保護協定。環境保護協定在公證後未遵守時,就公證書中所載事項,得不經調處程序,逕行取得強制執行名義。此擴大非訟程序解決公害糾紛的功能,但條文中對環境保護協定此種行政契約的程序規範則沒有相應規定。

3.3.3.9. 緊急應變

不論是基於自然或人為因素導致有重大污染問題,嚴重影響一般大眾生命、身體健康或財產時,必須有緊急的因應措施以減少損害。環境法律中並不乏緊急應變的規定,[53] 於相關規定中除了緊急應變的權限劃分與其他機關的參與外,也有其他程序的要求,如環境部訂有空氣污染突發事故緊急應變措施計畫及警告通知作業辦法、公害糾紛事件紓處暨蒐證作業程序。至於私人對於突發事故的緊急應變措施,主要是課予被管制者業務報告、清理與調查報告的義務,[54] 而對於行政機關在接到報告後應採取哪些

---

52 公害糾紛處理法第 5 條、第 10 條。
53 空污法第 14 條、公害糾紛處理法第 44 條、
54 水污法第 27 條、毒性及關注化學物質管理法第 41 條。

措施,環境部訂有事業或污水下水道系統排放廢(污)水緊急應變辦法、水污染事件緊急應變及聯防體系作業要點、毒性及關注化學物質事故調查處理報告作業準則。

3.3.4. 對環境行政程序的整體觀察:從程序理性薄弱到強化參與

作者曾在第五章中指出目前的環境立法呈現程序真空的狀態,這個觀察其實作者在 1997 年對環境行政進行專門研究時就已經提出。作者從法律與命令的關係、行政協調、協助與合作、中央與地方的關係、民眾參與、資訊流通、私管制、協議協商等面向觀察當時的環境法律,認為環境法律是幾近程序真空的狀態;當時在欠缺一般性行政程序法規的狀況下,此種真空的情形更值得重視。[55] 行政程序法的施行確實提供了一般性的程序基礎,但若細究整體環境行政的程序規範,作者仍舊認為環境行政是處於程序理性薄弱的狀態。

在行政程序法施行後,環境行政命令訂定中曾有過重大爭議之一的案件是環保署在 2002 年開始推動的限塑政策。當時的臺灣購物習慣中,塑膠袋與塑膠類(如保麗龍)使用的狀況非常氾濫,例如在購買外食時,可能會用上兩層的塑膠袋外加保麗龍容器。有鑑於塑膠難以分解而對環境危害重大,環保署即欲依照廢棄物清理法 21 條「物品或其包裝、容器有嚴重污染環境之虞者,中央主管機關得予以公告禁用或限制製造、輸入、販賣、使用」的規定,分批公告限制部分類型塑膠的使用。此法規在制定的過

---

55 葉俊榮,前揭註 5,頁 123。

程中即已受到塑膠業者的大力反彈,但環保署仍於 2002 年 4 月 22 日公告第一批的限塑範圍並執行之。業者在 2002 年 10 月向行政院提起訴願,但最後被以該公告並非行政處分不得訴願而駁回之。[56] 業者向臺北高等行政法院提起訴訟,最後的結果仍是因非行政處分不得起訴而被駁回。[57] 此一限塑命令爭議反映出命令訂定程序規範仍不足以充分反映人民意見,進而在事前化解可能有的衝突,而使得命令施行後仍遭受許多阻礙並添加不必要的訴訟成本。

不過,近年來環境部面對同樣的限塑政策施行,可以感受到環保團體與人民在背後的參與及著力。2018 年 3 月 22 日,環保團體嘗試發起連署,邀請民眾對於限塑政策表達支持,獲得相當程度的人民支持,發起不到三個月更是已經突破萬人。隨後,環境部也進一步承諾會按照既定公布的期程,逐步實施限塑政策,並加強對該政策的討論與交流。[58]

4. 環境行政的資訊基礎

環境行政程序的最終目標是為環境行政架設一套合適的程序,但程序要能發揮其應有功能,必須要有資訊基礎。沒有資訊基礎的程序規範是無法發揮功能的,這在所有的行政程序都相同,在環境行政程序尤為重要。

假設在行政程序中有一個表達的程序,一般大眾都可以參與

---

56 行政院院臺訴字第 00910090542 號訴願決定。
57 臺北高等行政法院 92 年度訴字第 1181 號裁定。
58 環境資訊中心(06/07/2018),〈內用飲料將不再提供吸管,環保署將公告新一波限塑政策〉,https://e-info.org.tw/node/212073。

此程序進行討論。一個對於爭議不了解的一般人,在沒有被告知相關的重要事項下,要如何表示意見?對於議題的爭點不了解,卻又感到權益被侵害時,參與表示意見程序的人最直接的作法就是講出憤怒,但這樣卻可能導致他被評定是情緒化。一個沒有資訊基礎的程序,不但沒有辦法達成程序的功能,更可能反而引發政府與人民的對立。

4.1. 環境行政程序的目的

行政程序的目的之一既然是希望透過程序理性,擴大人民的參與,使行政機關能做出最為正確的決定以強化實質理性,資訊的基礎就益顯重要。假使只有程序的設置,卻沒有資訊基礎的配套,程序也只是讓所有程序參與者(包括決策者與其他參與者)在無知的狀態下做成決定,失去理性的意義。因此,資訊成為行政程序不可或缺的環節,此在環境行政的領域更為明顯,因為環境使用的外部性與環境品質的公共財性質,使得環境資訊比其他資訊的取得、公開與傳布更具意義。正如本書一再強調的,環境決策牽涉多方的利益與科學技術,如何讓多方的利益呈現在環境行政程序中,進而權衡多方利益;如何了解既有的科學技術對於環境所造成的影響,都必須仰賴環境資訊。

從法制面而言,包括憲法增修條文第 10 條第 2 項的兼籌並顧條款、政府資訊公開法、行政程序法都可以作為應用在環境領域的資訊公開法制基礎。特別針對環境資訊的法律則有環境基本法,該法第 15 條規定:「各級政府對於轄區內之自然、社會及人文環境狀況,應予蒐集、調查及評估,建立環境資訊系統,並供查詢。」環評法中對於環境影響說明書與環境影響評估書內應

載明的事項,其實也正是對於環境資訊公開的規定。

美國在環境資訊的立法例中,有一個特別的權利,稱為「社區知的權利」(Community Right to Know),該權利是來自於 1986 年的緊急計畫與社區知的權利法 (The Emergency Planning and Community Right to Know Act, EPCRA)。制定 EPCRA 的目的是為了回應大眾對於儲存或使用毒性化學物質的相關環境與安全危險而制定的法律。製造、處理或儲存公告危險化學物質的工廠應製作物質安全資訊單 (Material Safety Data Sheets),其中應敘述州官員、地方官員以及地方消防單位可取得的化學物質的特性與對健康的影響。前述工廠亦應向官員、地方官員以及地方消防單位陳報列於物質安全資訊單上的化學物質的存放狀況。同時,上述的化學物質存放情形與物質安全資訊單亦應向民眾公開。社區知的權利讓民眾可了解化學物質使用、運作的狀況,而政府也可以透過相關資訊來改善相關的環境與健康保護計畫。在臺灣居住環境多為工住商混合的情形下,尤其需要這樣的權利設計,環境部的毒性及關注化學物質資訊公開平臺,即可查詢核准證件資料以及危害預防應變計畫資料,其中危害預防應變計畫資料有毒性及關注化學物質運作場所、危害之預防及災害發生應變等資訊,內容類似於美國的物質安全資訊單。

▶▶ 4.2. 資訊溝通網絡

資訊是行動的基礎,憑著對環境資訊的掌握,環境機關可以據以擬定環境政策、執行管制措施;污染者可以明白自己污染的質與量,判斷污染防治該作多少投資,以及如何因應政府的政策;民眾必須藉由資訊才能了解環境中,有哪些潛在的風險、該如何

防範,以及如何監督政府與污染者的環境政策。在環境管制中,我們可以看到有三個行動者:政府、污染者與民眾,他們由於同受環境的影響,對於環境資訊都有迫切的需求。政府、污染源與民眾因為角色的不同,在環境資訊的取得、分析到公開的整體過程中,形成了彼此互動的資訊溝通網絡。

我們對於環境資訊系統內,有關資訊流通的問題,可以從資訊的提供者與受領者的角度,分為四個層面來加以討論,分別是:政府獲取資訊、政府公開資訊、政府保護資訊,以及私人對私人提供資訊。

4.2.1. 政府獲取環境資訊

環境作為一種可以共享的資源,關於此種資源的利用與規劃,原則上應該肯定政府有管理的必要。從管制的角度,政府必須有充分的資訊基礎,才能進一步決定是否以及如何針對特定的環境領域進行管制,作出最為正確與有效率的決定。另一方面,藉由環境資訊的獲取,政府可以將這些資訊公開,讓人民對於環境現況有更充足的認識。

4.2.1.1. 政府介入的正當性

在環境資訊系統裡,政府可能會向民眾取得資訊,或蒐集非關施政的資訊並加以公開,但讀者可能會想到,政府為什麼有權這麼做呢?換句話說,政府介入環境資訊系統的正當性何在?

公共財理論也許可以提供一個適當的說明。因為環境資源是一種公共財,若無法律的規範,不知節制的自利者不但會將環境資源使用殆盡,所造成的污染更會對民眾的生命和財產發生危害,而增加社會成本的支出。基於公益的需求,政府自然不能坐

視不管。為了提升決策的品質，政府必須掌握充足的資訊，一旦發生環境資訊短缺的情形，政府當然必須介入，以促進資訊的產出與流通。

4.2.1.2. 政府獲取資訊的管道

既然環境資訊攸關政府訂定環境政策的良窳，以及嗣後執行政策的有效性，政府自然必須透過各種管道，設法蒐集一切可能取得的資訊。然而，政府如何獲取豐富的資訊呢？基本上可以分為以下四種途徑：自行申報、採樣調查、傳喚、協商。

在自行申報的部分，政府可以藉由污染者自行申報本身排放的污染量與質，或是其它私人或團體所作的環境調查研究，而獲得環境資訊。所謂自行申報並不是一廂情願地巴望受管制者自己主動地申報，而是經過法律的規定，課與受管制者申報的義務，違反此一義務者則是會受到法律的制裁。

例如，水污法及空污法均有關於申報的規定，並且對於未申報者進行處罰。以前者為例，事業或污水下水道系統依照水污法第 20 條經許可貯留或稀釋廢水，或者依照第 22 條關於廢（污）水處理設施之操作、放流水水質水量之檢驗測定、用電紀錄及其他有關廢（污）水處理等，均有法律上的申報義務，而違反者則依同法第 56 條處新臺幣六千元以上三百萬元以下罰鍰，並通知限期申報，屆期未申報或申報不完全者，按次處罰。

除了要求人民申報資訊以外，政府也可以主動針對環境問題進行學術研究，累積相關資訊，或是透過對於污染者的調查、採樣，增進對於污染情況的了解與掌握。例如，依照水污法第 10 條規定，各級主管機關應設水質監測站，定期監測及公告檢驗結

果,其採樣之地點、項目及頻率,應考量水域環境地理特性、水體水質特性及現況,並由各級主管機關依歷年水質監測結果及水污染整治需要定期檢討。此項規定的目的即是在於使中央或地方政府可以定期獲得關於水質相關的資訊,以利持續性的監督並隨時檢討改進。

再者,法律也可以授權管制機關在一定要件下,要求企業或受管制者提供相關資訊,包括提供文件資料或傳喚污染者到場接受詢問。以土壤污染狀況的調查為例,哪些地區土壤受污染,污染物質為何,可要求鄰近使用企業申報排放污染量、原料,亦可由政府自行進行採樣調查,甚至進入工廠檢查污染源來源及污染防治工作,索取有關資料。又如臺北市寶特瓶、廢輪胎之回收,先要求受管制者申報,政府再以之為基礎,整合得知整個城市之廢棄物總量,才能據以規劃廢棄物回收政策。

要求提供資訊,涉及行政程序法中行政權行使之界限,環境法規中對於主管機關要求業者提供資料,有相關規定。我國的環保法規對於拒絕提供的業者,可課以罰鍰,並且強制執行查證工作。但如果行政機關的要求超出法律所允許的範圍內,則為違法。

最後是協商。政府雖然擁有強大的公權力和調查能力,但是面對複雜的環境問題,政府亦無法面面俱到。而且使用強硬的公權力要求提供資料,也容易引起政府和私人間的衝突,反而增加社會成本。因此,採用軟性的協商方式,例如透過訪談、行政指導或資料的交換等,也不失為政府獲得環境資訊的管道之一。更重要的是,協商的核心意義是納入人民的參與,而就環境資訊而言,人民甚至可能擁有較政府更為優勢的取得管道,因此政府透

過協商的方式獲取的環境資訊,一方面可以節省資訊取得的行政成本,並且人民的參與也會進一步提升其遵循相關環境法規的可能性。[59]

4.2.2. 政府公開資訊

在前面已經說明了政府獲取資訊的多重管道,我們可以發現,政府挾其強大的公權力以及研究調查能力,在取得資訊的能力上,遠較一般民眾為優。但民眾亦必須能夠取得相關資訊,才能對政府的政策有效地參與及監督。此外,民眾對於所處的環境也有權利了解其潛在的運用情形與可能面臨的風險,才能有效地在日常生活或產業活動中作適度因應。因此,民眾與政府一樣,都有取得相關環境資訊的必要與正當性。

臺灣在制定政府資訊公開法後,政府資訊以公開為原則,只有在涉及隱私權、商業利益以及國家安全等例外時,才能拒絕公開資訊。人民要求提供資訊時,政府若不提供必須說明理由。政府公開資訊,基本上可分為政府主動公開資訊、以及人民向政府申請公開資訊兩種方式。

4.2.2.1. 政府主動公開資訊

在以資訊公開為原則時,政府應主動公開相關的資訊。公開資訊並且必須注意以民眾容易理解的方式公開之。實際的作法上可以分為幾種方式,包括公報及政策宣示、環境品質公布、環保標章等。

公報制度是政府公開資訊最常採行的方式。公報制度可以配

---

59 葉俊榮、張文貞,前揭註 38。

合資訊的時效性以及資訊的流通性,充分發揮資訊公開的精神。通常公報的內容包括法規變動、法令草案、訴願決定及法令解釋。

　　傳統上,公報所傳遞之資訊多半屬於已經定案者,但如美國的聯邦公報 (Federal Register) 會公布未定案之草案,把各機關的資訊,週一至週五每日集中公布。其理由在於利用公開資訊來邀請民眾參與,並且提出批評,以提升決策品質。我國如行政院公報資訊網,即可查詢各部會之草案預告,能夠促進民眾的參與。

　　公報也可以利用來作為政策宣示的管道。例如美國環境保護署要在環境法上強調刑罰的運用,會在公報上公布。基本上,政策宣示不須經過特定的規則制定程序,但仍須公布於公報上。政策改變時,也要說明理由。環保署宣示政策,不僅告知民眾決定的內容,也必須告知其理由、依據,讓民眾了解、並且接受。過去,我國政府公報系統不盡完善,如有的機關雖有自己的公報,卻很少利用來作為政策宣示的工具,反而常常選擇透過媒體、記者傳達、發布。如果有記者發問,才說明其政策,沒有制度,也無法查證。也因此當人民查證時,行政機關可能會歸咎於傳播媒體的誤報。

　　如今臺灣的政府公報制度中,除由行政院主導,統合原各部會機關發行二十餘種公報的行政院公報外,尚包含由各縣市政府發布之地方政府公報等,類型眾多分散,內容涵蓋中央及地方之行政事項、政策實施、法規修訂等資訊。[60] 隨著數位化進程並兼

60　詳見趙麗卿、陳文瑛(2005),〈行政院公報新制〉,《研考雙月刊》,29卷3期,頁30-41。

顧讓大眾更容易取得有關政策、法令等知識的目的，我國政府亦積極架設數位公報平臺，如行政院公報資訊網等，可供民眾線上查閱相關內容。

　　環境品質的變化與人民的生活息息相關。在資訊公開的原則下，政府應該不定時公布、預測環境品質，民眾才可據以進行生活規劃、或者對特殊狀況採取應變措施。例如環境預警系統的建立，或空氣品質的監測。而這些強調時效性的資訊，甚至可以透過廣播、電視等傳播媒體或於定點設告示牌，來公告周知。如臺北火車站附近的分貝板即是一個例子。

　　環保標章是產品在環保上的正字標記，透過環境部的定期評鑑，民眾可以輕易地得知哪些產品符合環保理念，帶動所謂綠色消費的風潮，而這也是對廠商的一種鼓勵。除了環保署之外，公會或是民間具有公信力的團體（例如消費者文教基金會），也可以擔任評鑑和頒發環保標章的工作。除此之外，年度白皮書的制度可以提供較詳盡且經過分析、歸納、統計的資訊。因而白皮書的制度可以幫助民眾考核環境政策實施的結果，並且據以提出質疑。

4.2.2.2. 向政府申請資訊

　　有些資訊可能不適合向任意大眾公開，但人民可以依法律向政府申請。如果人民沒有主動申請，政府並不會主動提供，但如果人民提出申請，並符合法定的要件，則政府有提供的義務。

　　與某項環境議題或糾紛有直接利害關係的民眾，為強化其參與，必須讓他們能掌握相關資訊。因此，必須以法律保障其有閱覽卷宗的權利。我國行政程序法等相關法規即允許利害關係人得

向行政機關申請閱覽、抄寫、複印有關資料,以進一步保障當事人之利益與資訊獲知權。[61]

當資訊公開制度不夠完善,民眾沒有辦法透過政府主動公開,來取得所需的資訊時,民眾只好主動向政府提出申請。此種申請資訊的權利應予明確規定,以保障民眾的權益。唯有如此,民眾才有機會了解環境政策的進行,對所處的環境風險加以評估,同時監督政府的環境政策。由於這涉及行政程序的規範,完整的制度有賴將來在行政程序法中做完善而詳細的規範。但就環境政策而言,也可以規定於相關環境立法,賦予人民有權利向環保機關或其他機關要求提供資訊或閱覽卷宗。

4.2.3. 私人向私人請求資訊:社區知的權利

雖然政府常是提供資訊的主要來源,但事實上仍有許多資訊是掌握在私人的手中。以毒性化學物質處理工廠為例,對於該廠目前儲放何種危險物質、這些物質怎麼處理、有何種危險等等,只有該工廠最清楚。透過政府向該工廠索取資料,固然應該是人民的權利,但政府提供資料的詳細程度以及時效,有時未必能滿足鄰近民眾的需求。在這種情形之下,民眾必須直接向廠方要求。由於要求的依據可能源自法律的規定或私人間的協議,以下詳細說明。

4.2.3.1. 基於法律規定

美國毒性化學物質管理上的資訊公開規定相當完善,而此種資訊公開的規定不但拓展了民眾知的權利,同時也對環保行政的

---

61 行政程序法第 46 條。

工作極有助益。其中,最值得重視的是「知的權利法」以及「化學物質排放清單」。

1984年,印度波帕省(Bhopal)發生化學災害,傷亡慘重,美國國會有感於毒性化學物質的管制不應只由政府、業者及學者專家參與,而亦應讓民眾知悉社區中化學物質的存在,並共同降低風險,遂於1986年制定「緊急計畫與社區知的權利法」(Emergency Planning and Community Right to Know Act),一般通稱為「知的權利法」。事實上,「知的權利法」是「超級基金修正法與再授權法」(Superfund Amendments and Reauthorization Act, SARA)下的第三篇,課與業者每年申報預計使用的毒性化學物質排放清單(Toxic Chemical Release Inventory, TRI),以及發生化學災害時,提出緊急因應計畫及通知的義務。

「毒性化學物質排放清單」(TRI)的特色,在於民眾可以不透過任何機關的中介、分析或詮釋,直接知悉工廠所使用的毒性化學物質以及其儲藏狀況,而對於空氣、水和土壤等媒介中所潛藏的毒性化學物質之危險有全盤的了解。同時,由於其可以超越社區或行政領域的界限,因此對各級政府中環境政策的擬定和公共衛生政策的周延,均有貢獻。民眾可以透過電傳視訊、政府文件出版處、聯邦儲備圖書館(Federal Depository Library),以及一般圖書館的CD-ROM、微縮顯影片、磁碟片直接查閱。

1986年「知的權利法」通過以前,環保署所測知的環氧氯丙烷(Epichlorohydrin)污染源只有二十個,在該法通過施行以後,經業者的申報才知竟達七十個之多。由此可見「知的權利法」對美國聯邦環保署的助力有多大。

首先,這個制度讓政府可以掌握各種毒性化學物質的使用

與排放現況。由於業者依法必須自動申報其工廠毒性化學物質的排放狀況，因此環保署可以迅速且有效地全盤掌握各種毒性化學物質污染的嚴重程度，及其對公眾生活圈的危害程度，從而針對各毒性化學物質使用的管制列出優先順序，並找出可能的管制闕漏，而作整體的政策因應。

此外，這樣的資訊亦便於政府提出有效的因應管制方案。在有效掌握污染的全盤狀況以及特定污染源以後，各管制機關即可以因應實際需要，檢討污染排放標準有無調整的必要，現行法令有無修正的必要，同時以此資料作為法案修正之提出，以及管制計畫進度擬定之依據。最後，這些資訊亦有助於污染防治工作的推動，政府可以透過這些資訊，進一步找出在污染防治上需要技術協助的業者，以有效推展污染防治。

4.2.3.2. 基於當事人協議

當法令對於民眾知的權利保障不周時，即必須透過民間自己的力量來改變。針對上述居民與污染者間的資訊流通，在法律沒有照顧到的死角，便只能透過當事人的協議來加以彌補。由於污染源附近的居民，對污染源具有事實上的壓迫力，例如居民對於污染源的運輸、飲食、人員進出採取不合作的態度，甚至採站崗監督或圍廠的舉動，因此污染者至少有誘因必須與民眾坐下來協商。

居民對於污染者以契約方式進行監督，在我國亦有前例可循。例如，臺中火力發電廠與附近居民簽定共同監測環境之協議，就是一個成功的例子。台灣電力公司於 2000 年，就臺中火力發電廠附近空氣品質的狀況，同意設置十處空氣品質監測站，

並且與中部共四個縣市的環境保護相關協會簽訂協議書，進行「臺中火力發電廠環境空氣品質平行監測工作」。透過民眾與污染源的協議，雙方共同為環境保護努力，將有助於和諧以及環境品質的提升。因此縱使缺乏法律規定，居民仍可與污染者自行協議，以獲取所需的資訊。

此外，環境資訊的溝通並不是單向的，僅由政府蒐集並提供資訊給大眾，而是一個網絡，如下圖 6-3 所示。一個資訊溝通的網絡可分成蒐集與公開兩個階段，包括公部門與私部門在整個資訊溝通網絡中都扮演了重要的角色，有一些資訊溝通是由公部門負責主導，有些資訊溝通則是由私部門主導。

在資訊公開的階段，有以公部門為公開也有以私部門為公開者的設計。公部門公開的方式，一般是透過法規命令的規範授權查詢或建置大眾可使用的資訊系統；私部門的公開則包括企業永續發展資訊揭露、綠色生產管理、環境會計管理等。在資訊蒐集的階段，若是由政府為公開者，由於多數的環境資訊都掌握在私部門（企業）手中，因此私部門的資訊申報與蒐集即成為此階段重要的工作。政府會透過各種管制手段，規範私部門申報相關資訊。私部門不論是為了未來的主動資訊公開或提供資料給公部門，在內部都需要先就該企業的資訊進行整合。

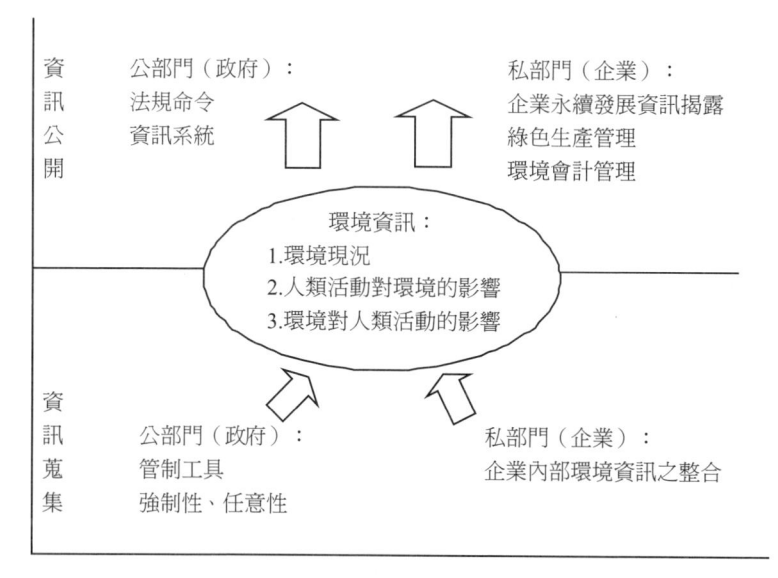

```
資    公部門（政府）：              私部門（企業）：
訊    法規命令                      企業永續發展資訊揭露
公    資訊系統                      綠色生產管理
開                                  環境會計管理

                    環境資訊：
                    1.環境現況
                    2.人類活動對環境的影響
                    3.環境對人類活動的影響

資
訊    公部門（政府）：              私部門（企業）：
蒐    管制工具                      企業內部環境資訊之整合
集    強制性、任意性
```

圖 6-3 ｜資訊溝通網絡
來源：作者製圖

▶▶ 4.3. 環境資訊的類型

依照 1998 年的丹麥奧爾胡斯 (Aarhus) 公約，環境資訊的類型可分為三種，包括環境的現況、人類活動對環境的影響，以及環境對人類活動的影響。環境的現況指的是各種環境要素的狀況，諸如空氣和大氣層、水、土壤、土地、地形地貌和自然景觀、生物多樣性及其組成部分，包括基因改變的有機體，以及這些要素的相互作用；人類活動對環境的影響例如物質、能源、噪音和輻射，及包括行政措施、環境協定、政策、立法、計劃和方案在內的各種活動或措施，以及環境決策中所使用的成本效益分析和

其他經濟分析及假設；環境對人類活動的影響中的人類活動包括人類健康和安全狀況、人類生活條件、文化遺址和建築結構。

4.3.1. 五種模式

分析我國由公部門所主導的環境資訊公開架構，可以分為五種模式，分別為：管制區域、物質、標準等的定義與公告（模式A）、環境現況的公開（模式B）、決策做成之公開（模式C）、公開程序的細節性規定（模式D）與緊急重大資訊之發布（模式E）。表 6-2 羅列整理我國環境相關法律的資訊公開規定，並進一步標示其所規範的資訊模式。

模式A是管制區域、物質、標準等的定義與公告，這是最常見於各種管制性法律中的管制模式，尤其是污染防制的法律。例如水污法第 29 條第 1 項規定：「直轄市、縣（市）主管機關，得視轄境內水污染狀況，劃定水污染管制區公告之，並報中央主管機關。」毒性及關注化學物質管理法第 11 條規定：「毒性化學物質之運作，除法律另有規定外，應依中央主管機關公告或審定之方法行之。中央主管機關得依管理需要，公告毒性化學物質之管制濃度及分級運作量。」

區分管制區域（分區）與標準是常見的管制工具，目前的立法模式是在法律中規定應針對何種事項進行分區或訂定標準，至於詳細的分區狀況與具體的標準則是由行政機關制定與公告。分區、物質與標準作為重要的管制手段，公開這些資訊的第一層意義當然是讓被管制者了解相關規定，以資遵循。這一層意義是比較消極的意義，亦即揭示遵行的標準，使被管制者得以遵循。積極的意義則在於讓整個公民社會都能獲知目前管制手段的具體情

形為何,而能監督行政機關與被管制者是否確實執行與遵行。透過這些資訊的公開,公民更能了解管制的情形,進而對這些分區與標準在未來的修改提出討論與建議。

模式 B 是對環境現況的公開,這也是奧爾胡斯公約中所指的各種環境要素的狀況,諸如空氣和大氣層、水、土壤、土地、地形地貌和自然景觀、生物多樣性及其組成部分,包括基因改變的有機體,以及這些要素的相互作用。社會公民對於環境資訊最直覺的需求就是:我們的環境狀況究竟怎麼樣?空氣品質狀況是好還是不好?我們喝的水究竟是否有污染?空氣中的輻射含量是多少?是不是會構成對人體的危害?今天的紫外線指數是多少、我需不需要做特別的防護?這些都是觀乎民眾對於環境資訊最基本的了解與需求。從決策與管制的角度而言,環境現況的掌握是環境管制與決策的基礎事實,能確切掌握環境現況,才能因應之。環境現況的公開必須有好的環境監測系統,目前環境部已經建立環境監測系統,包括空氣品質監測、紫外線測報、環境水質監測等。[62]

模式 C 是決策做成的公開,亦即政府必須公開在決策中對於環境的考量為何,此即包括了環境對人類活動的影響,以及人類活動對環境的影響。此模式的管制最典型的就是環評制度。環境影響相關資訊之公開說明,著重三方(主管機關、開發單位、當地居民)之間的資訊流動與溝通,包括環境影響說明書之公

---

[62] 環境部空氣品質監測網,https://airtw.moenv.gov.tw/(最後瀏覽日:04/11/2025);環境部全國環境水質監測資訊網,https://wq.moenv.gov.tw/EWQP/zh/Default.aspx(最後瀏覽日:04/11/2025)。

開、評估書與審查結論之摘要公告並刊登公報。

模式 D 是公開程序的細節性規定，常見於各環境法律的施行細則中。法律中往往只規定必須公告或公開相關環境資訊，但對於應於幾日內公開、公開的方式都沒有詳細規範，由施行細則補足。例如環評法細則第 13 條第 1 項即規定應將環評的審查結論、審查委員會的會議紀錄與環境影響評估書（或初稿）公開於網際網路上。這種細節性的規定一方面可以補足法律所未規範的部分，另一方面也給予行政機關較廣泛的空間，視科技的進展，而採用不同的公開方式。在各種通訊與網路工具越來越發達的今日，可以預見未來公開的方式可能更多元。不過值得注意的是，公開程序的細節規定目前數量並不多，將可能影響資訊傳達的廣度與時間效力，這是應補足的部分。

模式 E 是各種緊急重大資訊的發布。飲用水管理條例第 14 條之 1 規定：「因天災或其他不可抗力事由，造成飲用水水源水質惡化時，自來水、簡易自來水或社區自設公共給水之供水單位應於事實發生後，立即採取應變措施及加強飲用水水質檢驗，並應透過報紙、電視、電台、沿街廣播、張貼公告或其他方式，迅即通知民眾水質狀況及因應措施。」

表6-2：我國環境相關法律的資訊公開規定

法規名稱	資訊公開的模式
環境基本法	B
環境影響評估法	C
環境影響評估法施行細則	C、D
飲用水管理條例	A、B、E
土壤及地下水污染整治法	A、B
水污染防治法	A、B，特別規定不得公開之資訊
空氣污染防制法	A、B
毒性及關注化學物質管理法	A、B、E，另設有保密條款
海洋污染防治法	A、B
噪音管制法	A
環境用藥管理法	A、B
山坡地保育利用條例	A
山坡地保育利用條例施行細則	A
國家公園法	A
國家公園法施行細則	A
野生動物保育法	A、C
野生動物保育法施行細則	A、D
土石採取法	A

來源：作者製表

4.3.2. 資料庫的建置與公開

上述的五種公開模式中,除了模式 D 是對公開細節的規範之外,其他四種模式都涉及要公開實質的資訊。其中尤以模式 A 與 B 是屬於最為日常須定期更新的資訊。因此,公部門除了立法規範之外,同時也應建置資料庫並公開之。環境部便設有環境資料開放平臺[63]與環境圖資整合應用平臺[64]提供各種環境相關資訊,供一般大眾查詢。

4.3.3. 軟性管制工具

除了規定政府機關應公開的環境資訊外,由公部門主導的部分,還有軟性的管制工具,例如在公司法規中規定公司的經營與營運概況應記載環保支出資訊(例如公司募集發行有價證券公開說明書應行記載事項準則與公開發行公司年報應行記載事項準則)。

環保支出資訊包括[65]:1. 依法令規定,應申領污染設施設置許可證或污染排放許可證或應繳納污染防治費用或應設立環保專責單位人員者,其申領、繳納或設立情形之說明;2. 列示公司有關對防治環境污染主要設備之投資及其用途與可能產生效益;3. 說明最近二年度及截至公開說明書刊印日止,公司改善環境污染之經過,其有污染糾紛事件者,並應說明其處理經過;4. 說明最

---

63 環境部環境資料開放平臺,https://data.moenv.gov.tw/(最後瀏覽日:04/11/2025)。

64 環境部環境圖資整合應用平臺,https://geoser.moenv.gov.tw/moenvgis/gis.html(最後瀏覽日:04/11/2025)。

65 公司募集發行有價證券公開說明書應行記載事項準則第 19 條第 1 項第 4 款。

近二年度及截至公開說明書刊印日止,公司因污染環境所受損失(包括賠償及環境保護稽查結果違反環保法規事項,應列明處分日期、處分字號、違反法規條文、違反法規內容、處分內容),並揭露目前及未來可能發生之估計金額與因應措施,如無法合理估計者,應說明其無法合理估計之事實;5. 說明目前污染狀況及其改善對公司盈餘、競爭地位及資本支出之影響及其未來二年度預計之重大環保資本支出。

這些環保支出資訊由於是記載在公司的經營與營運概況中,提供了消費者與股東作為參考。因為必須揭露這些資訊,受到規範的管制對象就會注意其本身在環境方面的著力。藉由這種軟性管制的方式,讓企業注重其對環境的影響。

▶▶ 4.4. 私部門主導面向

除了由公部門主導的環境資訊公開之外,由私部門主導的環境資訊公開制度也越來越顯重要,例如企業環境報告 (Corporate Environmental Report, CER) 或企業永續報告 (Corporate Sustainability Report, CSR)。這些由私部門主導的環境資訊公開不是基於法律的規定,而是企業主動揭露其與環境面向相關的資訊。

由私部門主導的環境資訊公開其實是屬於企業社會責任 (Corporate Social Responsibility, CSR) 的一環。在現代經濟體制中,公司與企業的影響力可說是擴及到許多層面,企業究竟要對哪些人負責任、又應該為哪些事項負責任等問題,是近代公司治理重要的議題。有認為應該以股東利益為優先者;也有認為公司營利是團隊運作的產物,公司負責的對象應包含整個團隊(除了經理

人、股東、員工、債權人之外，也包括在地的社區）；也有從利害關係人角度討論者。[66] 目前最新也最積極的理論發展是公司社會責任理論，其認為企業的活動中有社會的成本，認為公司應對社會整體負有責任。根據世界永續發展企業委員會 (World Business Council for Sustainable Development) 的定義，企業的社會責任是指企業在致力於經濟發展的同時，對員工及其家屬、鄰近社區及社會大眾生活品質改善的持續承諾。[67] 對環境的考慮以及資源利用的管理，一般也被認為是企業環境責任的重要內涵。企業之所以願意主動公開環境資訊，主要的誘因與動能來自以下幾項：市場經濟、全球化下的國際壓力、政府部門、NGO、公民社會。如同企業願意主動配合高標準的環境標準一樣，公開環境報告雖然可能必須面臨企業內部成本的提高（由於必須揭露環境成本，因而必須強化其本身對環境的要求），但這也同時是強化競爭力的方式。

提高環境標準的確會對企業競爭力造成不是那麼有利的影響，但有更多的實例傳遞的訊息卻是，積極面對環保標準反而是企業轉型的契機。以歐美國家為例，在國際環保標準尚未提升前，就率先設定更嚴格的環保標準，等到國際環保標準都提高時，這些企業因為該國事先已要求更高的標準，已做好各種準備，最後反而成為國際上的贏家。企業善用環保標準獲致更大競爭力的例子最明顯的是 Toyota 汽車。美國環保署在 60 至 70 年代

---

[66] 相關的理論爭辯，參劉連煜（2007），〈公司社會責任理論與股東提案權〉，《台灣法學雜誌》，93 期，頁 181-187。
[67] 劉連煜，前揭註 66，頁 187-189。

時,希望提高汽車排放標準,因而與美國三大車廠展開長期的對抗。當時美國採取的便是最佳可行技術 (Best Available Technology, BAT)的管制方式,亦即車廠必須使用目前市場上最好的降低污染排放技術。但三大車廠聯合消極抵制,即使當時美國市場上已經有更好的技術,也不願意使用。直到日本 Toyota 車廠進入美國市場後,告訴美國環保署目前已有更好的技術並願意採用之,才真正落實最佳可行技術的管制。Toyota 率先積極面對高標的作法,迫使美國三大車廠必須跟進,其主動採用先進技術符合標準,一方面強化本身的技術,一方面也創造正面形象,也開創了 Toyota 汽車在美國市場的榮景。

企業關注並分享環境資訊的作法很多,國際企業永續發展協會 (WBCSD) 或臺灣企業界發起者的企業永續發展協會[68]與由政府機關輔導者的經濟部產業發展署產業永續發展整合資訊網[69],都是實例。

5. 結　語

本章從既有的法律與實踐討論了環境行政程序的建構,整體而言法律對於環境行政的規範密度依舊偏低,未來仍應持續強化規範面對程序的規定。然而,程序的法制僅是提升程序理性的第一步,程序條款的設置並不保證必然就能立即提升環境行政的程序理性。除了程序的法制化外,透過機關、人員以及各種軟硬

---

[68] 詳見企業永續發展協會,http://www.bcsd.org.tw/(最後瀏覽日:04/11/2025)。
[69] 產業永續發展整合資訊網,https://proj.ftis.org.tw/isdn/(最後瀏覽日:04/11/2025)。。

體條件形成的程序文化,更是影響程序能否順利運作的關鍵。同時,程序的法制化亦不是一次性的工作或階段性的工作,從2002年行政程序法施行以來,環境行政程序已有新的基礎,同時在個別環境法律中對程序的規定也較以往為多。未來的程序規範強化,也可能會隨著外在的管制環境與內部的管制結構而有動態的發展。

第七章

環境司法與法院

　　司法是當代社會解決紛爭的重要手段之一，它可以解決市民間的紛爭；也可以扮演為人民伸張權利的角色。然而，對於社會運作所產生的環境問題，是否適合由法院做判決來解決紛爭？法院在處理環境案件時，可以扮演什麼角色？當法院面對各種不同類型的環境糾紛時，應該以什麼樣的態度來因應？目前臺灣的法院，又是以什麼態度來處理環境案件？此等既有司法運作的理論及實務，是否有檢討或改弦更張的必要？

　　本章首先對環境問題的可司法性進行探討，分析法院之所以可以置喙環境決策的正當性基礎。其次，本章進一步分析法院在環境議題中所扮演的角色，及其可以發揮的功能，了解法院面對環境問題的現況。最後則探討具體的環境訴訟問題，從理論及實務面向來進行檢討。在這當中，法院與公民社會的連動，亦為其中關注的重點。

　　承擔環境司法的法院必須了解環境議題特殊性，並對國家發展動態中輕忽環境價值的特殊脈絡，採行積極的環境主義立場與「環境法院」思維。透過法學教育的環境強化、專業律師訓練及鑑定制度，以及有理有據的判決，法院才能更好地發揮功能，與公民社會互動，推動環境永續。

關鍵字：法院、權力分立、司法權、正當性、律師、暫時權利保護、保護規範理論、公民訴訟、公民社會、環境主義、環境法院

1. 環境問題的可司法性

本章探討司法在環境議題中扮演的角色。法院是處理環境爭議的重要機制，但絕非唯一的機制，更不是最核心的機制。法院的功能有其極限，面對環境問題更多從外部、個案及事後介入。同時，司法在環境案件中的正當性也面臨多重挑戰，包括案件涉及的高度專業性、法院本身缺乏民主基礎、受法律條文的限制以及文化上的信任差距。

儘管面臨上述挑戰，法院在環境議題中仍是必要的，能發揮個案權利救濟，透過損害賠償促使污染者負擔成本，達成「外部成本內部化」，更能促進政治對話或訊息釋放，促使政治部門承擔責任，必要時甚至透過判決及論述維護環境制度的尊嚴。

▶▶ 1.1. 法院的功能

法院在臺灣過去的環境議題中，有許多表現的機會，從具體運作的結果看來，我們可以發現法院在環境議題的處理上確實扮演相當程度的角色，但從法院判決的實際效益來說，法院對於紛爭的解決，有些情形確實發揮了一鎚定音的效果，但在有些案件中，法院的判決卻不一定即時，也不一定有效。司法在環境案件中可以扮演什麼樣的角色，值得嚴肅看待。

大法官過去雖曾有機會處理與環境有關的案件，但所秉持的理論多是一般行政法上的理論，不是引用特別公課的理論，就是處理法律保留及特別犧牲理論所衍生徵收補償的問題。[1] 固然，用這樣的模式來處理與環境法有關的憲法層次問題，仍可以作成

---

[1] 此類大法官解釋，參司法院釋字第 426、第 542、第 788 號解釋。

一定的結論，但從整體的論述來看，大法官並未用環境法的思維來處理問題，儘管所作成的結論可能正確，但無法與環境法上的理論相互對應，實屬可惜。

在涉及環境民事案件的損害賠償案件中，法院所處理的是私人與私人間的關係，所針對的是事後對行為人行為的評價，法院可以很明確地斷定誰對誰錯，並本於這樣的斷定，確定損害賠償的數額。因此，法院可以在兩個當事人間明確地做一個仲裁者的角色。

另一方面，在刑事制裁的案件中，法院也是就行為人的行為是否符合各該刑法的構成要件，本於事實來進行認事用法的工作，因此，同樣是一刀兩斷地斷定行為人有罪或無罪。就以刑罰作為一種管制工具的角度來說，法院的判決可以發揮制度維護及釋放訊息的功能，且透過刑罰權的確定，可以讓相關的刑法上爭議獲得平息，有助於紛爭的解決。因此，無論就民事案件或刑事制裁的案件，法院都有相當的發揮功能的空間。

倘若將視野進一步轉移到政府與人民間的紛爭來看，情況或許就不那麼樂觀。固然有一些涉及行政罰的案件與刑事制裁的案件一樣，法院可以在較短的時間作成確定的判決，為行為人與附近居民所面對的問題及糾紛劃上一道休止符。但另一方面，針對如環評此等程序性事項所作成的判決，就不一定如此。許多案件纏訟許久，引發社會軒然大波，或是即便一開始的判決對居民有利，但可能個案中所牽涉到的基地已遭到開發，最終還是無法讓當地居民原先的訴求順利達成。

近期最顯著的案例，便是花蓮台泥案。在本案中，台灣水泥股份有限公司（下稱台泥公司）於 2020 年與花蓮縣政府所屬環

境保護局簽定 BOO 契約，[2] 合作興建台泥 DAKA 再生資源利用中心，與既有之水泥旋窯欲一同處理花蓮縣之一般垃圾及一般事業廢棄物與開放工廠計畫等，惟興建之過程，卻僅進行環境影響差異分析報告，而未進行環評，故原住民德卡倫部落、地球公民基金會及台灣蠻野心足生態協會等一同提出行政訴訟，主張台泥公司規避環評，[3] 纏訟兩年後最終卻以敗訴收場，[4] 惟判決出爐後一個月，台泥公司即開始試營運上述中心。[5] 由此可知，訴訟的過程中，台泥公司並未停止興建，故縱使勝訴了，甚或係進行上訴，台泥公司對於環境侵害，均已不可逆。

行政法院此等涉及國家與人民間關係的案件中，所作成的判決似乎不能即時解決人民的問題，也沒有辦法最終地解決問題，似乎最終的決定權，仍繫於行政機關。對此，法院所可發揮的功能，偏向消極，人民也對法院作為紛爭最終解決機關的角色產生質疑，對法院的威信而言，無疑是一大斲傷。

固然，在許多個案中可以發現，多方的利益團體會在程序進行中競逐，反映環境議題多方利益衝突的特性，而此等競逐的關

---

2 BOO (Build-Own-Operate) 係指私人為配合國家政策，由其所有之土地進行投資興建，並自為營運或委託第三人營運之模式。詳見臺中市政府財政局，https://www.finance.taichung.gov.tw/407938/post（最後瀏覽日：03/22/2024）。

3 參溫嘉楷（06/02/2023），〈花蓮和平台泥汽化爐燒垃圾 部落提行政訴訟敗訴〉，公視新聞網，https://news.pts.org.tw/article/639728（最後瀏覽日：03/22/2024）；陳昭宏（05/05/2023），〈花蓮台泥汽化爐 7 月試營運，居民提重辦環評昨開庭〉，環境資訊中心，https://e-info.org.tw/node/236687（最後瀏覽日：03/22/2024）。

4 臺北高等行政法院 110 年度訴字第 618 號判決。

5 陳昭宏，前揭註 3。

係,也隨著糾紛進入到法院,而移轉進入法院的場域。持平來說,法院也是依照行政訴訟法及系爭個案所涉及的相關環境法規作成判決,如果僅僅因為有不符任一方期待的結果,就認為法院的運作有問題,對法院而言並不公平。但回過頭來,法院對於環境紛爭解決的制度設計及其運作關鍵,還是必須加以進一步檢討。

▶▶ 1.2. 法院的極限

當法院處理環境議題時,我們應該重視法院及律師的角色,不僅重視其積極功能,還要重視其限制。固然,我們所要追求的並不是一個由法院來治理的國家,不可能所有的問題都交給法院來處理。案件到了法院,法院也必須要懂得分際,不能全盤接受所有的案件。惟有法院懂得其分際之所在,才不會成為「法律中心主義」,所做的決定才能獲得其他權力部門的尊重,並取信社會,發揮其力量。

法院不可能處理所有的環境問題,有些問題是法院不適合界入的,因此,所要了解的是,法院究竟適合處理什麼樣的環境議題?簡言之,如法律的系統、機制不能了解其自身的限制,就無法發揮其全部的功能。從法院本身的性質來看,作者觀察法院的結構及所扮演的角色,發現司法部門主要有外部監督、個案決定及事後處理三個極限。

1.2.1. 從外部解決紛爭

法院常常從外部來解決與其本身不相關的紛爭,往往站在第三者的立場做監督、裁判。如果牽涉到環境問題,尤其在處理政府部門及一般人民間環境正義時,法院所扮演的是對行政部門

做外部監督的角色。在採取「性惡」（不信任機關可以在自主而未受監督之下做好事情）的制度論下，法院的外部監督有其理論依據。本此，許多法律制度建置的基本思考也都植基於從性惡論所衍生外部監督。但著重外部監督，往往無法體會內部的分工問題，當無法體會內部的脈絡時，將往往只能夠從外部的角度來看待眼前的案件。

　　事實上，外部監督只是講出了一個現實存在的現象，要作成好的決定還必須對行政內部的運作有所了解，本此，法院必須花更多的力氣來釐清其中的脈絡。這也是之所以在許多的制度設計上，會有專家鑑定、言詞辯論以協助外部監督者透過此等程序清楚地掌握內部的脈絡。光就內部脈絡的釐清來看，或許會認為行政一體下的科層自我監督反倒是更可以有效率地掌握內部情事，正如行政院在了解環保署的內容及脈絡時會比法院更為容易一樣。固然，行政部門固有其內部控管的邏輯與運作模式，因此，並不表示內部的控管不重要。但在權力分立的制度設計下，之所以要讓法院來控管與環境有關的行政部門是否做得好，是因為由行政體系的內部自我監督並不一定可以讓相關的主管機關依其職權忠實地履行職務。因此，我們可以認為外部監督在相當程度上是具有補充性的，當內部的控管出問題時，就可以由外部來監督其是否善盡職責。

1.2.2. 個案的解決紛爭

　　在每一個個案中，法院會解釋法律，靠一個個個案形成一則則判決來表達其意思。理論上，法院所做的判決只在個案中發揮其效果。由於這樣的性格使然，法院不可能做出大幅度的政策改

變，只能尋求個案的正義，這與立法及行政可以做大規模的政策擬定及推動是不一樣的。

法院也是權力分立中三權中的一權，可獨立作成決定，就一個具體個案而言，承審法官或合議庭所代表的是一個司法權的決定；除此之外，法院本於審判獨立，所作成的裁判也不用經過上級的允許。其對於個案所作成的判決也具有一定的效力，不論是否經過審級救濟程序，只要形成確定判決，就具有「一鎚定音」的效果，成為最終的決定，原則上就不能再加以爭執並加以推翻。是以，法院所作成的裁判，與行政所代表的是一個龐大的官僚系統相較，兩者是相當不同的，而司法的個案性不但是其本質使然，也是有其憲法基礎的。

1.2.3. 事後的解決紛爭

法院所處理的案件幾乎都是事情發生在前，而後讓法院介入處理；此與行政部門考量是否要推動建設、計劃是不一樣的。故法院的「政策跟隨性」是很強的，但並不表示法院非得跟著政策走不可，其相當程度是在做合法性的監督。然而，當法院有機會表示意見時，代表一個制度已上軌道並付諸施行，如果沒有付諸施行，法院也沒有辦法接觸到這些案件。

然而，司法權介入的事後性格，也並非沒有稍微提前的可能，有時當損害尚未發生，可以請求法院將該案件凍結在一定的狀態，使其不要釀成進一步的損害。詳言之，若發現一些政府所要採行的行為可能有問題，透過原告的聲請，法院可以即時介入，甚至將損害隔絕於具體的行為之前，而非讓損害發生之後再來判斷要不要損害賠償。這樣的制度就是暫時權利保護的制度。

但無論如何，此時法院的介入還是在「事後」，因為此時狀態已經發生了，所以要讓法院判斷要不要將事實狀態凍結在一定的程度。

這樣的制度，近年來在臺灣許多的環境案件，如中科三期、中科四期的案件中都有運作過。以中科三期案為例，當法院認為環評的審查結論有問題而予以撤銷，行政部門仍解釋為可以續行開發時，從受害人民的角度而言，賦予開發單位可以開發的結論仍繼續發揮作用，法院可以要求開發單位停止施做工程。但這樣的制度只是在損害未發生前，或損害進一步擴大之前讓法院來判斷，並不能因此就認為法院是事前地介入進行審查。

▶▶ 1.3. 挑戰司法部門的正當性

法院有以上的界限，並不代表法院的功能是萎縮的。法院在制度及運作上所具有的這些極限，正足以支撐法院發揮其他行政及立法機關所不能發揮的功能，而讓法院積極發揮效用。[6] 因為法院所做的是外部監督，自己不是當事人，故其決定可以讓人信任，並取得正當性；也正因為法院所處理的是個案，所以可以依其專業的判斷作成判決，而且發生具體的效力及結果；又正因為是事後進行判斷，所以可以掌握實際、具體存在的事實基礎，而非抽象、憑空想像而來，不具活力而與社會脫節的擬制事實。

經過法院實際處理社會上發生的事實，可以讓立法機關所制

---

6 張文貞（2020），〈走向決策化的行政法院〉，收於虞平主編：《法治流變及制度構建：兩岸法律四十年——孔傑榮教授九秩壽辰祝壽論文集》，頁288-306，元照。

定的法律發揮效力，形成「活生生的法」。經由法院的運作，作者認為法院在處理環境問題上的正當性基礎上所呈現的是多元面向且動態的現象，所要考慮的因素包括專業、民主、法律、文化四者。

當討論行政權的正當性理論時，[7] 認為行政機關在沒有直接民意基礎輸送其民主正當性下，[8] 之所以可以作成勒令停工、制定環保標準、空氣污染防制費隨油徵收等決定，是因為行政機關具有專業。政府機關的組成，內含有相當多元且龐大的專業於其中，協助其了解工程及管制的技術，因此，專業可以讓行政部門的行為取得正當性。然而，行政部門中過於強調專業也可能因此讓行政部門產生井蛙之見，同一事務領域所要仰賴的並不見得只是其中一種專業而已。許多問題的出現，所代表的是專業形象的破滅。

在現代多元、流動及雜沓的事務領域中，專業所著重的是網絡性，不僅僅與科學技術有關，還牽涉到人文社會、管理、資訊、哲學、政治，甚至程序的專業也在其中。行政機關可能有許多的專業人才，卻欠缺了關鍵的專業人才，使得行政機關在進行決定的過程中遺漏了許多重要的專業事務而未予以考量。但行政機關所未能顧及到的專業人才，卻廣泛地存在於社會之中，也因此，

---

7 詳見葉俊榮（2001），《環境行政的正當法律程序》，再版，頁 14-23，翰蘆圖書。
8 這在內閣制國家因為行政部門沒有總統選舉來取得間接的民主正當性，是更為明顯的。行政部門可以透過預算機制從國會取得民主正當性；另外，則是透過作用法將「權力」授予行政部門。所以，在內閣制國家中，行政部門的正當性基礎是從國會取得的。

正當性的基礎可以建立在參與之上，善用程序彌補專業網絡中所未顧及的面向，使參與產生資訊加值的效果，更進一步締造決策加值的效果。又因為不斷強調參與，法院在許多判決中也強化參與，如沒有足夠的參與，將可以撤銷行政部門的決定。

不過，倘若參與流於形式，缺乏深刻的討論，就未必真正能提升決策品質，甚至作為決策的正當化基礎。這樣的問題，也出現在美國，1980 年代更對程序的爆炸現象進行反省。美國耶魯大學法學院馬蕭 (Jerry Mashaw) 教授就進一步從文化面向來思考，分析形式程序參與的空虛及冰冷，同時觀察到美國聯邦社福及稅務機關的運作，發現這些機關處理大量案件，但人民對他們的信賴度卻普遍偏高。馬蕭教授指出，箇中原因並非法院對社福及稅務機關加強監督，也不是立法者對之以法律加強控制，而是因為這些機關面對民眾，嘗試多種運作模式，踐行正當法律程序，久而久之形成機關文化，而讓民眾信任其所為的決定，並從中取得正當性基礎。當我們循同樣的思考模式，將眼光從行政轉移到司法，可以從中找到法院做決定的正當性基礎。[9]

1.3.1. 專業

司法要具有正當性，一定要讓它所做的法律解釋、法理詮釋可以與社會溝通；亦即，要讓社會可以了解法院如何進行說理及推論。但專業不僅只有法律見解而已，也包括法律見解所自然連結起來的事實基礎及社會脈絡，所以，專業必須對眼前所面對的環境問題，其事實及背後的制度及程序有所了解。當超越制度面

---

9 葉俊榮，前揭註 7，頁 30-33。

及法制面的專業，進一步觸及技術面專業時，法官也不會因此斷絕其正當性基礎，而是可以送請鑑定，延攬外面的專業人士進入法院。也就是法院可以透過一定程序的運作，讓有爭執的事實浮現出來，成為法院判決的基礎；如果法院無法做到這樣的專業，法院將會失其正當性基礎。

當法院面對行政部門專業時，所審查的是一個經過專家審議的行政行為。審查環境問題事實上是法院的法律專業對抗行政部門多元專家專業的問題，其背後所牽涉的其實是專業分野的問題。此時，行政部門所強調的專業也會對司法部門構成挑戰，所以，這兩個權力部門的專業在法庭這樣的公領域空間中會產生競逐的關係。雖然兩者的專業處於競逐的關係，但法院為了讓其決定取得正當性基礎，因此必須有能力透過公領域的論辯、說理與溝通來作成裁判，強化裁判品質來獲得社會的認同。

1.3.2. 民主

行政部門內部可以用參與來加強其正當性基礎，同樣地，法院也可以用參與的方式來加強其民主正當性。不僅審判必須進行的言詞辯論程序是一種參與的態樣，近來所推動的參審制，也可以說是一種典型的例子。法院內部的評議固然可能做得好，但除非制度上將所有的案件都交由合議庭以合議方式審判，否則法院原本就不應該只依賴評議來作成裁判，更何況有些案件使用獨任方式進行審判可以比較符合訴訟經濟，就更沒有進行評議的空間了。即便採用合議庭的方式，也不過是三位或五位法官進行審判，再加上法院原本就不像政治部門具有民主正當性，因此，我們可以斷言，法院實際運作上，民主面向的考量是相當不足的。

相對於行政部門本身具有民意基礎，法院要如何與之對抗？由於在多數情形下，法院的使用者是與案件有利害關係的當事人，因此，在審判之初，應盡可能讓案件有機會進入司法審判系統加以審判，尤其在許多具有公共財性質的環境案件更是如此；此外，在審判的過程中，應該多傾聽當事人的意見，讓對個案有利害關係的當事人都可以在訴訟程序中享有參與權及決定權，並對與案件有關的證據資料進行言詞辯論，使其感受到在訴訟程序中被法院認真對待。如此一來，當事人可以了解法院所考量的因素，並可信服法院的決定。此等訴訟程序的嚴格遵守，就是以當事人充分的程序參與補足法院在民主正當性上的不足，並讓法院的裁判更具有正當性。

1.3.3. 法律

　　法律是法院認事用法的利器，法院可以對法律做有權解釋，故法律成為法院判決之際所倚賴的基礎，不僅有許多實體法律是法院判決的基礎，法院進行判決的過程中，一切訴訟行為也同樣受到訴訟法的拘束。但正因為有法律的存在，法官不能恣意行事，為所欲為地進行判決，所以對法院而言，法律也是其行為的限制。正因為法院必須依據法律進行審判，並受到法律文義的限制，同時其執行職務也受到權力分立原則的拘束，不能越俎代庖。因此，不但可以受到其他權力部門的尊重，也因為法院不會無限制地擴權，所以同樣能夠受到社會上多數人的尊重。又因為在諸多紛爭上，法院是立於中立第三者的角色進行審判，因此，可以得到社會上多數人的信任與尊重。是以，法律是法院進行審判的基礎，但同時也是法院的限制，更是法院進行審判工作的正

當性基礎。

1.3.4. 文化

在臺灣,有許多判決的結果與社會的期待不符,也與人民的「法感」有差距,從而,傷及人民對法院的信任度。臺灣法官進行司法實務界服務的時間平均較外國年輕許多,這樣的形象與人民對法官的認知有不小的差別,也因此,不但人民不見得信任法官的決定,即便是行政機關也不見得信任法官的判決,中科三期判決確定之後,環保署署長對判決的批判就是最好的例子。當然,這本身涉及臺灣法院文化的問題;再加上因為法院所處理的是個案的問題,在個案處理時如果有所差錯,就很容易引起爭議。

事實上,法院的形貌會比我們所想像的來得多元,有時我們分不清法院與法官的差別。我們對法院的看法,常受限於少數指標性法官所造成的影響。這些事項都是文化,也是在思索法院審判正當性時所應考量的。本此,法院應該藉著一次又一次的判決,以良好的審查品質累積出人民對於司法的信任,並從中讓職司審判工作的法官了解到其職業的神聖性。如此一來,有助於法院的運作朝良性循環的方向前進,久而久之,人民便不會質疑司法與社會間的距離,法院所作成的裁判也會更具有正當性。

▶▶ 1.4. 環境案件的迎向法院或遠離法院

環境議題的解決經常擺盪在法院與人民間。環境議題究竟是應該由法院以判決的方式處理比較好,還是應該讓人民循自力救濟等非法院的手段解決比較適合呢?二種解決機制之間又有什麼

樣的關係呢？從機制抉擇的角度來看，法院解決和非法院解決兩種管道之間可能有三種關係。這三種關係和其相應的機制，可以從以下的分析，得到初步的理解。

第一種是排斥關係，法院和非法院解決兩種機制相互排斥，選擇其一則會排擠另外一種機制的功能或使用機率。例如環境權的提出，會使得有複雜利益和技術考量的環境問題，變成有沒有權利的問題，最後會使得只有法院可以來判定權利的有無及歸屬。這固然是倡議環境權本來的用意所在，但是當環境問題被法院壟斷，人民卻被阻隔於討論之外，就會使社會無法有效對環境進行論述。

因此，法院不宜做過多的介入，而只須居於環境程序正義捍衛者的角色，以免阻礙了環境法論述的完整度及發展。公害糾紛是另一種互斥的型態。公害糾紛的成立目的是來解決私人之間的紛爭，但是因為私人紛爭解決不易，故要求政府介入。用行政處理的方式來處理人民間的問題，目的是「私了」、「協商」等非法院的處理方法，本身是遠離法院而迎向人民的。公害糾紛的處理仰賴人民的動員和參與，有高度的參與性，但是公害糾紛裡面處理的許多問題都有法律的面向，長久以來缺乏法院介入和判決也會造成問題。法律位階的環境權若欠缺法律判決為日後的基礎，則淪為純粹的實力拉扯。除此之外，經濟誘因和管制協商都是美國發展出來的，目的是為了透過當事人間的相互協商及參與來解決紛爭，背後所要追求的是讓紛爭遠離法院。

第二種關係是互促 (mutual reinforcement)，其中一個機制的處理不但不會排擠另外一個，反而會有助於另外一種機制的運作。例如，公民訴訟讓法院處理、但是由人民提出。人民的發動

是法院得以運作的主因,而法院對於公民訴訟的公平判決,也會鼓勵人民注意環境問題,監督行政機關,二者相輔相成。正當法律程序強調的是在解決爭議時要如何強調程序正義,要求人民參與其中,從公開透明到實際參與,都可以看到人民的影子。正當法律程序原則若成為憲法上的要求,則法院可以作為正當法律程序的護衛者,積極地介入環境議題、詮釋法律的內涵,但是主體還是人民,法院和非法院兩種機制在正當法律程序中相交集、相互促成。

第三種是選擇關係,法院和非法院解決變成二擇一的關係,他們並不互斥,但是只能選擇其一。例如,商品製造人對於其製造物的污染責任,到底是透過法院重新詮釋商品製造人的責任,還是由立法機關一次解決,不讓法院事後變更。此時,兩者間變成一種選擇的問題。

對這三種法院與非法院解決環境問題間的關係,議題當然不以以上所介紹者為限,同樣的觀點,可以套用到許多環境機制進行觀察,並以之檢視法院的量能在環境議題上是否有充分發揮。下表 7-1 呈現相關的機制。

表 7-1:環境問題中法院與人民的關係及相應機制

法院和非法院解決之間的關係	相應的機制
排斥	例如,環境權的提出、公害糾紛、經濟誘因和管制協商
並存/互促	例如,公民訴訟、正當法律程序
選擇	例如,商品製造人的延伸責任

在法院是否適合介入環境機制的判斷上，必須了解上述法院的極限及正當性。就政策問題、議題取向的環境權、管制協商、經濟誘因等制度，並不見得適合由法院來決定，是以，遠離法院是較為適當的。反之，如公民訴訟、污染所生損害的爭執，則適合讓法院表示意見，讓此等機制及議題迎向法院是較為妥當的。

　　然而，當我們檢視臺灣法院就環境議題的運作，則會發現法院不見得可以在需要其表達意見的時候表達意見；相反地，卻常在不需要其表達意見的時候表達意見。如就污染行為所生的公害糾紛，案件進入法院的機會不大，多以公害糾紛處理法的協商程序，透過行政的方式來處理，也因此，無法建立起指標性的判決，無法以這樣的判決來形塑司法對污染案件的看法，及應有的賠償數額及回復原狀方法，並讓社會對此等污染行為產生重視。

　　另一方面，人民對於管制不服而提起訴訟的比例則較高，但這樣的案件真的適合由法院來處理嗎？在司法自制，避免侵及行政權的權力分立範疇下，法院處理這樣的案件將容易淪回「駁回法院」，同時無法發揮其存在的量能。針對實體管制是否合法的問題，所要重視的，或許不會僅僅是司法機關的控制，要重視的更是位於上游有關整體管制決策的問題。這樣的情形，是臺灣環境司法實務運作上的特色；但這樣的特色是好是壞，更是應該重視的。

2. 法院在環境議題的角色與功能

　　近年來，法院在環境議題上有許多表達意見的機會，透過許多個案的累積，以及環境律師在環境司法中的幫助，法院也慢慢了解其在環境議題中所扮演的角色，以及可以發揮的功能，甚

至可以認為法院在處理環境議題是處於不可或缺的角色。整體而言，法院主要是以個案權利救濟為主，在此同時，也扮演促進政治對話、訊息釋放及維護制度的功能。

▶▶ 2.1. 法院面對環境議題的必要性

在當代許多國家中，都會有法院的配置，用以解決社會上所產生的紛爭，或國家與人民間因為權利的侵害，及價值保障間意見有所歧異時所生的疑義。本於不同的紛爭取向，國家會設計不同型態的法院來處理不同的問題，以臺灣的現狀來說，大體而言，可以區分為普通法院的民事法庭、刑事法庭，並另設行政法院來處理國家與人民間的紛爭，並另有大法官來處理違憲審查的問題。觀諸目前所有的法庭型態，可以發現民事法庭主要是處理社會部門的糾紛，行政法院及刑事法庭則是處理國家與社會部門間糾紛，以及國家以刑罰管制人民在社會上行為的問題；而大法官所處理的則是個案中適用的法律或命令本身是否符合憲法規範的問題，因此，可能間接涉及前面兩種類型的紛爭。

從憲法上權力分立的角度看來，大法官的運作甚至就是處理司法權與其他權力部門間的關係，同樣地，行政法院的運作依不同的個案，也是對行政部門所為行政行為本於憲法及法律的規定進行審查。從而，我們可以發現法院可以發揮的功能包括權利的保障，也包括價值的維護，後者可能是憲法上所追求的價值，也可能是權利以外的公共價值。整體而言，從法院功能性的觀點來說，法院有獨立的裁決者，也有相對周延的程序保障，更提供不同立場相對人在程序中進行論辯及法律攻防的機會，對紛爭的解決而言是具有助益的。

同樣地，在環境領域中也會有紛爭存在，且本於環境議題具有科技不確定、隔代分配、利益衝突、國際關聯等特色，使得環境法本身所設定的目標，不僅僅是以權利的保障為基礎，更可能包括權利以外的環境價值的維護。在社會的具體運作上，環境問題常涉及不同當事人或不同利益團體間的紛爭，且紛爭在定性上可能會有單純民事上的糾紛，也可能因為國家所為的行政行為侵害環境或有侵害環境之虞，而有行政上的紛爭。

另一方面，立法者也會本於保護環境的目的，而在不同的立法中將一些侵害環境的行為入罪化，因此，一旦有人做了此等法律所不允許的行為，就有可能透過公訴或自訴等刑事訴訟上的程序進入到刑事法院。也因為在環境領域中有大量的環境立法，並本於這樣的立法制定不同的行政命令，這些抽象的法規範透過不同的釋憲程序，也都可能成為大法官所審理的對象。

是以，我們可以發現在環境領域所發生的糾紛會存在於社會部門，也會存在於國家與社會間的領域之中，當人民可以在環境領域中感受到此等不同型態的糾紛，就會有定紛止爭的必要，而需要有公證的仲裁人來處理這些問題。同時，在進行決策的過程中，也仰賴有正當程序及當事人進行論辯的機會，使當事人對所作成的裁決有參與的機會。

這些糾紛不但大多數都是法律系統所可以涵蓋處理的範圍，從功能性的角度來說，法院更應當仁不讓。從而，人民也會希望法院面對這些糾紛，做出公正的裁決。如此看來，法院對各種不同型態的環境議題都有介入作成決定的空間，正因為法院的決定具有最終效力，會產生的影響層面相當深遠，更值得我們好好重視法院如何處理環境議題。

▶▶ 2.2. 法院扮演的功能

2.2.1. 以個案權利救濟為主

既然法院所扮演的功能是以個案權利救濟為主,則衍生下來的問題是,誰為權利主體的問題?因為環境背後有複雜的利益衝突,所以當滿足部分勞工或農民的權利時,可能不見得對環境有所幫助。所以,個案權利救濟可能可以迎合環境的保護,也可能與環境的保護沒有關聯,更可能反而對環境有害。[10]

法院在面對具體個案時,如果有人因為環境的破壞而受有損害,要讓他盡可能地獲得損害賠償,因為當其獲得充分的損害賠償時,正足以使因破壞環境而造成他人受害的加害者(污染源)付出代價,這就是「外部成本內部化」的效果。透過法院操作此等機制,會讓加害者產生良性的指標作用,使其思考其是否要繼續進行對環境造成不利結果的行業、是否要改變形貌以避免要負更多的損害賠償責任。因此,個案的權利救濟、損害賠償可能可以促成環境價值的實現。

2.2.2. 促進政治對話

環境問題的個案權利救濟有存在的必要,但另一方面,個案權利救濟的範疇及力道終究有限,法院也應該有超越個案權利救濟,更全面性地推動環境價值的功能。

法院本於司法不告不理的本質,不能對個案的爭議、制度的缺失主動出擊,因為法院終究不是決策者,也不是管制機關,但

---

10 詳見葉俊榮(2010),〈憲法位階的環境權〉,氏著,《環境政策與法律》,再版,頁 24-25,元照。

因為法院的判決具有法律上的拘束力,所以可以透過自己的判決來促進其與政治部門間的對話,並指出制度性的問題。藉此,可以讓機關與機關之間好好地處理與環境有關的問題,要求立法機關或行政機關做成更好的決策。例如法院認為行政部門過晚訂定環境管制標準,就可以在判決時明確指出,立法者明明早已授權行政機關訂定環境管制標準,但卻拖了多久才產出。[11] 讓政治部門可以在對話的過程中,了解制度的問題及運作的困難之處、體會權限應如何分配,並進一步積極主動地對制度進行調整。

法院在實際運作上,可以透過司法審查與技術官僚、科學社群對話;以及透過司法審查調整民眾、民間團體在技術風險決策中的地位,讓法院發揮更為積極的功能。

在諸多法院中,又以憲法法院可在促進政治對話功能中扮演舉足輕重的角色,蓋因權力分立及違憲審查制度的關係,若憲法法院對特定法律做出違憲的認定,不論係行政部門、立法部門、甚或係人民都必須做出回應及調整,且由於憲法法院本身所具有的高度,亦強化了議題的能見度與討論度。

例如,環境權保障基金會以氣候變遷因應法第6條[12]和第10

---

11 我國有類似的個案,但可惜的是,法院並沒有把握機會發揮這樣的功能。詳見葉俊榮(2010),〈環境法上的「期限」——行政法院林園判決的微觀與巨視〉,氏著,《環境政策與法律》,再版,頁173-197,元照。
12 氣候變遷因應法第6條:「因應氣候變遷相關計畫或方案,其基本原則如下:一、國家減量目標及期程之訂定,應履行聯合國氣候變化綱要公約之共同但有差異之國際責任,同時兼顧我國環境、經濟及社會之永續發展。二、部門階段管制目標之訂定,應考量成本效益,並確保儘可能以最低成本達到溫室氣體減量成效。三、積極採取預防措施,進行預測、避免或減少引起氣候變遷之肇因,以緩解其不利影響,並協助公正轉型。四、致力氣候變遷科學及

條[13]，均違反憲法課予立法者應保護人民基本權之義務，因立法者應於氣候變遷因應法自行訂定減碳目標，而不應授權行政機關訂定，或至少需提供行政機關訂定減碳目標時應考量的基本標準，諸如巴黎協定的升溫限制及其剩餘碳預算。甚且，環境部延後公布 2030 年減碳目標，亦違反氣候變遷因應法第 10 條第 4 項，而最終公布之 2030 年減碳指定目標僅為 24±1％，明顯不夠積極，應以 40％作為目標，否則氣候變遷所導致之危害及減碳的氣候負擔，均可能由下個世代來承受，不僅增加人民基本權受侵害的風險，更罔顧世代正義。[14] 於此案例中，體現出人民團體利

溫室氣體減量技術之研究發展。五、建構綠色金融機制及推動措施，促成投資及產業追求永續發展之良性循環。六、提升中央地方協力及公私合作，並推動因應氣候變遷之教育宣傳及專業人員能力建構。七、積極加強國際合作，以維護產業發展之國際競爭力。」

13 氣候變遷因應法第 10 條：「為達成國家溫室氣體長期減量目標，中央主管機關得設學者專家技術諮詢小組，並應邀集中央及地方有關機關、學者、專家、民間團體，經召開公聽會程序後，訂定五年為一期之階段管制目標，報請行政院核定後實施，並對外公開。中央主管機關為研擬階段管制目標，於召開公聽會前，應將舉行公聽會之日期、地點及方式等事項，於舉行之日前三十日，以網際網路方式公開周知；並得登載於政府公報、新聞紙或其他適當方法廣泛周知。人民或團體得於公開周知期間內，以書面或網際網路方式載明姓名或名稱及地址提出意見送中央主管機關參考，由中央主管機關併同階段管制目標報行政院。階段管制目標應依第五條第三項及第六條之原則訂定，其內容包括：一、國家階段管制目標。二、能源、製造、住商、運輸、農業、環境等部門階段管制目標。三、電力排放係數階段目標。」

14 〈首次氣候法訴訟，落實世代正義〉，荒野保護協會，https://www.sow.org.tw/info/news/20240131/43287（最後瀏覽日：03/22/2024）；張雄風（01/04/2024），〈環境部擬訂減碳指定目標 2030 年須降 25% 至 28%〉，中央通訊社，https://netzero.cna.com.tw/news/202401040130/（最後瀏覽日：03/22/2024）；林良齊（01/31/2024），〈疑減碳目標不夠積極 環團

用憲法法院之功能與角色,若訴訟成功便可使行政部門及立法者必須做出回應,亦利用憲法法院本身之高度與重要性,使議題能夠從法院內部發酵至市民社會,增加話題的討論度,更使憲法法院做出決定前必須與其他政府部門及人民進行對話。

2.2.3. 訊息釋放

除了個案權利救濟及促進政治對話的功能外,法院也可以在判決理由中釋放一定程度的訊息,如指出「本案本應判決原告勝訴,但因既有的法律尚未走到原本應有的境界,所以無法給予原告救濟,不過這樣的問題應積極面對。」這樣的判決,隱含著政治部門應了解問題,甚至告訴政治部門其中哪些事是行政部門應負責者,哪些事是立法部門應負責的。

傳統的法院固然會認為不能有這種弦外之音的判決,作者也同樣認為法院確實應守分際,但應將其受到侷限而無法做的事回饋給社會。所以,法院可以釋放訊息,讓其他部門知道目前所面對的問題,以及如何進一步作為,並促進政治部門與市民社會進行對話與論辯,亦即藉由判決內容參與並使特定議題進行形塑,進而達到藉由判決文字與社會對話的作用。[15] 事實上,環境問題常是一個網絡性的問題,法院處理問題時往往是扮演把守最後一關的角色,所以不能「吃案」。當受到制度的侷限,不能將

聲請憲法訴訟「應以40％為目標」〉,周刊王,https://www.ctwant.com/article/315218?utm_source=yahoo&utm_medium=rss&utm_campaign=315218(最後瀏覽日:03/22/2024)。

15 葉俊榮(2002),〈從「轉型法院」到「常態法院」:論大法官釋字第二六一號與第四九九號解釋的解釋風格與轉型脈絡〉,《臺大法學論叢》,31卷2期,頁68-70。

問題處理妥當時,雖不能直接處理,但也應回饋給社會。但是,法院此時所做的並非如「禁制令」般強制其他機關應怎麼做,因此,法院在這種情形下要重視自己的用詞遣字,不能過度干預,只提出制度問題,呼籲相關的行政或立法部門要積極面對而已。法院之所以可以如此為之,是因為法院並沒有針對所生的爭議作裁判,所以並沒有缺乏正當性的問題,也不會產生訴外裁判的疑義。

2.2.4. 制度維護

法院可以透過司法審查監控環境問題的決策程序,護衛制度的功能,這在中科三期的案件中可以明顯見到。[16]

從形式面看行政法院在中科三期案的判決,或許在為進行抗爭的農民提供救濟;但事實上,真正的重點是,法院告訴運作環評制度的環評審查會,之前操作此等制度的做法是錯的,程序上必須如何為之才完整。另外,臺北高等行政法院在中科四期暫時權利保護的裁定中,表達出一個相當重要的觀念;亦即,指出行政效能與行政決定執行效果兩者間的關係。其認為包括行政院長在內,推動經濟建設的政府機關都希望盡快設廠、開發,所以賦予環評的審查機關環保署壓力,認為案件只要進到環保署進行環評程序,就要盡快處理完畢,讓程序進行結束,以便進行開發。

---

16 葉俊榮(2010),〈捍衛環評制度尊嚴的行政法院中科裁判〉,《月旦法學雜誌》,第 185 期,頁 68-79;張文貞(2016),〈從中科四期系列判決省思我國行政法院發展的困局與轉機〉,收於葉俊榮主編:《變遷中的東亞法院:從指標性判決看東亞法院的角色與功能》,國立臺灣大學出版中心,頁 57-105。

當有這樣的思考時,就很容易把問題在無法完全消化的情況下推遲到程序的下游階段,產生不良的效果。如案件本來有五個待解決的問題,就應該透過程序解決這五個問題,但如果無視環評程序原本的制度設計,只求盡快通過,將原應進入第二階段環評的案件在第一階段中就終結掉。然而,在第一階段環評作成有條件通過的時候,確實有很多未完善處理的問題,所以作成有條件通過的結論。因此,法官所質疑的是,既然本案中有很多問題,從而要作成附條件通過的結論,為何不讓本案進入第二階段環評進行審查?法院透過判決,要告訴適用環評制度的機關及個人的是,環評程序不能求快,如果只為求快,當真正執行計畫時就難以避免要面對更多問題。因此,法院在判決中一再提醒行政部門,必須要護衛環評的制度尊嚴。

3. 環境訴訟

在社會持續的運作過程中,法院有許多機會對不同的案件做審判。在審判的過程中,也不斷與社會進行互動,甚至透過制度的實際運作,將公民社會的量能導引進入司法的運作之中,使其可以發揮強化司法論述的功能。當司法與社會的運作產生互動,就可能衍生出不同類型的訴訟;又當各式各樣不同的「人」提起訴訟時,法院就必須處理誰是可以提起環境訴訟的當事人;而當法院進入實體審判之際,法院所要面對的則是要如何進行判決的審查密度問題。針對這些問題,作者以下將進行討論。

▶▶ **3.1. 環境訴訟的類型**

環境訴訟在類型上包括大法官解釋、民事損害賠償、刑事制

裁、行政救濟、資訊公開、暫時權利保護等。當中有些涉及實際管制手段的爭執，有些涉及私人與私人或私人與國家間侵權行為的問題，有些則是對污染行為人施以刑法上的制裁。此外，隨著訴訟實務的發展，更不乏有朝向以程序正義確保實質正義的發展趨勢，如請求國家或其他私人提供資訊的資訊公開訴訟。又為了因應環境破壞的不可逆性，近年也有許多訴訟朝暫時權利保護的方向進行。

3.1.1. 民事損害賠償訴訟

在社會運作的過程中，常會有行為對他人的權利造成損害，並同時害及環境者。此等案件小至隔壁鄰居的氣響侵入，大至工業區排放廢水殃及周遭農田、漁塭均屬之。此種類型的行為，多為私人對私人的侵害行為，如要向法院提起訴訟，是向民事法院依侵權行為的規定提起，實務上也有不少類似案件。以下所提出的案子就是典型為了開發而損害環境，並造成當地許多漁民受到損害的例子。在這之前，其他環境損害賠償並有司法判決的案件，較為知名的尚有協和電廠案，又幅射屋及污染導致釋迦無法收成都是曾經發生在臺灣的案件。

因開發而損害環境與當地生計的案例發生在雲林縣臺西鄉，漁民於離島基礎工程工業區開發工程新興區附近海域從事垂下式養殖法養殖蚵苗。榮民工程股份有限公司於 2000 年間，因在養殖蚵苗海域附近進行抽沙工程，引起漂沙而污染海域，致漁民放養蚵條上的蚵殼，完全無蚵苗著床，而受有相當金額損害。最高法院認為漁民所稱受有損害的部分究竟是「純粹經濟上損失」或蚵農的「權利」未明，從而，會影響到法院判斷本案是否符合民

法第 191 條之 3 的構成要件，因此，將本案發回高等法院再為審酌。[17]

此處之純粹經濟上損失是指某一民事責任原因事實並未直接導致他人權利侵害，僅單純導致他人財產上或經濟上不利益。其具有「與人格、身分利益侵害無關」、「侵害客體本身即為財產上利益」、「所侵害的客體為利益」、「某一經濟利益的存否、歸屬主體、具體內容及範圍不具典型社會公開性」等特徵。本此，蚵苗可以順利著床一節，可透過擴張解釋所有權為不以導致所有權喪失消滅，或導致所有物毀損滅失為必要；單純對所有物使用目的或利用功能的剝奪或妨礙也足以構成所有權侵害。此外，本案的蚵條定置於固定海域，具典型社會公開性，此與蚵農使用海域是否涉及其他法律責任無關。因此，可以認為蚵農的權利受到侵害。[18] 準此，法院可以蚵農權利受有損害來審酌本案蚵農是否具有民法第 191 條之 3 的請求權。

而與環境損害賠償有關的協和電場案中，其事實經過為被害人因所種植於臺北縣萬里鄉土地之海芋受污染變黑且枯萎而無法銷售，經國立臺灣大學植物病蟲害學系教授鑑定結果證實污染源係來自台灣電力股份有限公司（下稱台電公司）所屬協和發電廠後，本於民法第 184 條第 1 項前段侵權行為之法律關係，請求法院命台電公司如數賠償並加付法定遲延利息。

台電公司抗辯國立臺灣大學植物病蟲害學系教授所作「臺北

---

17 最高法院民事判決 100 年度台上字第 250 號。
18 詳見陳忠五（2011），〈抽沙污染海域影響附近蚵苗成長：權利侵害或純粹經濟上損失？——最高法院 100 年度台上字第 250 號判決評釋〉，《台灣法學雜誌》，187 期，頁 31-36。

縣萬里鄉花卉蔬菜受到黑煙污染案之鑑定報告」及「植物表面燃油火力電廠黑煙微粒之顯微鏡鑑定與X光微量分析」之結論論證不足及不合常理，無法證明被害人所受海芋損害與協和火力發電廠之黑煙微粒間具有相當因果關係。再者，縱認損害是黑煙微粒造成，甲對於損害之範圍亦有舉證之責。其後，臺灣高等法院亦於2004年7月14日以93年上（更二）字20號判決對本案表示意見。

在環境侵權行為的損害賠償事件中，最難以認定的就是加害行為及損害結果間的因果關係。事實上，環境侵權行為與一般民法上侵權行為有著本質上的不同，要以相當因果關係理論來判斷因果關係是相當困難的。因為對環境有所損害的物質稍縱即逝，損害範圍及數額也無法精準判定。從而，也衍生出難以判斷請求權人及損害賠償額度的問題。此外，行為人在主觀上是否有故意或過失，也常非被害人可以直接掌握，要苛求被害人（原告）提出證明是相當難以期待的。

現行制度下，就侵害環境所生民事損害賠償訴訟多以民法第184條的侵權行為或民法第793條氣響侵入禁止進行判斷，並沒有專門針對環境案件的規範。實務上面對此等案件時，如執意操作以往侵權行為或氣響侵入禁止請求權，以及本於訴訟上證據法上由原告負舉證責任的要求，將難以切合實際上的要求，所作成的判決也將難以令人信服。

3.1.2. 刑事制裁

許多環境法律都訂有罰則的規定，這些規定使得污染行為或未遵守環境法律的行為成為犯罪行為。經由人民的告發、檢察官

的偵查,使得未遵守環境法律的行為,也會進入刑事庭審理,甚至受到刑事制裁。

3.1.3. 命令與控制管制模式的訴訟

在環境立法上,多以「命令與控制」模式為環境管制手段,衍生而來的是,一旦當事人未達環境標準,就會有相應的行政罰。受到裁罰的當事人如對該處分不服,依現行的行政救濟法制,經提起訴願仍未獲救濟者,就可提起行政訴訟尋求救濟。由於臺灣對不同的污染媒體都訂有管制法,並有排放標準以為管制,許多事業者都會受到規制,因此,這樣的訴訟,在實務上也相當常見。[19]

3.1.4. 確保程序正當性的訴訟

環境法律除了有管制法外,也有確保決策正當性的環境程序

---

19 例如,以下有關傾倒廢棄物的案件,就是針對命令及控制管制工具的管制不服,提起訴訟的典型案例。某乙於 2008 年 3 月 1 日向不知情的丙承租祭祀公業劉廣傳所有之坐落桃園縣平鎮市○○段第 170 至 174 地號等土地,作為栽種園藝花木使用之場所。之後乙明知未經主管機關許可,不得提供土地回填、堆置廢棄物,及明知未經依廢棄物清理法第 41 條規定領有廢棄物處理許可文件,不得從事廢棄物處理,竟自 2008 年 3 月 1 日起,同意讓不詳姓名年籍之司機,陸續載運具一般事業廢棄物性質之營建混合物(其內含有建築物工程施工產生之剩餘泥、土、沙、石、磚、瓦、混凝土塊等剩餘土石方及未經分類之大量廢木材、廢塑膠袋、廢麻袋、玻璃瓶、保特瓶及垃圾等廢棄物),前往承租土地傾倒。乙並與甲基於共同之犯意,由乙以每日新臺幣 1,500 元之薪資,僱用亦未領有廢棄物處理許可文件而共同處理廢棄物之甲,自同年 3 月間某日起,操作乙所有之挖土機回填推平上開營建混合物,共同未經許可而處理廢棄物。於 2008 年 5 月 9 日,當地警察會同桃園縣平鎮市清潔隊稽查人員前往上開土地,當場查獲該土地上堆置有含廢木材、廢塑膠袋等廢棄物在內之營建混合物,請檢察官偵查而提起訴訟。

立法，最為典型的就是環評法。如開發行為的決策過程與環評法的規定有所齟齬，未符合正當法律程序需求，就會讓法院對行政機關的決定進行審查。無論中科三期案、美麗灣開發案、林內焚化爐案都是此種類型訴訟的典型案例。

以資訊公開為例，如公共衛生的學者欲研究污染是否會造成癌症或對當地居民健康產生影響。學者希望行政機關提供以街道為單位發生癌症病歷的數量，但行政機關表示只能以行政區為單位提供資料。這樣的資料本來是醫學上有關公共衛生的資訊，但如果所處理的問題與環境健康的問題有關時，也會被認為與環境法上的資訊公開有關。所以，法院是否能允許人民援用資訊公開的規定請求這方面的資訊呢？在這樣的案件中，一方面，法院能否准予行政機關以隱私侵害為由拒絕提供的抗辯；另一方面，請求提供資訊者會認為其沒有得到個人資料，從資料中只會知道該街道罹患癌症的人數，因此沒有侵害隱私的問題。這些問題都是在訴願或行政訴訟中可能面對，而有必要進一步探討。

3.1.5. 暫時權利保護的訴訟

環境的侵害常具有不可回復性，無法以金錢或其他方法加以填補。因此，在損害造成之前停止危害環境的行為是相當重要的。在民事訴訟中，有定暫時狀態處分的規定；於行政訴訟法的制度中，針對行政處分執行可能產生的重大急迫危害，以行政訴訟法第 116 條的停止執行來處理；而對非行政處分的行政行為，欲發動暫時權利保護制度，則須援用行政訴訟法第 298 條第 2 項定暫時狀態之處分來處理。其所要審查的主要是「被保全的權利」及「保全必要性」兩項要件，後者並包括「重大損害或急迫

危險」及「公益」的考量。[20]

　　臺灣近年的環境訴訟實務中,也向法院提起不少聲請,法院也有所回應。例如,中科四期案中,臺北高等行政法院所為的停止執行裁定就是典型的例子,其對停止執行的制度做了相當明確的闡述,認為暫時權利保護制度,是整個行政作用及行政救濟的一環,它必須在整個規範結構下去探知,而且不是面對任何一種類型的暫時權利保護制度都給予相同的評價,是要看這個原處分是如何形成,而處於如何的行政訴訟之程序評價。暫時權利保護之設計是一種權衡,給予當事人「暫時」性的保護,而且不是經由暫時權利保護對主要的問題作成「終局」性的決定;面對暫時權利保護制度(停止執行),我們不是去處理原處分實質爭執點之「終局性」的決定,而是給予當事人「暫時性」的保護,因此不介入原處分的實質內容,但不排除原處分的實質面可能由程序上加以審查。

　　由於環境的侵害具有不可回復性,即便可以回復,所須耗費的成本也是相當高的;此外,損害的程度與開發的規模也會成正比。因此,防止損害發生於事前是相當重要的。然而,從臺灣法院現有對具環境侵害之虞的暫時權利保護訴訟來看,法院做出對環境友善的案件並不多,目前為止只有針對中科三期及中科四期的案件曾經做出准予聲請的裁定,但最終也不見得可以被上級法院所維持。從既有的裁定來看,法院對環境的暫時權利保護與其

---

20 行政訴訟中要件的檢討,參辛年豐(2011),〈行政訴訟法中定暫時狀態處分之構成要件及其運用的分析與檢討——從與民事訴訟法比較出發〉,《中原財經法學》,26期,頁269-284。

他類型訴訟的暫時權利保護並無太大的不同,在多數的案件中,法院進行裁定時不見得有充分的環境論證,也未具體考量到環境訴訟與其他訴訟間歧異之處,這是目前實務運作不足之處,也有待學界及實務界共同努力。

3.1.6. 大法官的違憲審查

前述所歸納的多種訴訟類型,都是一般法院所處理的。臺灣的法院在處理案件時,多從法條解釋與適用的角度來處理問題,因此,具體個案中,在解釋法律之際常會有是否違憲的疑義。過去臺灣的司法違憲審查制度採取抽象集中式的司法違憲審查,有關違憲法規的非難集中於大法官,同時,大法官不能審查具體個案,只能就法規是否有違憲進行判斷,惟自憲法訴訟法於 2022 年施行以來,我國正式引入「裁判憲法審查」制度,也就是納入具體審查制度。故現行制度下,除了法院審理案件時遇有違憲疑義時就可以停止訴訟,或行政機關於適用法律或命令,認為有違憲可能,可以聲請大法官審理外,人民用盡審級救濟途徑,仍認為該裁判及所適用的法規有違憲時,也可聲請大法官審理。

承第六章所述,環境法領域中有許多的環境立法,在大量授權行政機關訂定命令下,也有很多行政命令。一旦執法者或人民認為有違憲可能時,在符合各該釋憲類型的條件下,都可提出聲請。在我國釋憲實務上,便曾就空污費之隨油徵收是否符合平等原則的爭議做成釋字第 426 號解釋,認為僅就移動式的污染源課徵,而未對固定式污染源為課徵屬違憲;釋字第 465 號解釋則是針對農委會公告瀕臨絕種保育類野生動物受野生動物保護法保護的物種是否符合法律保留原則的要求;又釋字第 542 號解釋則是

針對集水區中水質水量保護區之劃定與補償問題作出解釋。

從這些解釋可以發現大法官在環境法的領域中並不是全然沒有機會表示意見，但更值得注意的是，大法官面對這些案件時，是否可以立於大法官解釋憲法的高度，確實掌握各種不同環境問題的核心，了解管制目的的不同並檢視立法者或行政機關是否選擇正確的管制工具。

▶▶ 3.2. 誰可以提起環境訴訟？

行政訴訟上延用民事訴訟法上對訴訟要件的認定，對案件中不適合擔任當事人者，會以當事人不適格加以駁回。這樣的認定，是源於民事訴訟中解決私權間少數人的糾紛而來，但在具有公益要求的行政訴訟中則非當然必須予以援用不可。學理上援引保護規範理論來擴大當事人向法院起訴請求的可能性，並為釋字第 469 號解釋所接受；其後，諸多行政法院的判決也都採用本號解釋的意旨來判斷當事人是否適格，使當事人適格的認定朝擴大的方向前進。

然而，環境議題的關懷並非單純以「人」受有權利損害就可予以涵蓋，為對此等特性做回應，立法層面也對當事人的認定從權利救濟演變到公民訴訟。如此一來，使得環境訴訟中有不同類型的原告，以下作者將對得以提起訴訟的人做討論。

3.2.1. 權利救濟訴訟

以往，法院是為了權利救濟而設，可以提起環境訴訟的是權利受到侵害的被害人，因此，在訴訟制度上，即便是行政訴訟，也高度援用民事訴訟的經驗，發展出訴訟要件中當事人能力及當

事人適格的概念。其基本原理乃是訴求必須要有權利受到侵害，才可以向法院提起訴訟，並以此機制防免過多的訴訟湧入法院，造成司法必須耗費大量成本處理案件。因此，是一種如何將司法資源最有效率地配置到最適合受到司法保護案件上的「訴訟經濟」考量。是以，這樣的概念對臺灣的訴訟實務有相當大的影響，也是控制大量案件湧入法院的「控制閥」，一旦認為不具當事人適格或不具當事人能力，法院就可以原告所提之訴為「不合法」予以駁回。

事實上，在與「公共財」概念無關的案件中，這樣的設計有其必要，放在「外部性」極高的環境案件中，如嚴格把守這樣的控制閥，恐怕無法讓法院發揮其促進政治對話、釋放訊息及維護制度尊嚴的功能。

3.2.2. 公民訴訟

體認到環境問題與多數案件在本質上的不同，晚近法院也可以發揮制度面上的功能，所以，可以看到提起環境訴訟的不限於被害人，更延伸到「公民」。從 1960 年代起，美國的環保團體一直對環境問題起訴，早期的法院認為他們沒有原告適格，其後在 Sierra Club v. Morton [21] 一案中，法院認為除非該團體的會員有使用該地方，否則不能提起訴訟。這個案件開啟之後許多環保團體提起訴訟的大門。其後，環境團體主張開發業者不能進行開發，因為其會員時常在當地游泳、登山，也讓環境團體取得當事人適格。這樣的訴訟，到了 1980 年代達到高峰，迄今仍廣為運用。

---

21 *See generally* Sierra Club v. Morton, 405 U.S. 727 (1972).

在公民訴訟制度的運用之下,原來的公共財,因為沒有被害人存在而無法進入法院的大門、由法院加以審理,透過此等訴訟制度的運用,法院對當事人適格的解禁,就會有越來越多的公益性訴訟,而非只是單純針對權利保障而提起。

　　臺灣在多數環境立法中都有公民訴訟條款,這樣的立法型態在東亞的環境法律中是相當先進的,甚至領先日本及韓國。有了法制的配合,許多環境團體也藉著這樣的制度,在行政機關未依法執行時做了告知的動作,並在行政機關仍未依法執行時提起訴訟。早期所提起的是針對空氣污染訴訟及廢棄物棄置,但晚近則一面倒地針對環評事件提起公民訴訟。歷經多年的運作之後,臺灣的司法實務上也有了原告在公民訴訟中獲得勝訴判決的實例,第一個獲得勝訴判決的案件就是位於臺東縣杉原海水浴場的美麗灣渡假村案。

　　杉原海水浴場自1987年核准開放以來,為臺東縣內唯一海水浴場,擁有優美的天然景致及素樸的海岸風光,甚至曾被譽為臺灣最美麗的海灘。然而,這種天然的美景,仍然受到開發本位的主流意識型態所威脅。1994年12月14日,在發展地方觀光的旗幟下,臺東縣政府與美麗灣渡假村股份有限公司,簽訂「徵求民間參與杉原海水浴場經營案興建暨營運契約」,以BOT(設定地上權50年)方式於杉原海濱進行觀光旅館的開發,並由美麗灣渡假村支付開發權利金新臺幣500萬元及自營運開始日起每年應繳納營業總收入2%之營運權利金給臺東縣政府。由於超過業者所使用基地面積1公頃,依開發行為應實施環境影響評估細目及範圍認定標準第33條規定,應以申請開發的整體面積進行環評。

然而，美麗灣渡假村為了規避環評，竟以「因應開發需要」為由，於 2005 年函請臺東縣政府旅遊局，合併當時之 346 及 346-2 地號土地，再分割成現存之 346 及 346-4 地號土地，將參加人實際之建築基地面積土地獨立分割出來。臺東縣政府並於同年 3 月，以「配合開發需要」的理由，同意辦理土地合併及分割作業，使該建築基地（即目前之 346-4 地號土地）面積因不足 1 公頃（只差 0.003 公頃），得以不必進行環評，即可進行開發。美麗灣渡假村股份有限公司於取得臺東縣政府核發之開發許可後，於 346-4 地號土地上興建觀光旅館，進行第 1 期施工。

　　在立法委員及環保團體召開記者會揭露此等不法情事之後，民間團體「台灣環境保護聯盟」（以下簡稱台灣環保聯盟）正式於 2007 年 5 月 11 日，依環評法第 23 條第 8 項公民訴訟條款，告知臺東縣政府應依環評法第 22 條規定，對美麗灣渡假村股份有限公司裁罰及命其立即停工。臺東縣政府於告知時間經過後，未依請求命其停工，台灣環保聯盟遂正式向高雄高等行政法院提起公民訴訟。

　　面對民間環保團體依環評法的公民訴訟條款提起公民訴訟，向法院尋求挽回杉原海岸原貌的努力，法院於做實體論證之前，仍相當詳細地對台灣環保聯盟驗明正身，觀察該團體是否經內政部核准立案，並詳閱團體章程中的設置目的，而承認其為合法的公益團體。[22] 法院接著進入實體論證，首先解釋環評法的整體精

---

[22] 對於「公益團體」的判斷，學理上有主張須排除其為維護自身權益而進行之訴訟，以及以自己名義為保障社員權利而提起訴訟的情形。亦即，僅限於純粹為維護公共利益而起訴的公益團體。至於其資格，須依章程所定之目的範圍定之，但無須經其目的事業主管機關許可後始得起訴。詳見傅玲靜

神,認為環評的實施係為減輕及預防開發行為對於環境的不良影響所設計,並不因其所採取 BOT 方式,抑或依政府採購法自行發包興建而有不同。

　　法院進一步採證,認定美麗灣渡假村確在開發案所使用的土地上興建觀光(休閒)飯店,且因開發基地同時位於行為時「開發行為應實施環境影響評估細目及範圍認定標準」所列的開發區位,依該標準第 33 條規定,應以較嚴格的細目及範圍認定,並以申請開發的整體面積進行環評。

　　由於美麗灣渡假村所開發之土地全部面積 59,956 平方公尺,而非僅是旅館的建築基地而已,申請開發面積顯然超過 1 公頃以上。何況,該土地屬山坡地,依行為時「開發行為應實施環境影響評估細目及範圍認定標準」第 31 條第 1 項第 13 款第 5 目規定,自應實施環評。而中央主管機關環保署環署綜字第 0960049484 號函亦認:「美麗灣渡假村新建工程」旅館設施,屬臺東縣政府辦理「杉原海水浴場經營案投資執行計畫書」內容,位於山坡地,其目的事業主管機關為臺東縣政府,整體開發面積約 5.9 公頃,應實施環評,亦採相同見解。

　　美麗灣渡假村將應實施環評的開發土地面積,以土地分割方式,分割成每筆小於 1 公頃,各別開發,或以分期施工之方式,以每次施工面積小於 1 公頃之方式開發。雖然經過此等技術上的變更,法院認為申請開發的整體面積並沒有改變,不應影響環境

（2008）,〈環境影響評估法中公民訴訟之當事人〉,《月旦法學教室》,70 期,頁 21;傅玲靜（2009）,〈公民訴訟、公益訴訟、民眾訴訟?〉,《月旦法學教室》,77 期,頁 8。

影評估的實施；若開發單位得以土地分割或以分期施工之方式，規避實施環評，則環評法等相關規定，將形同具文。美麗灣渡假村開發案，並未經通過環評，當然不得為全案的任何開發行為，業者所獲核發的開發許可，依環評法第 14 條規定亦為無效，當然不得施工。法院進而認定，原告台灣環保聯盟，請求判令臺東縣政府應命美麗灣渡假村停止在加路蘭段 346-4 地號土地上之一切開發施作工程行為，應為有理由。

面對環保團體的律師費用支出，法院進一步認定：原告依環評法第 23 條第 8 項後段規定，對被告怠於執行職務之行為，直接向本院提起本件行政訴訟，並委請律師代理訴訟，支出律師費用 6 萬元，此有元貞聯合法律事務所出具之收據影本附卷為憑，該律師費用金額依目前律師訴訟收費標準，及上開律師事務所設在臺北市，承辦本案之律師須長途往返臺北高雄兩地訴訟，訴訟成本較高，故本院認該律師費用尚屬合理適當，是原告請求被告支付上開律師費用，為有理由，應予准許。[23] 這是法院自公民訴訟制度建立以來，第一次核判律師費用給起訴的環境公益團體。[24]

---

23 有關公民訴訟中律師及相關費用支給的論述，詳見李建良（2000），〈論環境法上之公民訴訟〉，《法令月刊》，51 卷 1 期，頁 24。*See* Matthew Burrows, *The Clean Air Act: Citizen Suits, Attorneys' Fees, and the Separate Public Interest Requirement*, 36 B.C. ENV'T. AFFAIRS. L. REV. 103, 114 (2009); JAMES SALZMAN & BARTON H. THOMPSON, JR, ENVIRONMENTAL LAW AND POLICY 79 (2007).

24 在該公民訴訟案進行的同時，美麗灣渡假村股份有限公司除了於 2005 年 10 月 7 日施工外，亦於 2006 年 9 月 26 日，申請將原來的開發面積 9997 平方公尺擴增為 59956 平方公尺（共增加 49956 平方公尺），並檢具環境影響說明書送審，經臺東縣環境影響評估審查委員會審查後，於 2008 年 6 月 15 日第 5 次審查會議作成「有條件通過環境影響評估」之結論，美麗灣渡假村股份有限公司並於同年 7 月 22 日公告之。當地居民共有八人對該環評審查結

然而,儘管我國在環境立法上已有公民訴訟條款,司法實務上也有了不少判決做回應,但法院是否確實了解公民訴訟的意涵,仍然值得懷疑。法院在面對公民訴訟時,仍不乏有從當事人適格的觀念對環境團體進行「驗明正身」的動作,最為常見的就是要調查起訴的公民團體的宗旨。以南盛隆案為例,法院面對開發行為當地的東山鄉自救會所提起的訴訟時,就從自救會的宗旨加以觀察,並認為該自救會並非以維護環境為宗旨的公益團體,因此,以訴不合法予以駁回。[25]

論不服,提起訴願,遭訴願駁回後,委任律師提起行政訴訟。高雄高等行政法院於 2009 年 8 月 10 日作成 98 年度訴字第 47 號判決,以「決策過程應迴避而未迴避,有違程序正當性」、「應將周遭開發案的影響一併納入評估」、「評估項目仍有疑義」為由,認為人民主張為有理由,該環評審查未繼續進行第二階段環評,處分存有瑕疵。因此,判決原告勝訴,原環評審查結論的行政處分及訴願決定均廢棄。有關學界對於本案的評價,詳見陳慈陽(2010),〈環境訴訟中之當事人適格問題──簡評高雄高等行政法院判決九八年度訴字第四七號─〉,《台灣法學雜誌》,147 期,頁 233-236。

25 該案事實經過為南盛隆興業公司向臺南縣政府申請在土地上興建廢棄物掩埋場。因其規模應實施環境影響評估,該公司乃提送環說書至臺南縣所屬環境保護局審查,並經公告上開環境影響說明書審查結論在案。其後,南盛隆興業公司於 2003 年提出「南盛隆興業有限公司乙級廢棄物處理設置許可申請書」,臺南縣環保局發現該設置許可申請書與審核通過之環境影響說明書內容不符,乃請開發單位南盛隆興業公司申請變更環境影響說明書內容。南盛隆興業公司復提出「南盛隆興業有限公司乙級廢棄物處理場環境影響差異分析報告」,經辦理二次「南盛隆興業有限公司乙級廢棄物處理場」申請變更審查認定會議,及同年 3 月辦理「南盛隆興業有限公司乙級廢棄物處理場」環境影響差異分析報告專案小組會議,同年 5 月 15 日經被告環境影響評估審查委員會議審核通過後,臺南縣政府同意核備「南盛隆興業有限公司乙級廢棄物處理場環境影響差異分析報告」案。當地人民所組成的自救會不服上開之「南盛隆興業有限公司乙級廢棄物處理場環境影響差異分析報告」同意

事實上，花費過多的程序成本於「驗明正身」的工作上，乃是執著於權利保護的論點，來表示對公民訴訟此一例外的訴訟類型審慎運用態度。[26] 此與公民訴訟制度的本旨在透過公民社會的量能對行政機關進行監督是有扞格的，同時也無法真正解決個案中的環境糾紛，只是讓同樣的案件再以不同的原告名稱提出於法院而已。因此，法院面對公民訴訟時，應了解到公民訴訟的制度本旨，而非一味地回到行政訴訟法的法理進行適用及解釋，才能讓公民訴訟的制度量能得以發揮，也才能真正讓法院發揮積極的功能。

3.2.3. 從主觀訴訟到客觀訴訟

　　如前所述，臺灣的行政訴訟由於受到德國學理及實務所採行「主觀訴訟」的影響，對當事人不適格者，即認定為訴不合法而以裁定駁回，維持濃厚的「被害者訴訟」色彩。或許感受到對此採取嚴格的解釋並不見得合理，司法院大法官於 1998 年作出釋

核備函，提起訴願，遭訴願為不受理決定，遂提起本件行政訴訟。經審理，高雄高等行政法院判決原告東山鄉自救會敗訴，認為原告於 2003 年 6 月 6 日成立，由東山鄉之鄉民所組成，有當事人能力。不過，本件訴外人南盛隆興業公司於臺南縣東山鄉 77 筆土地申請興建廢棄物掩埋場，雖可能對周遭居民生活之公共安寧及衛生產生影響，然原告既非系爭行政處分之相對人，亦非屬該處分之利害關係人，則其逕行以自己名義提起本件撤銷訴訟，自屬當事人不適格而欠缺權利保護之必要，於法自有不合。

26 本來公民訴訟除了讓人民可參與執法的監督外，也有降低外部成本的功能，然在嚴格限制當事人適格的情況下，此等目標的達成即有困難。有關公民訴訟可降低外部成本，詳見葉俊榮（2006），〈環境法上的公民訴訟：論制度引進的原意與實現的落差〉，氏著，《跨世紀法學新思維》，頁 193-195，元照。

字第 469 號解釋，擴大了權利保護的內涵。

根據釋字第 469 號解釋的解釋理由書，權利是否受有損害，並非僅以法條上的文義為唯一認定的標準，而應從規範目的內容加以實質判斷。如就法律的整體結構、適用對象、所欲產生之規範效果及社會發展因素綜合判斷，可以得知該法律亦具有保障特定人的意旨，則該特定人即可循訴訟途徑請求救濟。整體而言，釋字第 469 號解釋仍然站在「權利本位」(right-based) 的思維，對於訴訟也不脫離主觀訴訟的框架，只是為了讓人民有更多機會可以獲得司法的保障。

立法院隨後於 1999 年 1 月 20 日對空污法進行修正，建立臺灣第一個公民訴訟條款，並於 2002 年 6 月 12 日於環評法第 23 條增訂公民訴訟條款，使我國於環境訴訟領域中形成主觀訴訟與客觀訴訟併存的情況。觀諸公民訴訟存在本旨，本非以權利保護為目的，而是為追求作為公共財的環境利益可以獲得維護而生的訴訟制度設計。[27]

也因此，自有公民訴訟的立法起，臺灣的訴訟制度即邁入一新的紀元。只是臺灣環境法中的公民訴訟條款，就起訴的原告均規定為受害人民或公益團體，在解釋上，如將受害人民做與主觀訴訟的被害人同樣的解釋，即易混淆主觀訴訟與客觀訴訟的分際。從這樣的脈絡看來，訴權範圍的大小，除既有訴訟法及學理的運用外，也會因大法官解釋的出現及環境立法的訂定而呈現不同的面貌，更顯現此等問題在臺灣環境法學的發展上，是因應時

---

[27] 葉俊榮（2010），〈捍衛環評制度尊嚴的行政法院中科裁判〉，《月旦法學雜誌》，185 期，頁 78。

代的發展而有不同的內涵。

由於在環境法領域中為了因應實際上的需要，呈現傳統主觀訴訟與新型態客觀訴訟併存的狀況，也讓同一環境事件可能穿梭在主觀訴訟與客觀訴訟之間，形成許多環境案件在多元訴訟制度間流動的現象。在環評的案件中，也自 2002 年於環評法加入公民訴訟條款後，出現這種主觀與客觀訴訟併存流動的現象。對此，作者以下圖 7-1 來加以呈現，以期就此等對環境訴訟具有重要影響的脈絡有更充分的理解。

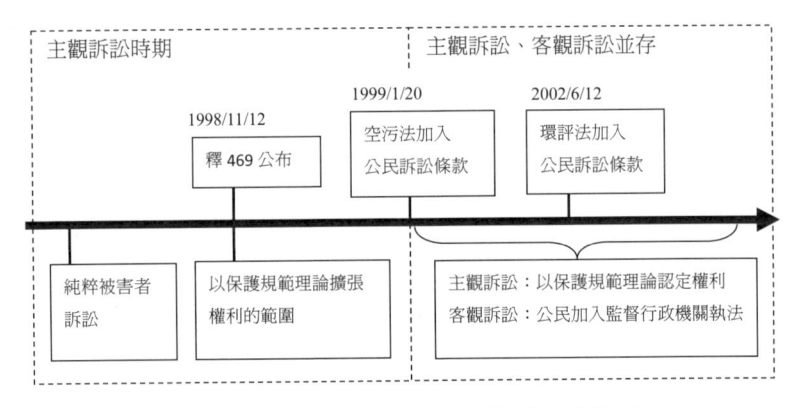

圖 7-1 ｜臺灣主觀訴訟與客觀訴訟的發展情形
來源：作者製圖

從以上的說明中，可以看出主觀訴訟與公民訴訟有不同的制度背景，也有不同的目的。法院對公民訴訟的消極立場，[28] 在許

---

28 法院如此的消極立場，或許可認為其認識到公民訴訟與利己型團體訴訟間的關連性，然在人民本於自己的地位提起公民訴訟與訴權間關係的部分，則未有清楚的論述。就公益訴訟、利己型及利他型團體訴的探討，詳見張文郁

多公民訴訟的案件也可以看得出來。詳言之，法院對於「受害人民」的認定，並未因諸多環境立法的訂定而有所不同，基本上，在訴權的認定上，仍脫離不了「權利」本位的思考，認為要法律明文保護或從法律規範意旨可推知法律欲保護者，始具當事人適格，而得以提起訴訟。[29] 實則，這樣的態度，與公民訴訟制度的立法本旨並不相符，嚴格化訴訟要件的審查反而弱化了公民訴訟的制度目的。[30] 倘若法院面對公民訴訟的態度與一般提起行政訴訟的訴權理論並無二致，則在立法論上是否仍有為此等立法的必要，也就值得商榷了。[31]

（2008），〈行政訴訟中團體訴訟之研究〉，氏著，《權利與救濟（二）——程序與實體之關聯》，頁217-228，元照。有關團體為公益而提起之團體訴訟之類型及德國法制之介紹，詳見彭鳳至（2002），〈論行政訴訟中的團體訴訟——兼論行政訴訟法第三十五條之再修正〉，Harro Von Senger等著，《當代公法新論〔下〕》，頁110，元照。

29 這樣的立場也與大法官釋字第469號解釋的看法相近，有關環評法與保護規範理論的關係，詳見李建良（2004），〈環境行政程序的法制與實務——以「環境影響評估法」為中心〉，《月旦法學雜誌》，104期，頁60；林昱梅（2005），〈垃圾焚化廠附近居民之訴訟權能〉，《月旦法學教室》，37期，頁24。實則，大法官在論述保護規範理論時，並非針對公民訴訟的情形為解釋，是以，如以此認為大法官認為在公民訴訟的情形同有保護規範理論的適用，即不免速斷。

30 除了讓人民可參與執法的監督外，公民訴訟也有降低外部成本的功能，然在嚴格限制當事人適格的情況下，此等目標的達成即有困難。有關公民訴訟可降低外部成本，詳見葉俊榮，前揭註26，頁193-195。See SALZMAN & THOMPSON, JR, supra note 23, at 77-78.

31 學理上即有認為此時受害人民乃是為保障自身權益而起訴，並非行政訴訟法第9條所稱之維護公益訴訟；詳見〈環境影響評估法中公民訴訟之當事人〉，前揭註22，頁21；〈公民訴訟、公益訴訟、民眾訴訟？〉，前揭註22，頁28；李建良，前揭註23，頁20；邱惠美（2004），〈我國行政訴

第七章・環境司法與法院 ／ 295

3.3. 環境訴訟的審查密度

法院在面對個案時,究竟要如何操作其審查?審查密度及審查標準又如何?這些問題在環境訴訟實際操作的面向,都值得我們了解,本此,才能了解臺灣環境訴訟實務所面對的缺失,以及如何進一步追求進步。

3.3.1. 法院當前的操作方法

法院以往面對環境問題,在進行實體上訴是否有理由的判斷上,往往將是否對「環境」有所侵害的問題,看成是一種法院無法了解的「專業」,訴諸於司法自制,援引行政法上「判斷餘地」的原理來進行判決。其結果往往就是尊重行政機關既有的決定,原告通常都會獲得敗訴的判決。但從近期行政法院的判決看來,這樣的態度已不是金科玉律,不論是美麗灣渡假村案或中科三期案,我們反倒可以看到法院從制度功能發揮的角度做思考,發揮積極的功能。

法院捍衛制度功能、正當程序的價值固然無可非議;但是否意味著當這些與「自然科學專業」無關程序價值都獲得形式上

法中有關團體訴訟制度之研究〉,《政大法學評論》,80期,頁31。更有進一步指出,現行限於「受害人民」始可提起的立法方式與公民訴訟本質為客觀訴訟的意旨不盡相符,而仍有濃厚主觀訴訟的意涵,故主張將來於修法時,應將「受害」兩字刪除。詳見林素鳳(2006),〈日本民眾訴訟與我國公益訴訟〉,吳從周等著,《義薄雲天・誠貫金石——論權利保護之理論與實踐》,頁630,元照。甚有認為此項立法加上疏於執行的概念,會導致體系上的混亂,也顯現了立法者對問題的不甚了解及立法上的粗糙,詳見詹凱傑(2007),〈論行政訴訟法上之團體訴訟〉,國立中正大學法律學研究所碩士論文,頁140-141。

的確保時,法院就應該退回司法自制的紅線之內,繼續援用判斷餘地理論進行判決?作者認為不應該很快地就直接作成肯定的結論,答案也不應該如此絕對,而是應該先觀察臺灣的社會背景及主流的價值觀是否偏頗於特定的價值,再進一步調整司法審查的切入點。這樣的調整,就涉及臺灣法院在面對環境問題時,究竟要採取多元自由主義或環境主義。

3.3.2. 多元自由主義 vs. 環境主義

當法院持多元自由主義看法時,會將所有的價值一視同仁,環境與經濟發展、社會正義一樣都只是其中的一種價值而已。法院是一個中立者,從制度面、法條結構看問題。反之,在環境主義的想法下,會認為其他價值固然重要,但應給予環境多一點關懷,是以,以環境價值優位於其他價值的觀點來審理案件。

在一個已對環境價值完整納入國會或行政部門決策加以考慮的社會,而環境團體與經濟發展的聲浪也可分庭抗禮時,法院應該多尊重已作成的決策,採取多元自由主義的觀點。但如果在現實的社會中,環境主管機關在各部會中不受重視,環境價值無法獲得兼顧,社會對經濟發展的重視凌駕所有環境的考量,並反映於國會席次比例上,此時,政治部門的決策本身就有問題,則可以給予環境更多優惠性考慮。從伊利 (John Ely) 代表性強化的主張看來,當政治運作本身就有缺陷,某些價值始終無法被代表的話,法院就應積極介入。所以,當環境價值在政治運作下無法被關心,則可以同意法官採取環境主義。是以,有關環境訴訟中審查密度的採擇將會受到不同國家所具有的社會脈絡而影響。

3.3.3. 邁向環境法院？

臺灣自 1980 年代起有一連串的社會運動，環境運動在其間也扮演重要的角色。之所以會有環境運動，一方面是因為許多公害根本地影響到人民的生計與生活品質；另一方面，則是公民團體基於理念而勇於扮演「公民」的角色，努力於社會上發聲。社會實態上有許多的環境運動，顯示社會越來越重視環境。然而，社會在運作上如產生糾紛，無法私了或無法循行政體系解決，將會進入法院，讓法院表示意見，是以，臺灣社會也同時重視法院可否發揮功能。

在臺灣，環境價值無法為社會所重視，環境部與經濟部、交通部等部會相較，在行政院各部會裡始終不是一個被重視的部會，國會議員中肯對環境付出關心者也相當有限，在「拼經濟」的思維下，人民對經濟發展的要求永遠優先於環境。是以，法院應該在實踐面上配合社會發展，了解臺灣社會長久以來在價值的取捨上是否有缺失，本此，法院應該採取環境主義的觀點。這也是作者之所以長期主張臺灣的法院應扮演「環境法院」的原因。[32]

法院在環境議題上有其重要的角色，我們也肯認在臺灣長久以來不重視環境價值的脈絡中，法院應該採取環境價值的立場與觀點，推促環境法院的形成。讀者在心裡必然浮起這樣的疑問：在組織上設立專門的環境法院或環境法庭，讓專門的法院來審理環境事件，是不是更能落實環境法院的理想？尤其在環境事件數量增長、事件也越來越複雜的今日，專門法院應更能有效率地解

---

[32] 葉俊榮（2008），〈從訴訟公民到環境法院：環境公民訴訟於台灣的實踐與檢討〉，第八屆行政法理論與實務研討會，臺大法律學院公法研究中心。

決環境糾紛。設置專門法院的主張,也不只有在環境領域,在稅務、勞工、智慧財產權、家庭事件等等都有類似的討論。在全球化的發展下,專門法院的趨勢越來越明顯,例如臺灣也在近年成立了智慧財產權法院。事實上,「邁向環境法院」的呼籲,並不是理論上的必然,而是作者長期以來自我思辨,對社會脈絡掌握的結果。所謂的「環境法院」,並不是要追求設立一個「環境法庭」,如果只講求形式上、組織上的變革,不但與判決理由的清楚說明無關,也不見得可以掌握到案件的全貌,更無助於作成社會所信服的判決。

專門環境法院並不是最近才有的提案,早在環境運動興起的1970年代即有類似的建議,而事實上也有許多國家採行了這樣的制度設計。截至2009年12月為止,全球共有41個國家設有350個專門環境法院、環境法庭或準司法機構。[33] 主張應設立環境法院者,認為環境法院有以下幾個優點:更有效率、更經濟、由具有環境專業與環境意識的法官來審判能獲得高品質的判決、裁判能更為一致、符合正義、減少普通法院積案的情形、宣告政府的決心與承諾、能以更有彈性的方式處理環境議題、更能鼓勵公眾參與、強化大眾對政府與司法的信心、促使政府機關更謹慎考慮環境價值、避免環境議題的邊緣化。[34]

然而,對於專門法院的設置也有持反對看法的。專門法院的主要設置依據之一是專業,然而法官其實很難真正在特定領域

---

33 George Pring and Cathrine Pring, *Specialized Environmental Courts and Tribunals at the Confluence of Human Rights and Environment*, 11 Or. Rev. Int'l L. 301, 307-308 (2009).

34 Pring & Pring, *supra* note 34, at 308-309.

有足夠的專業,法官最後作為裁判依據的,不是專業判斷,而是價值判斷。強調領域的專業技術,可能會造成法律見解發展的限制、法官專業化的內化與成長的限制、價值判斷與社會脫節。[35] 再者,案件量也未必足夠,以臺灣為例,現在專庭專辦有三個(智慧財產案件、少年及家事案件),但專案件量不足,難以反映專庭專辦的需求。

在臺灣的法學教育與司法訓練背景下,作者認為設置環境專門法院未必能有效落實環境意識,反而可能使得法官想法與法律見解更為狹隘。整體而言,應從幾個方面著手,才能真的讓法院成為環境法院。第一當然是從法學教育做起,強化法律人的環境意識;第二則是加強環境專業律師的訓練與改進鑑定人制度,讓法庭上的論辯能更朝環境導向發展。

此外,法院在判決的過程中,即便重視環境,也應將道理講清楚,而不是要法院扮演環境紅衛兵的角色,只要遇到環境的案件就一律作成對環境有利的判決,當法院對與環境有關的判決有清楚的論述,臺灣才會有堅強的環境論述。如此一來,法院可以扮演捍衛環境尊嚴的角色,積極引領政治部門的對話,以及將公民社會的量能適度導引到國家機器中進行論辯,並適度釋放訊息讓國家可以做相應的改變。

4. 結　語

對於社會運作所產生的環境問題,法院並非完全沒有置喙

35　*See id.* at 309-310. *See generally* Scott C. Whitney, *The Case for Creating a Special Environmental Court System*, 14 Wm. & Mary L. Rev. 473 (1973).

的餘地,在某些類型的案件中,法律的介入可以引領社會朝向正面的發展。除了扮演權利維護者及紛爭解決者的角色外,也可以維護制度尊嚴、促進國家、社會及人民間的對話,並釋放出對社會整體發展有益的訊息。因此,法院應該以更積極的態度來處理環境糾紛,以彌補目前臺灣的法院在態度上過於消極之不足。法院的消極,背後的原因是因為訴訟實務所依存的法學理論有所不足所致,是以,對環境案件中法院的正當性基礎及極限做通盤的了解就更顯重要了。據此,我們可以回頭檢視植基於權利本位的訴訟制度及法理、了解在權力分立制度下法院所可發揮的功能何在,並對制度及實務操作進行根本的檢討。

司法是國家權力部門的一環,在功能的發揮上,本來就有一定的侷限性,環境案件也不例外,因此,必須掌握到從外部、個案及事後解決紛爭的特質,並了解及據以進行判決的正當性基礎是來自於專業、民主、法律及文化,才能在理論上釐清法院適合在什麼樣的案件出手,以及法院面對不同的案件時應採取什麼樣的態度。

法院在進行審判時,其功能並非僅僅在解決案件,做出誰對誰錯的判斷而已,在進行判決的同時也可同時扮演促進政治對話、訊息釋放及制度維護的功能。從臺灣既有的環境訴訟看來,可以發現有民事、刑事、行政管制中命令與控制管制模式的訴訟、確保程序正當性的訴訟,及暫時權利保護的裁判。必要時,也可能將環境事件所牽涉的法規送交大法官審查。在環境訴訟中,就提起訴訟的主體不能與傳統的訴訟型態同日而語,除了主觀的權利救濟訴訟外,也兼及於客觀的公民訴訟。

環境立法有這樣的思維,但在環境司法中,法院是否可以

了解公民訴訟的制度內涵，是相當值得質疑的。於實體決定時，本於臺灣特殊的社會結構及價值觀，法院也應採取環境主義的觀點。本此，作者主張臺灣法院在處理環境案件時，要有「環境法院」的思維，判決時要嚴肅考慮環境價值，並著重判決的說理，發揮法院所可發揮的功能。在此同時，我們必須了解到，國家的許多制度，本來就與公民社會有很大的關聯性。公民社會的論辯，會影響立法的方向及內容、行政機關的執法及司法判決的細膩度。是以，討論環境法不能不對公民社會有所了解。

　　司法權是人民權利的維護者，是制度尊嚴把持的最後一道關卡，更足以影響一個社會發展的方向，因此，本來就有其生來的使命。當制度的建立者及施行者無法了解司法權所可承擔的使命，就無法讓司法扮演最完善的角色，司法所可發揮的功能也將因而失靈，甚至阻礙社會的發展，影響到司法本身的尊嚴。社會不斷進步的同時，司法是否可以跟上？這個問題，是研究環境法的法學者所必須一再自省的問題，當我們可以發覺問題所在，並了解產生問題的原因，並進而提出有效的改革方案，才能活絡司法，活絡環境法的研究，甚至活絡整個社會的永續發展。

第三篇

環境永續

環境制度的生成運作,終極的目標在於導向環境永續。永續發展的理解與制度落實,成為環境國家形成的導向與內涵,也是環境法的根本支撐。

第八章

永續發展的理念與制度條件

本章將探討永續發展的核心意義、其在法律體系中的定位，以及實現它所需的制度條件。理解永續發展的方式包括環境承載能力、經濟內部化等模型，但作者認為制度量能強化模型（基於科學、民主、法治與經濟的提升）最具全盤性，此模型認為透過強化制度可以降低錯誤決策及其損害。永續發展不限於環境，涵蓋多面向且是一個持續追求的目標。它是在不放棄發展的前提下，體認環境極限並加以節制的一種妥協，要求決策考量長遠以增加轉圜餘地，需要同時關注自然生態與社會制度面的調和。

永續發展作為一種精神導引或運作機制，如何真正成為人類社會守住的發展方向與速度，與地球環境相守相成，則必須有更深入人類發展動態的理解與構築，才能從精神導引落實到發展的動態，並與當前民主憲政治理架構銜接，確保人類有尊嚴的延續與發展。尤其重要的是，我們必須探究清楚，期望永續，究竟需要什麼樣的制度條件？在當前民主憲政的治理架構下，如何看待永續發展？要以什麼樣的制度內涵或體制革新來實踐永續發展？

永續發展的實現需要具體制度。環境公民量能對永續發展十分重要，公民社會可協助決策與監督。在決策層面，永續發展要求克服「決策極端主義」及「片斷的決策判斷模式」，避免偏執

於技術、政治、經濟或法律任一面。應追求統合判斷與最大化決策理性總量,將科學、民主、法治、經濟這四大核心價值及其制度條件同時納入考量,並理解其相互補充關係。更重要的是轉變決策思維,克服片斷主義。永續發展是一個需要政府、社會及公民共同努力的過程。

關鍵字:永續發展、憲法鎖定、預警、制度能力強化模型、永續發展指標、公民社會、PSR

1. 探尋永續發展的意義與內涵

氣候變遷的威脅，並沒有隨著國際條約的簽訂而緩解，這大尺度環境問題的背後，卻是地緣政治下的衝突與國際秩序的崩解，本世紀更迎接了民主國家的民粹高漲與民主倒退，威權的深化與貧富距離的擴大。人類社會顯現空前的集體焦慮，反映對當前人類文明的失卻信心。人類在啟蒙、工業化、科技發展、資訊革命的歷程中感受到，戰爭或許不是當前人類的最大危機，人類正面臨發展模式上的高度挑戰。柏林圍牆倒塌、共黨垮臺背景下，由福山 (F. Fukuyama) 所提出的歷史終結論，以及杭亭頓 (Samuel P. Huntington) 所提出的文明衝突論，早已經退卻光環。隨著九一一恐怖攻擊、金融危機、難解的氣候變遷與美中對峙，更將當代以資本主義、民主體制、以及國際霸權政治為核心的治理邏輯，放進了一個超大的問號之中。人們也開始思考，當代文明是緩步迂迴往對的方向精進，還是根本就走錯了方向？是不是應該來一個大檢討，又是否應該來個大回頭？

在文獻上所呈現的檢討聲浪中，人與大自然的關係，可以說是重點中的重點，內含的重要思考包括人類的「謙遜」(moderation)、行事決策「謹慎」(prudence)、以及利害考量上的「預警」(precaution)。固然，可以表現出這些思考重點的文明符碼一定很多，包括主要宗教教義上戒律或東西方文明的經文或生活智慧。然而，當代國際社會經過一段時間論述發展，最能表現出這些思考因素的論述，應該是 1987 年以來，聯合國所高調提出的永續發展 (sustainable development)。

相對於宗教或許多文明的傳統智慧，永續 (sustainability) 是個超越地域、國家主權或特定文明的嶄新用語。固然，在不同

的文明內涵中也可找到類似的智慧,但永續發展此一概念的提出,卻與當前全球發展的脈絡息息相關,更是全球環境生態危機下的產物。聯合國布蘭特委員會於1987年發表《我們共同的未來》(Our Common Future)一書後,永續發展的理念,更正式成為人類社會在調和環境與發展的指導原則,包括里約宣言(Rio Declaration)、二十一世紀議程(Agenda 21)等重要文件都將永續發展奉為人類發展的規範性引導,並試圖賦予給它實質的內涵。

然而,如何去理解永續發展?《我們共同的未來》一書將永續發展定義為「能符合當代需要,但不致因而影響下一代尋求符合他們需要的發展」。而這也是聯合國對永續發展的官方定義。透過永續發展內涵的界定,以及運作條件的要求,可作為當前人類社會面對文明挑戰所做檢討的規範基礎。

在人類社會的發展過程中,「永續」(sustainability)並不是嶄新的觀念,它早在不同的領域以各種不同的方式被強調。農業社會所強調的「留種」或「留根」,也是永續理念下的作法。此外,森林的永續與漁產的永續早已被各個人類社會所強調,所謂不能「竭澤而漁」,或是古書所謂的「數罟不入洿池,魚鱉不可勝食也,斧斤以時入山林,材木不可勝用也」(孟子梁惠王篇),均是自然資源永續性的表現。在社會人文方面,家族永續、文化永續、宗教永續、乃至政權永續的呼聲與期待,也都不陌生。能不能永續,也是人類社會一個相當高層次的預警。所謂「富不過三代」、臺灣民間所謂「了尾子吃了了」,都是對能不能撐持下去的永續性警語。

然而,這些永續的想法,都僅是片斷的適用而已。石油危機發生後,人類社會體會資源耗竭的危機,對資源面向的永續性,

有了更深刻與具體的體會。隨著物種滅絕、沙漠化、有害廢棄物跨國運送等全球環境議題崛起，永續發展才逐漸結織成人類對資源利用，甚至是社會存續的預警理念。

▶▶ 1.1. 隔代正義作為永續發展的定義

《我們共同的未來》採用了隔代正義的觀點，將永續發展定義為「能符合當代需要，但不致因而影響下一代尋求符合他們需要的發展」。這個定義引發更多的質疑與討論。例如，什麼是符合當代需要的發展？什麼是符合下一代需要的發展？又什麼樣的狀況下，前者才算會「影響」到後者？由於現在的下一代，隨著時間的流逝，也將成為定義中的這一代，使得所謂符合這一代的發展或符合下一代的發展，成為相對的概念。因此，對永續發展的定義，也只能作動態的結構性定義，無法作靜態的內涵定義。單純文字的定義，對於永續發展的理解有限，探尋永續背後的支持條件，更能清楚地掌握永續發展的運作邏輯。

▶▶ 1.2. 超越定義：永續發展的理解模式

永續發展正式成為聯合國對人類發展的高層次精神導引後，除了隔代正義的抽象詮釋外，學術上與社會部門也嘗試提出各種不同的定義語言申論述。歸納這些永續發展的定義，可以整理出四個永續發展的理解論模式。其一為「隔代分配正義模型」(intergenerational justice model)，主要強調社會發展過程，避免對下一代發展機會造成壓縮或剝奪，聯合國的定義即是典型的代表。其二為「環境承載能力模型」(environmental carrying-capacity model)，強調社會發展過程中，謹慎認知並嚴守環境的

承載能力,不作過度開發。其三為「經濟內部化模型」(economic internalization model),強調社會發展過程中,不斷將外部性納入考量,讓生態也可以在市場中合理地反映其價值,以追求真正的公共福址。最終,為「制度量能提升模型」(institutional capacity-building model),強調社會發展過程中,從尊重科技、市場機能、民主制度及法治原則等多元價值,不斷強化制度量能,避免作成無法轉圜的錯誤決策。

▸▸ 1.3. 提升制度量能以體現永續發展

永續發展的四種理解模型,都分別反映出人類社會的盲點,對永續發展的理解與推動,都有助益。然而,前三者都各自聚焦某一價值,自顯狹隘。隔代正義強調代際之間的正義,反而忽視了同樣屬於這一代所反映的差異,也令人質疑《我們共同的未來》的「我們」,是否包括全球這個世代的每一人。環境承載量能,聚焦環境的容受能力,但人類社會的貿易機制,卻容許人們做出超出自己量能的投資。不只國家過度使用資源,某些全球資源都可能面臨耗盡。經濟內化模型,全盤地反映資源的價值,但究竟如何讓這樣的經濟平衡發生,需要更多的決策與制度安排。

制度量能提升模型則從全盤的制度著眼,更能反映永續發展的精神。制度量能不外乎民主、市場、法治、科學的演進與強化。此等模型將科技所追求的求真求實、市場機能追求以價格控制追求公益、民主制度所追求的公開透明及程序融入一起考量,使之成為法治原則的一部分,並據以型塑制度,以期減少人類行為所釀成的錯誤。

永續發展絕非僅止於環境、社會與生產面向。永續發展一直

是環境聚焦,並求制度面的強化,所要考量的包括政治、經濟、社會、行政、生產、技術及國際等面向。從而,在這樣的運作之下,永續發展是人類社會不斷要努力的目標,永遠不會有終止或達成的一天。在每一個社會中,也必須隨時強化自身的量能,讓自己的社會可以在此等自我提升的制度中得到成長。

1.3.1. 降低錯誤決策的做成與損害

人類社會的運作,始終面臨著各種大大小小的決策,這些決策常常受到制度經驗的影響,追尋著一定的決策慣性。但事實上,經驗並不總是正確,何況時事變化如白雲蒼狗。在絕大多數的情況,這些差錯是可彌補的,在為錯誤付出代價後,也往往能療傷止痛。但是,有些差錯卻是難以逆轉,或者是必須付出極高的代價或極長的時間才能回復。對於這種差錯,我們不僅必須有「解決」的決心,使所造成的傷害早日填補,更要有「預警」的能力,藉制度的力量,避免錯誤的(再次)發生。

隨著科技文明的高度發展,人類與自然生態的關係發生革命性的變化。原本自然生態對人類有決定性的影響,人們必需敬天畏天,並試圖與天調和。科技文明大幅進展之後,大自然已逐漸被「征服」,人們反而以其科技大幅改變自然生態,甚至造成不可逆轉的破壞。臭氧層破壞、溫室效應、有害廢棄物的不當處理、沙漠化、物種滅絕,以及其他各種自然生態資源的破壞與耗竭,已成為人類社會克服專制暴政後的頭號敵人。尤其在「發展」與「競爭」的壓力下,決策系統往往在有知或無知之中,著眼於短期的現實考量,違反自然生態法則,對自然資源過度使用或作出自然環境所無法承載的活動,造成自然生態的危機。

困難的是，這種危機往往是在「事後」才能真相大白，也才會為決策體系所承認，並加以正視。「早知如此，當時就應該……」，這種雜亂漸增主義下的後知之明固然不是毫無價值，但也是下一次危機的前兆。這種在發展的壓力下，失去對環境生態的控制，只能於事後作補救工作的無奈，其實正是一個不永續社會的表徵。

八〇年代末期，聯合國開始運用永續發展的理念，試圖去面對人與自然間的難題，也從不間斷地摸索調適，尋求這個人類歷史上最高層次的「理念浮木」的實際作用。對於永續發展的運用與發展，已經有多面向不等的呈現，從制度規範面的觀察，則是如何將永續發展內裝到政府的決策體系內，並關注各種支持條件。珍惜這個難得的基礎「共識」，讓永續發展的理念與制度對人類決策發揮最大的「反省」作用。

1.3.2. 環境與發展的妥協

永續發展的理念，是國際社會對長期以來發展與環境的衝突與難解所作的一次妥協。二次大戰後，人類在科技方面有長足的進步、市場規模也發生空前的變化，對自然資源的開發與使用，更是成直線爬升，終於造成發展與環境之間的緊張關係。部分論者主張唯有停止成長，才能因應全球環境惡化的危機，並主張一個零成長的社會。然而，進步發展（progress）好似是人類社會的宿命，要人類社會停止發展，從經驗上證明，確實是困難重重。就在發展與環境的衝突之中，既能維持發展，但也兼顧環境生態的永續發展，逐漸取得調和環境與發展的地位。

永續發展，也成為比較能獲得各界認同的「發展」模式。

而永續性 (sustainability) 也成為對發展作當為判斷 (normative judgment) 的基準，其精髓也就是指在不能放棄發展的情況下，仍認真地體認環境生態在源（資源，source）與匯（承受，sink）上的極限，而作有意識的節制。我們固然必須注意到資源的有限性，誠實面對資源的浩劫威脅，同時也要正視如同核廢料的出路、燃燒化石燃料後如何做碳排等有關「匯」的問題。以國際自由貿易及永續發展間的關係為例，就必須考慮到當資源作為商品時，透過全球化的運作，可能會使特定地區自然資源受到影響的「熱點」(hot spots) 問題。對此，即應將種種因素一併從制度面向以論辯及參與的方式加以考量。從另一個角度來看，永續性最核心的內涵，也在於使這一代的決策可以考慮長遠的因素，使決策有更多「轉寰」的餘地。憲法增修條文第 10 條第 2 款所強調的「兼籌並顧」，正是反映這個道理。

1.3.3. 自然生態面向與社會制度面向的調和與併進

永續發展乃是動態發展的理念，但在性質上仍必須區分自然生態面向與社會制度面向的永續發展。在有關永續發展的討論上，絕大部分的論點，將焦點擺在資源生態面的永續發展，亦即在什麼樣的自然生態條件下，才能在發展的軌跡中，維持水、森林、漁產、能源等自然資源的永續，以及水體、空氣及土壤等承受體的永續。許多科學家或經濟學家，也從森林、漁業、物種、大氣、海洋、能源、礦產、及廢棄物的處理等方面，進行現況的了解與永續性條件的研究。此種面向的永續發展，可稱為自然生態面的永續發展。相對地，在什麼樣的制度條件之下，才有可能促使永續發展的實現，則為社會制度面的永續發展。 作者強烈

地以為，永續發展的討論、研判與制度設計，必須同時考量資源生態面與社會制度面的永續性，方能看出問題的全貌。

所謂社會制度面的永續性，所關心的重點是，在什麼樣的政治結構、社會結構、經濟結構、技術發展、法令基礎以及執行體系下，才能促成永續發展。自然生態面的永續發展，有必要藉社會制度面的永續發展來維持。換言之，即令政府與社會大眾都非常清楚自然生態面永續發展的意義、判斷標準與作法，如果沒有清明穩定的政治、認真的監督部門，完備的法令基礎、執行體系或社會結構，最終仍然無法達到永續的目標。例如，一個非常認同自然生態面永續發展的獨裁者，以非常專制的手段朝向永續的方向施政，完全建立在人治的基礎，法令制度沒有相應生根，人民也沒有透過被告知與參與，真正產生永續的實踐與體認，在此種情況下，一旦此一「永續」的獨裁者失權或政治轉變，所有的「永續」措施都將付諸流水。如此，資源生態面的永續性，便是欠缺社會制度面永續性，而顯得毫無意義。

然而，究竟社會制度面的永續性的內涵又是如何呢？學者曾指出永續發展的七個系統條件：

(1) 能確保國民對公共政策獲取充分的資訊以及有效參與的政治系統 (political systems)。
(2) 在自我仰賴與持續的基礎上能創造剩餘及技術知識的經濟系統 (economic systems)。
(3) 對各種因發展所帶來的衝突能提供有效解決途徑的社會系統 (social systems)。
(4) 對能維持發展的生態基礎此一義務予以充分尊重的生產系統 (production systems)。

(5) 持續探尋有利環境的技術與方案的技術系統 (technological systems)。

(6) 促進國際貿易與金融的永續性及公平參與的國際系統 (international systems)。

(7) 靈活且有自我糾正能力的行政系統 (administrative systems)。

這七個系統絕非完備，各系統的內涵，也未能明確定位，但都是當代文明社會早已耳熟能詳的理念或制度，也都能適用民主、科學、法治與經濟原理。換言之，重視民意的民主、求真的科學精神、依法而治的法治、以及尊重市場機能的經濟體制，若能在政府各領域的施政落實，即是永續發展最堅實的制度條件。

2. 永續發展的規範化

永續發展的意義與內涵仍有許多延伸的空間，它可能被作為一種生活理念，成為某些個人生活行動上的準則。它也可能成為人們對政府要求的標的，或成為政府對人民所負的義務。當然，由於永續發展的實踐，必然會牽動許多價值的調整，永續發展也可能成為各種價值調和的制度。然而，無論如何，如果永續發展的理念要能內化入政府的體系，那麼它便不能不被規範化。

▶▶ 2.1. 規範化的路徑

永續發展的法規範化，將使其不至於停留在人生哲學或生活信仰的階段，而能真正進入公私部門的決策體系，並進行有機的互動調和，進而形成實質的決策與政策內涵。如果觀察永續發展法規範化的軌跡，可以發現永續發展主要有「從國際到內國」、

「從抽象到具體」兩個脈絡可尋。

2.1.1. 從國際到內國

最早將永續發展作法規範化的，在於國際的層面。目前許多環繞在環境與發展之間的國際公約或宣言，都將永續發展納為具有當為意義的目標。因而，國際法上已逐漸認定永續發展具有習慣國際法的位階。其中最具代表性的應為聯合國所公布的聯合國永續發展目標 (Sustainable Development Goals, SDGs)，此永續發展目標係本於 2000 年通過的《千禧年發展宣言》，於 2001 年所公布之千禧年發展目標 (Millennium Development Goals, MDGs)，在此版本中聯合國設置有 8 項指標，以消滅極端貧窮和飢餓為首，以全球合作促進發展終結，並確立應於 2015 年前達成。

聯合國於 2015 年驗收是否達成上開指標時，發現仍有極大改進空間，且彼時全球暖化、溫室氣體排放及生態保育等環境問題，也已經呈現相當嚴重的程度。聯合國於 2015 年再進一步提出《2030 年永續發展議程》，確立 17 個永續發展目標、169 項標的與 230 個指標，旨在解決全球性的環境、經濟、社會問題，希望在 2030 年前結合各終結貧窮國的力量，邁向永續。17 個永續發展目標 (Sustainable Development Goals, SDGs) 以終結貧窮為首，以夥伴關係收尾，並在第 13 項呈現當代全球最棘手的氣候變遷課題。

永續發展的第二波規範化，則是在內國法的層面。此種內國法上的永續性要求，固然受到國際法的啟發，但卻未必是「遵循」國際法的結果。各主權國家基於其自身永續發展的目標設定，自然可以將永續發展的目標納入內國法規範體系之內。規範化的

方式，包括直接制訂永續發展專法，或於相關法律中納入永續發展的理念與相關制度。前者如韓國與加拿大。韓國於 2007 年制定的永續發展綱要法 (Framework Act on Sustainable Development, FASD)，並於 2015 年制定的永續發展法 (Sustainable Development Act)。加拿大繼許多省制訂永續發展法後，也於 2008 年基於省立法經驗，制定聯邦永續發展法 (Federal Sustainable Development Act)。臺灣並沒有制訂永續發展專法，但於環境基本法第 1 條及第 2 條對永續發展做了定義，明確表達追求永續發展的國家意向，並具體要求設立國家永續發展委員會，以污染者或破壞者付費制度來追求永續發展、建立永續發展指標等等。此外，在環境教育法、土壤及地下水污染整治法、資源回收再利用法、海洋污染防治法中也都重申永續發展的理念。

然由於永續發展的理念，直接觸動高位階的國家發展方向，單靠法律或行政命令去承載，必然力有未逮。永續發展的法規範化，因而必須尋求憲法的基礎。此即是永續發展的「入憲」，這樣的理念，也具體地展現在臺灣憲法增修條文第 10 條第 2 款的「兼籌並顧」條款上。

2.1.2. 從抽象到具體

臺灣就永續發展以條文的方式做了宣示性的規定固然是一種模式，但由於永續發展的內含本身具有高度的可詮釋性，以條文加以規定能夠發揮多少效用，仍然是有待觀察的。倘若將發展的視野提升到國際的高度，可以發現臺灣所規範的模式並不是最為積極的方式，加拿大及韓國都對永續發展的內涵有較為具體的規定。

加拿大在 2008 年訂定了聯邦永續發展法 (Federal Sustainable Development Act)。立法意旨是尋求永續的概念能夠有跨越政府部會的運作，在政府作成決策時可以結合環境、經濟及社會因素，依據預警原則來發展聯邦永續發展策略。具體而言，這部法律修正 1995 年建立環境永續發展委員會委員的缺失，並準備永續發展計畫，這項立法要求建立並履行政府層級的永續策略，包括科學上可預測的永續目標、定期評估並報告進行特定行為的環境情狀。其中特別值得提出的是該法對環評制度有了重大意義的影響，從加拿大永續發展法的立法意旨看來，環評所針對的不僅是「對環境有重大不良影響」，更要求要評估所提出的計畫是否最終對永續具有積極的貢獻。其結果，行政機關作成拒絕開發的結論大為提升，並成就了新興、對生態及文化保護的典範。

以往形成的制度，在當代許多跨越範疇的事務不免產生量能赤字 (capacity deficit) 的問題，包括課責不清、政策及計畫的不連貫、決策自我修正的遲緩等，都有礙於永續社會的達成。由於永續發展具有跨越領域的特質，在加拿大這樣的聯邦背景下，許多聯邦部門及機關必須發展並執行自我的策略，如可跨部門及跨機關地共享資源，就更能永續地發展經濟。此外，當代需要有跨越廣泛制度及領域的整合性決策作成模式、資源的支出與審計也必須整合，更需要清楚而不模糊的監督機制。因此，就永續發展加以立法可以對以往的制度重新檢討、重新形塑，讓整體的發展更有效率。

另一方面，韓國為了回應經濟合作發展組織 (Organization for Economic Cooperation and Development, OECD) 發展評估委員會 (Development Assistance Committee, DAC) 所提出國家永續發

展策略 (National Strategy for Sustainable Development, NSSD),提出一連串總統委員會層級的計畫,以求從一般民眾的層級就可以落實永續發展的理念,尋求韓國有完整經營經濟、社會及環境的方法。2000 年 9 月建立了永續發展總統委員會 (Presidential Commission on Sustainable Development, PCSD),由該委員會推動永續發展,進行部會整合的工作,該委員會分為策略 (head)、專家 (expert) 及執行 (steering) 三個次委員會,分別執行不同的業務。經過一段時間的運作之後,2007 年 8 月並制定了永續發展綱要法 (Framework Act on Sustainable Development, FASD),主要是因為公民社會的組織、企業、學院長期以來持續有立法的需求。這部法律主要是透過擴張參與及多樣性的質量,確認參與及資訊公開的關係,並與永續發展總統委員會產生良好互動,來解決統治及政治影響間的問題以建構制度量能。此外,立基於國家永續發展策略及永續發展綱要法,也特別重視國家與私人的夥伴關係,希望能建立以合作方式作成決策的程序。但然即便有這樣的立法,也有認為仍有缺乏民主程序及程序上公眾意見無法有效表達的弊端。

▶▶ 2.2. 永續發展的憲法基礎

2.2.1. 憲法的價值鎖定功能

將理念及價值規定於憲法中,具有憲法鎖定 (constitutional entrenchment) 的功能。憲法鎖定指透過憲法在法規範上最高位階的地位,將某些理念或價值規定於憲法中,使其比較難以被變動。憲法鎖定除了建立在法規範位階的理論之外,在另一方

面,更是以憲法政治(constitutional politics)與管制政治(regulatory politics)的區別為基礎。 所謂憲法政治,乃是影響憲法內涵的運作過程與實態,包括憲法的制定、修改或憲法的解釋。管制政治,則指各種立法活動或行政管制事項的運作流程與實態。一旦將某種價值或理念鎖定在憲法之中,除非透過憲法政治的運作,否則難以任意更動其內涵。換言之,經憲法鎖定的價值或理念,除非經過修憲的動員,否則不會被變動。民眾因而可以不必過度憂慮這些被憲法鎖定的價值,是否會被立法者或行政官員於日常的政治運作中,隨意變動。

以多數決為決策原則的民主代議制度,固然立意於追求公益。然而,民主代議制度基於其利益代表結構以及合議的決策型態,往往也最容易在利益交換下,作短期考量,而忽視長遠發展方向。在此一背景下,將社會上具有高度共識的價值作憲法上的制約,乃是立憲者對未來立法者的「父權」制約,對其決策作原則性的框架作用,以維持一定程度的穩定性與持續性。如此一來,人民便不必為每一項切身利益,汲汲參與政治運作,僅在某些憲法時刻(constitutional moment)進行憲法內容形成的參與,因而得以從容地經營其他文化、藝術、宗教、經濟、社會等面向的生活,以實現人格。

值得注意的是,憲法鎖定是個相對概念,也是個程度問題。憲法的設計,本身即蘊涵著「可變」的性質,難以想像一個完全排除變化的憲法。即令被憲法鎖定,其鎖定的用語、方式以及範圍,也將影響其可變與不可變的程度。憲法所鎖定的,若只是個抽象的理念,那麼立法者仍有許多運作的空間。若是憲法已作出較細膩的要求,立法者或行政機關於管制政治的運作過程中,便

會受到較嚴格的制約。

針對環境議題而作憲法鎖定的理論與作法，鎖定的標的有「環境或生態」及「永續發展」兩種調和環境與發展的作法。前者所鎖定的是片面的環境價值，其面臨許多理論與實際上的困難。後者則超越「環境價值」，而更能從整體制度面提供合乎環境的決策條件。

2.2.2. 永續發展的憲法鎖定

2.2.2.1. 憲法的「永續」觀

憲法上有沒有永續性的規範基礎？那要問是什麼的永續？憲法雖然具有鎖定價值的功能，但憲法本身仍蘊涵著變動的可能。世界各國的憲法都有憲法修改的規定，或許就修改難易或程序複雜之程度有別，但均為憲法容許變動的例證。憲法非但沒有「政權」永續的設計，甚至於在民主原則的貫徹下，憲法必須有政權可能更迭的制度設計。然而，若從憲法維護 (constitutional maintenance) 的觀點，則以民主原則、權力分立、權利保障等原則為基礎所建立的憲法，有「防衛」這些原則淪失的制度設計，因而不啻內含了此等原則的「永續」。 大法官在釋字第499號中所揭諸以「自由民主憲政秩序」作為憲法不可更易的修憲界限，正是憲法上永續的道理。

憲法上對憲政主義所表彰的民主原則、權力分立及權利保障等原則，有永續性的制度保障。也就是說，憲法對這些理念，不但已作了鎖定，而且是絕對鎖定，無論在什麼情況下，都不容許被改變。問題是，憲法上除了內化上述憲政主義的原則外，是否也容得下另一種意義的永續呢？

2.2.2.2. 永續發展在憲法上的理論依據

憲法鎖定民主原則與權力分立等原則的理由，在於肯認民主、權力分立等原則，乃是人類社會不能更易的原理，因而無論如何不容其淪喪。相對於這些政治結構上的必要條件，永續發展是否也是憲法所應該竭盡保障的價值理念？無論在政治結構上採取多麼好的制度，如果憲政民主國家不能維持自然生態面的永續發展，一切仍將枉然。如此一來，作為國政推行上最高指導原則的憲法，是否也應內含永續發展的規範基礎？

憲法上鎖定永續發展與鎖定環境基本人權或環境政策宣示（基本國策）很不相同。將環境價值作憲法鎖定的困難之處，在於環境價值僅是政府決策時所應考慮的一種價值而已，必須與其他價值一併作調和考量。一旦特別將環境價值「入憲」，則將衍生其他價值是否較不重要的難題。此種難題可從法院不願去執行環境權的態度看得出來。

相對地，憲法上若鎖定永續發展，則並沒有上述問題。因為永續發展並不等於環境價值，也不是要用此等憲法條款來具體決定任何事務或推翻任何決定，而是環境與發展的調和機制。在性質上與民主或權力分立這些原則相近。換句話說，永續發展的憲法鎖定，所鎖定的不是某種特定價值，而是一種結構性的調和制度。又由於永續發展乃是對環境與經濟的調和機制，性質上將牽動高層次的政治運作，透過高位階的憲法，進行結構性的鎖定，確有其獨特意義。

2.2.2.3. 憲法上兼籌並顧條款的發揚

憲法上「適合」對永續發展進行鎖定是一回事，而如何鎖定

以及以何方式鎖定,卻又是另外一回事。

雖然沒有直接提到永續發展,但憲法增修條文中,加入了科技與經濟發展應與環境生態兼籌並顧的條款。此一條款表面看來似乎相當空洞,但若從永續發展的調和性質對其作適度的發揚,則可能成為我國憲法上承認永續發展的初步規範基礎。

1992年5月,第二階段憲法修改中,除了政府結構部分是憲法修改的根本議題外,各界也都利用機會,希望將各自關懷的價值「入憲」,環境保護亦不例外。原本幾個憲法修正的版本,都有在憲法中納入環境權保障的呼聲,但實際運作的結果,所通過的卻是一個相當宣示性的規定。憲法增修條文第18條第2項規定:「經濟及科學技術發展,應與環境及生態保護兼籌並顧」,此即是我國憲法史上第一個「環境條款」,我們不妨將其稱為憲法上的「兼籌並顧」條款。本條規定也為其後的修憲工程所承襲,成為目前憲法增修條文第10條第2項的前身。

憲法上的兼籌並顧條款,所採行的是一種政策宣示的模式,但在性質上,卻與一般以環境價值為本位的政策宣示不同。兼籌並顧條款雖有環境生態的字眼,但它僅被用來與科技發展以及經濟發展作調和的價值。整個條款的重點在於「兼籌並顧」,而非環境生態。從此一角度看來,此一條款雖未定出永續性或永續發展的用語,但卻與永續發展有神似之處。

永續發展乃是環境與發展相調和的理念,而非單純環境價值的推促。永續發展的發揮,其實就是在發展的過程中,能透過制度層面的機制,處處作環境因素的考量,使其能在環境資源可承受的限度內為之。從此一角度看,我國憲法將科技發展與經濟發展並列,並促其須與環境生態兼籌並顧,可以說是憲法上對環境

與發展相調和此一政策立場的鎖定。尤其是該條款將科技與經濟發展並稱，正好可以表徵「發展」的面向。以此與環境生態等量齊觀，亦符合永續發展所調和利益的範圍。

由於兼籌並顧條款在性質上為政策宣示，從理論上看，此等宣示性的憲法規定，很難對立法者、行政部門或法院產生實質的拘束力。執此規定便認為我國憲法已成生態憲法，固然是過度誇張，一味認為此一規定一無是處，也不盡然。本項規定將不多也不少地表現出政策宣示與憲法教育的功能。然而，由於此一規定仍有許多曖昧之處，不論在政策宣示或憲法教育，都仍留下一些解釋的空間。

2.2.3. 永續發展的憲法制度條件

2.2.3.1. 正當程序的追求

如果從功能性的釋憲觀點，希望能充分發揮我國憲法上「兼籌並顧」條款的功能，則所謂「兼籌並顧」，其實正蘊涵著永續發展的一些制度條件。環境行政上的正當法律程序 (due process of law)，便是其中相當重要的一項制度條件。兼籌並顧條款雖然是憲法上的政策宣示，但基於憲法規定的嚴肅性，憲法文字中所用的「兼籌並顧」，並非浮於空中的空洞理念，也不是用來作政治「敷衍」的手段。如果以嚴肅之心看待「兼籌並顧」的實現，則必須以一定程度以上的程序設計作基礎，否則在事理上，很難真正達到兼籌並顧的目標。例如，對於影響重大的國土開發，若沒有相關地方自治團體或利害關係人的參與，並從各方面讓作為決策基礎的完整資訊能夠呈現，將不可能使經濟發展與環境生態能真正「兼籌並顧」。換言之，兼籌並顧的實現，必須以一定的程

序參與機制為前提。姑且不論此等兼籌並顧的環境條款在內容上是否妥適，現行憲法中的規定若透過功能性的解釋，應內含著環境參與的理念。憲改中雖未明白採取環境參與權的提案，但透過「兼籌並顧」條款的功能性解釋，對環境行政上正當法律程序的憲法基礎，卻提供了理論的補強。而以參與為主要內涵的正當法律程序，正是永續發展的一項重要制度條件。

2.2.3.2. 其他憲法上的制度條件

憲法上增修條文的兼籌並顧條款，與全球信奉的永續發展，有精神聯盟的作用。值得一問再問的問題是，除了精神信仰與政策宣示以外，要有哪些條件，才能促成環保與發展「兼籌並顧」，甚至「相輔相乘」呢？從另一方面看，永續發展理念的提出與獲得認同，固然已為環保與發展的調和提供了一個理念基礎。然而，如何才能真正促使永續發展的實現呢？

永續發展的理念，對人口眾多、資源欠缺、以及外貿導向的臺灣，有更深層的意義。然而，在追求永續發展的過程中，不能停留在環保與經濟有沒有衝突這種問題上。而應更進一步去探究永續發展的社會制度條件。此種制度面的需求，對既有政治結構、政府功能、以及法律的內容與定位，均將產生深遠的影響，也將造成巨大的衝擊。

從憲法的觀點看永續發展的制度條件，則除了上述對憲法兼籌並顧條款作功能性的解釋，進而導引出環境行政上正當法律程序外，憲法本身原已內含的許多重要原則，亦是維持永續發展不可或缺的制度條件。舉其要者，例如我國憲法上權力分立的設計、地方自治的精神、司法違憲審查權、基本人權的保障等等。

當然，此等條件在憲法上的規定與實際的作用，仍然有所距離，但此為憲法貫徹程度的問題，並不影響憲法的法規範要求。

永續發展的制度條件，若以條列式的方式，則可以無窮盡地列舉。然而，此等制度條件之間必須有嚴謹的互動關係。有鑑於此，永續發展以科學、民主、法治與經濟原理作制度條件的四個象限，並謀求相互之間調和與補充功能的發揮。這些制度條件在現行憲法的設計或憲法學理上，已有部分實現，例如司法審查的代表性強化 (representation reinforcing) 理論，即是憲法上法治用來補充民主運作的設定機制。

3. 永續發展的決策導引

▶▶ 3.1. 永續發展理念下的決策

永續發展具體落實於環境保護與產業發展間，一方面，民間環保團體擔憂產業發展造成環境資源的過度耗損，並且會持續惡化，是以，要求政府加強環境管制的力道，也期待產業界履行其社會責任，將對環境的關懷納入企業的營運方針。另一方面，產業抱怨政府施以過多不合理的管制，以過高的環境標準以及無效率的行政程序作決策，造成企業競爭力的減損。然而，作為決策者的政府也會認為民間團體過度要求，讓政府要進行任何開發時受到牽制，而產業界則太仰賴政府，甚至可以挾企業對社會的影響威脅政府作成對其有利的決定。

在多方面的利益衝突下，政府以法的形式作成決策，在作成決策的背後，不免存有資源配置是否公平的問題，在爭奪資源的過程中，涉及多方利害關係當事人的衝突。決策的過程也難免受

到社會結構及法以外的規範的影響,讓每一個社會對同一個議題會有不同的判斷;而不同的制度條件,也會左右我們的判斷,讓規範的拘束力、正當性隨著不同的社會條件而呈現不同的面貌。是以,在作成決策時,除了了解前述憲法上的制度條件外,也不能與社會、經濟、政治及文化脫節;從而,應該立於制高點來觀察問題,尋求解決的方法,而這也正是永續發展的理念所要追求的。

永續發展的理念可以協助我們讓決策的作成更具有說服力,也是進行公共治理所不可欠缺的。這些追求永續發展的理念,都是本於讓決策的作成具有預警的思維,要求任何對環境具有威脅的物質或活動,在科學無法充分證明其與環境損害的因果關係時,可推定為對環境有不良的影響,以求與環境有關的決策不會影響到社會未來的發展。預警原則在永續發展的落實上,可具體地展現在永續發展指標的建構、環境決策的參與機制、環境外部成本的內部化,以及環境公民量能的發揮之中。

▶▶ 3.2. 落實永續發展的具體制度

環境議題的決策,多面臨不同利害團體的折衝與妥協,這是追求永續發展所必須面對的,從而,許多法制度必須在兼顧民主、法治、科學與經濟之間尋求決策的作成。然而,從前述各章中,我們可以發現既有的法制度仍有許多值得檢討之處,這些制度上的缺失,不乏因為制度建制之初未有考量到永續發展者。以下,作者就永續發展與指標的建構、環評、環境損害的內部化及環境公民間的關係作討論。

3.2.1. 建構永續發展指標

國家永續發展指標可以作為國家行為是否符合永續發展要求的評量。主要的思維是以制度量能的提升為理論平臺，涵納隔代分配正義、環境承載能力、經濟內部化等理念，強調發展與生態間的矛盾如可透過制度量能的不斷提升，促使資源可以合理配置、協調衝突並避免產生不當決策，進而在政府政策運作中逐漸落實永續理念。之前臺灣所建立的永續發展指標，會因應每年不同的狀況而有所調整，並可以在國家永續會的網站中找到，目前最新版本為於 2022 年所公布的《臺灣永續發展目標修正本》，其內容包含 18 項核心目標、143 項具體目標及 337 項對應指標。以下，作者分別就永續指標的理論意涵、制度建構、發展展望加以討論。

3.2.1.1. 永續發展指標的理論意涵

永續發展指標的提出有助於國家整體長期性的策略發展，透過資料的蒐集、公民社會的參與、隔代正義的分配、環境承載能力的考量、經濟內部化，以及與國家永續會及綱領性文件的互動，可以讓永續發展指標的制度量能進一步的提升，使發展與生態彼此競合的關係，得以適當地分配資源、協調衝突並避免錯誤決策，而在個別政策中實踐永續發展的理念。

另一方面，透過讓永續發展指標發揮其制度功能，也可以帶動主流社會典範向新環境典範的方向轉移。在公部門的政策中，主流典範所主張的是由專家制定政策，強調市場機制的重要性，並偏重以正式管道表達意見堅持個人權益。而新環境典範則憂心自然環境遭受破壞的程度，強調人類必須面對全球資源有限性及

生態系平衡重要性的問題,希望重新釐清人與自然的關係,來檢視科技價值與經濟發展對人類的意義。透過永續指標功能的發揮,可以提高人們對環境生態的認同,帶動社會價值觀中典範的轉移。

為了讓永續發展指標可以持續發揮功能,必須持續建構永續政策的政策網絡,連結中央與地方、公部門與私部門,並橫跨產、官、學界,使各種力量可以內化到政府推動永續的機制之中。此外,也應該建立確實的資訊公開機制及民眾參與機制,並持續修訂與追蹤臺灣的永續發展指標系統。

3.2.1.2. 永續發展指標運作的考量因素

在永續發展採行制度量能提升模型的說法下,要建構一個社會的永續發展指標,必須以民主、科技、經濟及法治為根基,用這些知識及制度來了解到這個社會是什麼、有什麼特殊之處、面對什麼樣的壓力,才能進一步確定要如何回應這樣的壓力,這就是「現況—壓力—回應模型」(PSR)。

在PSR模型之下,我們必須了解現況的環境資源有哪些,在這樣的資源之下,型塑了什麼樣的社會結構及經濟活動,而人類所運作的社會結構及經濟活動又會回過頭來對現況下的生態資源產生什麼樣的壓力。同樣地,人類運作的社會結構及經濟活動久而久之也會形成一定的制度加以回應,並以有效的執行機制來確保制度運作的有效性。但制度環境及執行機制雖然可能自成一套系統來運作,但也可能回過頭來回應人類活動中社會結構及經濟活動的運作。這整套從自然資源、社會活動到制度回應的過程,會牽涉到許多不同的事務,這些事務也會具體化成為各式各

樣的指標，成為我們進行決策之際考量的因素，綜合加以考量並制度化的結果，就有不同類型的指標群產生，並可以形成適用於我們這個社會的永續發展指標，以作為決策考量的因素。

以水資源為例，我們必須透過科技來了解到臺灣降水量、水質、使用地下水等有關水資源多少的現況如何，也要了解到臺灣地形與水文間的關係。並從經濟的角度了解臺灣社會基於這樣的水資源現況，型塑多少農民，養活了多少人；另一方面，也要了解到一旦要發展半導體、煉鋼廠等其他產業，又需要多少的水資源，這些產業會對水資源的量能產生多大的壓力，會對既有的生態環境產生多少的影響。此外，在這樣的產業結構及經濟活動之下，這些產業相應的制度又是如何，制度如何回應這些社會面的需求，都是應該注意的。是以，對於水資源的運用要如何分配，水價是否可以反映其真正的價格，就可以一併地從經濟的角度，以民主參與、法治形成的方式加以考量。在這個檢討過程之中，我們可以發現必須考量環境污染、生態資源等現況，也要考量社會及經濟的壓力，因此，包括空間磨擦度、社會迷亂度、時間壓縮度等社會因素，產業結構、環境能源使用等經濟因素都應予以考量；此外，包括權責分配、機關組成結構、個別政策等制度回應因素亦同。從而，如將所有的因素都加以考量，就可能形成一系列不同群組的指標群以作為將來人類行為參考的基礎。又因為在現代社會中，各項客觀條件可能會隨時有所改變，在全球化的潮流之下更是如此，因此，這些指標也必須隨著社會的變遷而改變，以因應不斷變動的自然現象及社會需求。

3.2.1.3. 永續發展指標的制度建構

在推動永續政策過程中,指標系統有效提供國家是否邁向永續的資訊,從制度面向看來,這套指標系統必須結合到整體永續制度才能發揮更大的功效,這些制度包括國家永續會的建立及制定永續發展綱領性的文件。

以前述 PSR 模型為基礎,並理解到臺灣社會面對民主轉型、海島經濟、多元族群及價值互動及櫥窗效應之下,2002 年底所提出的「永續發展行動計畫」強調公部門應該以明確的「任務、理念、分工、具體工作內容及執行期限的行動計畫」,落實行政部門永續發展工作,形成公部門、私部門與第三部門推動永續的誘因。2003 年的「永續發展宣言」則強調依據世代公平、社會正義、均衡環境與發展、知識經濟、保障人權、重視教育、尊重原住民傳統、國際參與等原則,並遵循國際間永續發展相關宣言,來擬定永續發展策略,以實際行動落實永續發展。2004 年推動「臺灣二十一世紀議程——國家永續發展願景與策略綱領」作為因應國際潮流的基本策略與行動指導方針。其中認為臺灣屬於亞熱帶海島型生態系統,在經濟模式上則屬於外向型經濟發展模式。本此就環境、社會、經濟三個面向分別提出願景,依據這些原則,策略綱領遵循環境承載與平衡考量、成本內部化與優先預防、社會公平與世代正義、科技創新與制度改革並重,以及國際參與與公眾參與等五項原則,研擬出界定新的發展願景及強化永續發展指標功能、建立永續發展決策機制及加強永續發展執行能力等三項總體策略。這些綱領性的文件都是參考聯合國及世界各國永續發展相關文件,宣示臺灣未來永續發展的基本原則及願景,提供公部門(特別是國家永續會)、私部門與第三部門等,

使其推動永續發展相關政策時有明確的依循途徑，永續指標也進一步將這些宣言與綱領文件的精神納入指標系統的建構過程中。

1997年8月將1994年所成立的「全球變遷政策指導小組」改組為「國家永續會」。2002年國家永續會在組織上做了變革，採取世界上罕見的組織型態，改由行政首長——行政院長兼任永續會主委，並以行政院副院長擔任副主委，聘請政府部會首長、專家學者及民間團體代表擔任委員，設執行長一人由行政院政務委員兼任。2002年底環境基本法的訂定，也將該會納入規範，將永續會提升為法定委員會。永續會為落實建立公民參與機制、強化與非政府組織合作、完整蒐集並及時公開相關資訊，是由政府部門、學者專家及社會團體各三分之一組成。

在民主治理模式邁向常態化後，行政部門、立法部門及政黨都會影響永續政策形成與制訂過程，此外，學術研究單位、利益團體、非政府組織與媒體也會透過正式與非正式管道來影響政策內涵。前述的綱領性文件為國家永續政策提供明確行動方向，但綱領性文件仍必須依賴某些連結機制，轉化為實際可行的政策資訊，作為國家永續政策的具體建議。另一方面，前述永續會的運作也需要明確資訊作為組織運作的指導。指標系統透過資訊蒐集及理論建構，將綱領性文件所宣示的宏觀目標轉化為詳盡的政策建議。指標也可以作為反映施政、檢討國家整體發展政策、規劃施政願景的基礎。並推動綠色國民所得概念，將環境成本納入考量成為國家經濟於環境共同生產力的代表指標。此外，永續發展指標也可以從中央延伸到地方，在了解縣市間環境差異甚大，應深入了解各地現狀及特性，讓實際長期參與地方事務的相關人員及學者，以在地的角色及需求，建構真正屬於地方的永續指標系

統,作為地方發展的評量工具。經過此等轉化,指標系統機制與永續會相互連結,成為該會定期評量臺灣永續性的基礎,使永續會組織功能可有效發揮及運作。

3.2.2. 環境影響評估

永續發展所要求的民眾參與及資訊公開,可以體現在國家機關的任何決策行為上。最為典型的就是環評及政策環境影響評估(以下簡稱「政策環評」)的制度。前者要求任何開發行為都必須考量對於環境的影響;後者則要求政府所擬定的政策必須考量對環境的衝擊。兩者都希望在資訊公開的環境中,引進民眾參與的機制,讓公民可以為環境把關,在行政程序中提出開發行為或政策可能會對環境所造成的影響,以防止環境承受過大的風險,發生不可回復或難以回復的損害,進而發揮預警功能。

在現實的運作下,許多開發案在進行之前必須經過環評程序,然而,環評具有政府部門事權的不統一、設廠與環評程序的繁瑣與冗長、決策與環境考量的分離、環保團體在環評過程中與企業的對立愈加嚴重,環境與產業成為相互競爭的價值而無法調和、環評程序耗時冗長,遭致各方的不信任等問題。這些問題,凸顯了現行制度造成開發單位、當地居民及整體企業環境三輸的局面,也顯現出這樣的制度與永續發展的理念還有一段很長的距離。

以國光石化案為例,該開發案總投資金額約為 8,000 億元,原訂於雲林縣臺西鄉設廠,2006 年 10 月經建會通過投資案後,送交環保署進行環評程序。第一階段環評歷經一年多,環評審查委員會認為國光石化無法提出對空污、用水及生態等有效維護方

案，於 2008 年 2 月決議，本案應進入第二階段環評。其後，鑑於雲林臺西的水與土地資源，國光石化重新選址，轉於彰化縣大城鄉（大城海埔地工業區）設廠，以新案送交環評審查。環評審查委員會於 2009 年 6 月決定應進行第二階段環評，主要理由仍為國光並未針對該開發案對用水與生態影響的解決方法。最終，這個案子在歷經環保團體、當地居民多次抗爭，由總統以政治力的方式作成不續建決定，開發單位於是撤回環評案落幕。

這個案件在環評程序中，即有環評委員提出，國光石化開發是設廠的個案。在國家石化工業政策不明朗之下，應先進行政策環評，待政策環評通過後，再進行個案的評估。而企業在臺西設廠的環評案，被評為應進入第二階段環評後，並未積極針對環評審查委員會的意見進行更進一步的評估與解決方案，而是轉戰彰化大城。另一方面，國光在 2008 年 6 月提出大城開發的環評，環評委員會於一年內即作成進入第二階段環評的決議，相較於其他環評案例，第一階段環評審查時間約少了半年。環境團體曾批評這是二階段環評秀，只是為了加速審查速度。

我們可以發現，在這個案件中，政府在決策面上並未善盡均衡產業發展與環境政策的功能角色；企業是否正視環評的意見，或僅採迴避的方式也值得討論；又整個案件的進行，更加深了民間團體及社會對環評程序的不信任，而可能會損害環評制度的尊嚴。這樣的現象都讓環評所應具有的預警功能大打折扣，更與永續發展所要追求的方向背道而馳。

從這些案件加以觀察，也可以發現國家政策本身欠缺永續思維及規劃的一面，多採取且戰且走的態度。臺灣雖然有政策環評的制度，且制度中也要求要踐行當事人參與的程序，並輔以資訊

公開作為配套,但實際運作的結果,卻讓政策環評成為聊備一格的制度,無法發揮制度原先所設定的功能,是相當可惜的。這樣的現象,也顯示政府對永續發展議題的陌生,使永續發展淪為政府宣示的口號而已。

3.2.3. 外部性的內部化

另一方面,將環境外部性內部化也是永續發展必須採行的機制。環境責任的究責機制,可以凸顯出臺灣對於不同利害關係的當事人,在面臨環境糾紛時是以什麼樣的方式解決,而這樣的方式是否可以兼顧到受損害當事人及加害人間的利益?我們可以發現,許多環境問題都產生環境外部成本沒有辦法內部化的問題,讓造成環境損害的人不需要支出多少成本,甚至根本不需要支出任何成本,進而讓大眾需索無度地消費環境這樣的公共財,環境也因此承受相當大的壓力。所以,在追求永續發展之下,將環境這樣的公共財內部化為污染者(或排放者)的成本,本於污染者付費原則等經濟誘因的手段來加以運作,當有一定的必要性。

在「中華電信海底電纜線影響漁場案」中,1999 年 7 月,中華電信在臺中縣漁民的專用漁業區內埋設通達金門峰上之海底電纜線。施工後,漁民認為影響漁業權之行使,造成漁業損失,請求中華電信負責。法院分別以臺中地方法院 90 年重訴字 873 號判決、臺灣高等法院臺中分院 91 年重上字 162 號判決及最高法院 93 年台上字 1931 號作成判決。本案中,漁民透過臺中縣漁會請求中華電信賠償 77,315,945 元,法院因為原告無法證明因果關係,判決原告敗訴。使得中華電信在本案中全身而退,無須負擔任何賠償責任。

另外，在「中油公司輸油管線遭盜油破裂漏油案」中，1999年 4 月 3 日中油公司因為輸油管被盜用，漏油污染造成私人企業嘉隴公司、春燊公司，以及 44 個住戶的損害，於是要求中油賠償。原告嘉隴公司請求 68,561,351 元、春燊公司請求 21,613,606元、其他原告每人約請求 700,000 元。歷經嘉義地方法院 90 年訴字第 249 號判決及 2008 年 6 月 10 日高等法院臺南分院 93 年重上字第 44 號判決，法院最後判決嘉隴公司可獲得 54,641,753元賠償；春燊公司可獲得 10,075,461 元賠償；其他原告每人約莫可獲得 400,000 元賠償。

讓污染者必須對其所做的污染行為負起相當的責任，也是將環境外部性內部化的具體展現。許多企業污染了環境，而產生環境責任的問題，但環境侵權行為多有難以證明因果關係及主觀上故意過失的問題；有時也必須面對環境標準不清楚的問題；又在講究證據的訴訟程序中，也常必須進行冗長而不一定有結果的鑑定程序。這些環境問題的特色，搭配既有的司法訴訟及侵權行為法，使得環境責任難以由法院做妥適的解決。可能被害人根本求償無門，更可能由於訴訟程序的冗長或利益團體的壓迫，迫使當事人必須以政治解決的方式來化解紛爭。無論由法院或以政治方式加以解決，污染者都可能面臨高額賠償金的結果。對此，企業可能只能選擇逃避而關門大吉，也可能負擔被索賠的成本及風險。前者使得被害人的損害沒有辦法獲得填補；後者則可能讓企業的元氣因此大傷，尤其在風險社會下，許多行為會對環境造成什麼樣的影響，根本是企業當初所難以預料到的，從這個角度看來，企業本身也是制度不健全下的受害者。

這些結果所顯示的是環境無法內部化到污染行為人的問題，

也因此讓環境持續受到危害,企業在這過程中也嚴重受傷,形成環境與產業雙輸的局面,而與永續發展所要追求的方向相違。是以,參考前述經濟誘因的手段,以及對環境責任的法制度做適當的變革,使環境得以內部化到污染者的成本,是制度興革上的當務之急。

3.2.4. 環境公民量能

在民主國家中,公民社會可以扮演著協助國家機關作成良善決策、監督國家機關執行有無疏失的功能。在知識普及的社會中,民間所具有的專業及能力,是政府不能小覷的,透過參與,民間的力量可以挹注到政府的決策,並透過相互的論辯與審議,協助政府機關做成較為妥當的決定。同樣地,民間社會也可以對永續發展指標的建構與回饋提供相當寶貴的資訊,幫助永續會建構更為精準的指標,減少行政機關做成決定的工作壓力,因此,倘若公民能夠關懷環境,並將他的關懷落實到政府決策的參與之中,對環境將可以有很大的幫助。

越是開放,以及越是走出威權的國家,越能有上軌道的公民社會。臺灣走出威權、邁向民主化已經有二十幾年的歷史,民間社會對於公共議題越來越勇於表達意見,也敢直接挑戰政府機關作成的決定。但勇於挑戰與公民社會中的公民具有「公民意識」是截然不同的兩件事,公民意識所強調的是公民必須對公領域的議題有所關心,並本於自身受到教育的思維對問題進行實質的討論。因此,必須要有公共論壇的場域,引導人民進行討論,匯聚共識。在網路普及的今天,不僅公共空間,連網路也可擔任同樣的功能;此外,大眾傳播媒體也可適度擔當起以中立的立場引導

討論的角色,讓人民有接近並使用媒體的機會。但是,已解嚴四分之一世紀的臺灣,這方面是較為欠缺的,也還有改善的空間。因此,目前必須強化的是,人民必須要有實質討論與思辨的能力,藉此參與國家的決策,監督政府部門的施政。如果可以適度提升人民及社會在這方面的能力,也將更有助於臺灣追求永續發展的理念。

在邁向全球化的過程中,許多議題同樣有讓公民進行討論及踐行思辨民主的空間。許多全球治理下的決策,包括環境治理、國際貿易協定、全球金融體系、智慧財產權協議,都與內國人民的生活產生關聯。公民所要了解的已不僅限於以往以國家為本位的資訊,治理模式也已逸脫了傳統以民族國家為基礎的治理模式,而必須對全球性的事務及事務之間的關聯有充分的了解。同樣地,永續發展的思維,也並不侷限於國家或區域的永續發展,更及於全人類社會的永續發展,包括生物多樣性、碳排放、臭氧層的保護都與全球有著密切的關聯。健全的公民社會同樣可以對這些事務進行討論,監督國家對外的磋商,並給予必要的協助。有了公民社會的奧援,將更能追求國家的永續發展;除此之外,經由諸多公民團體的串連,以及在全球治理下與諸多國家及資本家就全球行政管制進行磋商及討論,也將有助於全體人類社會的永續發展。

4. 決策的永續理性

永續發展的理念在 1987 年的《我們共同的未來》中被提出,當時許多人質疑當中的「我們」是指誰?其實,這樣的理念所訴求的是,滿足我們這一代人的需求,但不能剝奪下一代人跟我們

同樣發展的需求。這樣的訴求，是多數的人類都可以接受的；然而，一旦涉及赤裸裸的利益衝突時，隔代正義的想法常會被犧牲，畢竟，「隔代」所指的人是誰，離現實世界的人而言，實在過於遙遠。究竟要如何達到「永續」，所考驗的是人們的決策、是人們的自我反省，在其中，法又能做些什麼呢？完全不利用環境的資源，固然不會破壞環境，但卻顯得不切實際，也讓人如同自隔於自然界的運作一般。過度地利用資源，對自然所造成的壓力過於龐大，許多文明的滅絕就是殷鑑不遠的歷史。

　　人類在經濟、社會、環境之間，究竟應該如何作出妥協此等價值的決策呢？如同加拿大及韓國般，以永續發展法來對這樣的理念進行立法，固然是一種做法；然徒法不足以自行，實際運作所面臨的困難也是相當大的。憲法上的規範，提供給我們一定的指引，讓我們知道，除了權利保障之外，憲法更賦予我們經濟發展與環境保護兼籌並顧的誡命，這樣的誡命，不是一規定下來就自然而然可以達成的。面對這樣的難題，有待我們以更成熟的社會、更具正當性的決策模式來達成。永續發展指標的建構是一個有賴各種資訊進行彙整的辛苦工作，卻可以讓我們自省決策作成的缺失與不足，如同一面照妖鏡一般。此等機制的建構與持續落實，可以看出政府對國家永續發展的重視程度，可惜這樣的制度運作不到幾年就停頓下來。另一方面，環評的落實也有助於我們對許多決策採取預警的態度，評估決策對環境所造成的問題是一個負責任的決策者所應有的態度，如果有永續發展指標作為評估的基準，將更有助於評估的正確性。此外，將侵害環境所造成的外部性加以內部化，讓污染者及行為人對其行為付出代價，也是尊重環境並兼求發展的做法。當然，許多社會發生的事實，都

有待公民社會進行監督,如果公民社會可以積極地發揮功能,反映出各種不同的價值及需求,參與決策的作成、監督作為的合法性,不但是一個現代公民負責任的展現,也是對社會永續發展有所助益的。民主轉型後的臺灣,是否能成就一個現代型的社會,公民社會的運作正好是一塊試金石。當然,制度上如何導引公民社會發揮量能,是相當重要的;包括落實決策程序的參與、民主論辯機制的成熟、廣開公民訴訟的大門、政府有效地與人民建立夥伴關係都是讓公民社會茁壯的因素。

永續發展,不應是政治上的口號,不應是一個看似順應時代的標語,而應是國家、社會及許多現代公民共同灌溉的園地。尤其在環境問題、國際貿易、經濟發展全球化的現在,當我們可以完成這樣的基礎工程,將更能夠與世界接軌。

▶▶ 4.1. 以永續發展為目標

全球化的發展脈絡中,雖然造成國家主權的侵蝕,但卻同時考驗各主權國家的應變與調適能力。在全球連帶以及決策多元價值同時並存的情況下,決策的是非對錯顯得越來越模糊,各國決策的過程與合理性的論證基礎,更相形重要。本書在方法上必須先找尋可以論述的國家發展目標,就此,聯合國不斷推動,而臺灣也已經零星論述採用的「永續發展」應可被明確採用。

而在諸多永續發展的論述中,本書採用制度量能提升模型(institutional capacity-building model),強調永續發展目標的實現,也是社會不斷藉由檢討與反省,不斷提升各種制度條件的動態。

▶▶ 4.2. 面對現實存在的困境

永續發展可作為國家發展的目標,但我們也必須面對現實的侷限,只有從對現實困境的充分承認,才能有理性的因應。

4.2.1. 不完美的社會與不可避免的差錯

我們生活在一個不完美的社會。資源的短缺一直是人們的夢魘。社會各利益陣營之間的衝突,一直是揮之不去的陰影。而以促進公益自稱的政府,在決策的過程中,也常面臨資訊不足的困境。在日常生活上,我們既必須仰賴科技來提升生活水準,卻對科技的發展存有幾分戒心。我們一直採行著自由市場制度,但對市場機能卻疑心重重。我們堅信民主政治,但對政治運作實態卻心存芥蒂。我們信奉依法而治的法治主義,但對法官的能力與操守卻不夠信任。

就在這樣一個不完美的社會與不完美的生活條件中,政府機制仍然必須運行,人們也照樣經營政治、經濟、社會、藝術、及文化生活。不過,不論是政府的決策或人民的作為,在現實條件的限制下,都難免有差錯。在絕大多數的情況,這些差錯是可彌補的,在為錯誤付出代價後,也往往能療傷止痛。但是,有些差錯卻是難以逆轉,或者是必須付出極高的代價或極長的時間才能回復的。對於這種差錯,我們不僅必須有「解決」的決心,使所造成的傷害早日填補,更要有「預防」的能力,使此種錯誤免於發生。

4.2.2. 決策極端主義與片斷的決策判斷模式

從法律規範與公共政策的角度來看,規範內容與決策品質

的提升,所涉及的問題面向往往並非單一。但在實際的決策條件上,決策往往難以在上述每一個面向都能夠面面俱到。換言之,決策往往是在科技、民主、經濟、財務、或法治條件有所欠缺的狀況下作成。於是,如何判斷決策的品質,乃成為相當困難的問題。就此,不論是決策者或學術界,基於原來學科專長以及方法論上的限制,往往在有意無意之間,以其固有的觀點來看問題。於是,科學家會相當強調決策必須建立在科學上求真求實的基礎。經濟學家則強調決策必須符合經濟原理,不可任意破壞市場機能,受益者或污染者必須付費等等。而政治學家則認為決策應廣納民意,並重視政治上的協調,以建立共識。法學家則咬定任何決策必須合乎憲法精神,更必須依法行政。在不同學科與專業訓練的前題下,每一領域都在自己的框框上看理想的世界,造成相互輕視,又欠缺整合的局面。

在這樣各持己見看決策品質的情況下,很少有決策是完全可以被接受的,也很少有決策是完全找不到任何依據的。而決策考量的重點,也就變成由哪一機關作決策,或由哪一類型的人參與,而有鮮明的差距。在一個大體上由科技人員組成的機關,在行事作法上,將發生科技本位的偏見,將許多公共政策上的問題,以科技或工程的眼光與格局處理。如果是經濟學家掌權,則經濟決定論的偏見也容易發生。而某項公共政策上的爭議,法院是否有終局審查權,也往往影響決策的考量重點。在一個民主法治已經有相當基礎的國家,這些難以完全避免的「偏見」尚不致太嚴重,因為既有的政治結構與決策系統本身有許多制衡 (check and balance) 的機能存在。但在民主法治還沒有上軌道的國家,上述各個面向的考慮,並不是處於一個「等量」的競爭狀態,更容

易造成決策重點制度性的偏差,例如慣性地過度重視科技面向,或慣性地過度忽視法治面向。

在各持己見判斷決策品質的情況下,不只影響到決策考量的重點,也會從根結點上影響決策機制的設計。偏執於科學理性者,對公共政策上的爭議,會有意無意地主張由科學家或技術專家組成專業委員會,透過專業上的判斷作為決策的依據。相對地,信奉民主參與者,對極具爭議性的問題,希望舉行公民投票,由民眾的總體意志作決定。信奉經濟理性者,大力疾呼應進行成本利益分析。而法律中心主義者,則認為應由法院作成判決,以解決爭議。科學專業委員會、公民投票、本益分析以及法院,也就成了各方爭取的決策機制。問題是,最後不論採取哪一種決策機制,都難免在互不認同的情況下,造成對公共政策的公信力危機。

我們所面臨的問題其實並不在如何調和環保與經濟,而是進一步地探究在決策時,如何調和民主、科學、經濟與法治這些基本理念,以提升決策的理性。而如何能打破片斷的決策判斷,而發展出能涵納各種決策因素的統合決策判斷模式,更是研究永續發展社會制度條件的重要課題。

目前我國在公共政策的領域,同時存在著幾個極端的決策模式,深深影響決策的品質。這些極端分別是「技術官僚主義」、「政治便宜主義」、「經濟決定主義」以及「法律中心主義」。在這幾種極端所影響下的決策,往往偏執一方,我們將它稱為片斷的決策判斷模式。在技術官僚主義盛行的大環境下,許多公共政策上饒富爭議的問題,決策者往往有意無意地將問題往技術層面推擠。當是否興建核能電廠的問題成為公共政策上爭議的焦點

時,決策者一直強調此為純科學問題,應尊重專家的意見,民眾的疑慮應予紓解。

▶▶ 4.3. 永續決策的統合判斷

如前所述,一直以來,法律規範與政府管制所面對是一個不完美的社會,任何規範與決策都無法真正避免差錯,此一規範與管制的前提,在全球化時代公私領域、政府與民間的角色、以及科際與議題相互間的分際越趨流動與模糊之後,不但不會予以緩解,其不完美性反而增加,決策錯誤的機率亦加以升高,也越無法朝向永續兼融統合的目標來發展。因此,在全球化的時代下,為提升整體決策理性,我們應該以朝向永續發展為目標,打破傳統的片斷決策模式,對於決策相關的主客觀因素與條件加以統合考量。

4.3.1. 決策理性總量

面對全球化時代各個部門與議題間疆界模糊與流動的特性,在以永續發展為前提,盡量減少決策錯誤發生機率的目標之下,我們應對於傳統的決策單元加以重新定位。

真實	現象	資訊	多數決
事實	科學	民主	代表性
稀有性	經濟	法治	正當程序
效率	價格	人性尊嚴	正義

圖 8-1｜永續發展決策理性關連圖
來源:作者製圖

4.3.1.1. 四大核心

為了避免前述決策極端主義與片斷決策判斷模式所導致的決策風險，且為因應全球化時代價值流動與疆界模糊的特性，任何公共決策都應該盡可能將決策所涉及的四大核心價值：科學、民主、法治與經濟等列入考慮。亦即，任何決策都不應該因為政治便宜主義或科技官僚主義的信仰而偏廢決策的民主與法治基礎，當然，任何決策也不應該因為僵化的法律形式主義的堅持，而完全無法在決策程序中納入實質的科學與經濟成本的分析。也就是說，在追求盡量減少決策錯誤的模式中，決策者應該明白肯認四大決策核心價值，至於四個核心價值間是否壁壘分明，以及相互間在具體決策如何協調配合，則為統合決策判斷模式在具體操作上的議題，無關決策四大核心的同時納入考量。

4.3.1.2. 四大價值

在科學、民主、法治與經濟此四大決策核心內，可以再進一步區分四大價值。以科學此一決策核心而言，其內在主要價值即為對於真實的追求。對於民主此一決策核心來說，多數決原則、少數必須服從多數，是其發展所根據的基本價值理念。對於現代法治國而言，實質正義的實現，才是法治追求的核心，法治原則不過是其於外在實存世界的體現而已。就經濟此一決策核心來說，其所代表的效率原則，才是許多經濟考量背後真正無法妥協的價值堅持。

4.3.1.3. 四組制度條件

最後，在這四大決策單元的核心與價值背後，存在有四組制度條件，以幫助四個決策單元的具體實踐。在科學的決策核心

內,其制度條件為包括事實與現象的分析;在民主的決策核心內,往往必須仰賴資訊與代表性機制,作為民主價值實現與實現與否判斷的制度條件;以法治的決策核心來說,正當程序與人性尊嚴為其兩組制度條件;對於經濟此一決策單元而言,要能真正實現效率原則,還必須靠對於資源稀有性的正確判斷與有效的自由競爭市場。

4.3.2. 決策單元間的相互補充關係

為了盡量減少決策錯誤的機率,我們一方面要對傳統的決策單元加以重新定位,另方面也必須體認到決策單元相互間並非互斥,其往往也具有相當的互補性與合作空間。法治有可能補充科學的界線,科學也可能可以發揮補充民主的問題,經濟原則並非完全不容於民主政治的討論與辯難,法治與民主更非如形式法學派所言的完全二元對立。事實上,法治、民主、科學與經濟四個決策單元相互間的互補關係,在實際的決策面向與規範設計上,早已屢見不鮮,只是過去缺乏系統性的分析與理論性的論證與說服而已。

例如法律上常見的舉證責任的分配轉換或比例性的因果關係,就是法治補充科學的界限的具體例證。而行政法規中常見委員會、專案小組、或公民投票等制度設計,其出發點正是在以民主補充科學之不足。法治補充民主的界限的例子,也可以從憲法學所謂代表性強化理論,主張以司法審查來彌補政治運作的缺失,加以清楚理解;決策分析與管制理論常見之本益分析管制分析,也是經濟補充民主的界限的一種方式;訴訟程序中的鑑定與參審制度,是以科學補充法治的界線,正當法律程序下的陪審設

計,則是以民主補充法治的界限。

只有充分理解並發揮決策核心間相互補充的功能,我們才有可能真正面對並解決全球化時代下各個部門與議題間疆界模糊與流動的問題,而使實質決策的作成能真正減少發生錯誤的機率,進而朝向永續發展。

4.3.3. 建立判斷合理決策的理論

面對不完美社會以及極端決策的現實,透過前述決策核心價值及實際操作的互補作用,或許能在觀念上建立合理決策的運作機制與判斷基準。此一理論推動的極致,在於建立一個可操作的總體決策理性,用來反映現實條件下,決策者無法在民主共識、經濟效率、科學基礎以及法治主義的每一個面向都充分實現,而必須努力去尋求各面向整體的最高總量表現。

面對決策理性的總量評價,決策的評判者(例如公民社會或監督機關),也必須從整體總量的觀點作綜合論辯,不應單從某一面向而否定整體的決策,也不應單從某一面向的成就,便理所當然地正當化決策。例如,針對具體的決策,在法治與民主兩方面或有較高的滿足,但在經濟與科學面向上則比較欠缺,如果單從科學的角度看此一決策,可能就會遭到片面否決(例如沒有經過科學上完整堅實的鑑定);如果從整體的角度看,此一決策在四個面向上所呈現的總體理性仍有相當的滿足,仍應肯定該決策的理性,也因而型塑出決策的合理永續性。

決策理性總量的構築,除了能克服決策的極端主義以及片面否定外,更可透過決策的互補與價值的整合,回應科技進展及全球化所造成議題模糊與流動的現象。不過詳細的運作機制,仍有創造性發展的空間。

第九章

全球變遷下環境法的挑戰與發展

　　環境法的發展究竟與社會的發展產生什麼樣的連結？環境法究竟正朝著什麼方向發展？環境法又將面對什麼挑戰？事實上，環境法總是與每個國家的社會背景及制度環境有很密切的連結關係，也會隨著時代的需求有不同的發展，以使法制度的設計切合社會的需求。

　　民主化所帶動的變遷，為環境法的發展提供了更堅實的制度條件，使其得以擺脫威權體制下單向的「命令及控制」模式，轉而運用更靈活的管制工具，如協商和經濟誘因。這種轉型強調民眾參與及資訊流通的重要性。

　　環境法未來將面對多項重要議題，包括：應對大國崛起（如中國的發展對自然資源、環境及跨境污染的影響），需透過參與全球治理機制進行溝通協調；處理全球機制的雜沓，在全球化趨勢下，貿易、人權等機制已開始關注環境價值，但仍需建立專屬的全球環境管制體系以充分確保環境價值；以及提升國際環境法的有效性及執行，使現有條約具實效性，並透過個案實踐、企業自願參與及法院的司法造法來強化制度。

　　關鍵字：管制工具、公民社會、全球治理、多層次治理、國際環境法、民主化、效率

1. 動態發展的環境法

臺灣社會在這十多年之間,整個社會已有許多的變遷。包括社會民主化、法制健全化、公民社會的成熟、人才的養成、人民的價值觀等,都有不同於以往的面貌。這些條件的相互影響,也讓我們必須重新思考,制度要如何更進一步的精緻化、制度架構要如何修改以使制度量能可以充分發揮,以追求制度所要追求的目的。以下,作者即先就此等社會條件的變遷做說明,並討論環境法在這樣的社會條件下,近年來有哪些重要的發展。

▶▶ 1.1. 臺灣的社會變遷

1.1.1. 臺灣社會的民主化

許多環境立法的時代發生在 1990 年代,當時是臺灣民主化的初期,當時社會剛解放不久,人民眼中的行政機關是森嚴的衙門,多認為能夠接觸越少越好,加上行政機關公務員心態過於保守,對於公共參與的態度相當冷淡,甚至不希望民眾提出過多的意見。因此,多數人民都不敢期待能以一己之力撼動行政機關的決定,也不知參與行政機關的決策到底代表什麼意義。另一方面,人民對法院並沒有過多的期待,加上「民不與官鬥」及「官官相衛」的想法深植人心,對於自己權利受到侵害,多不願意循司法救濟的途徑尋求救濟,更不用說發揮公民社會中公民監督的量能,確保行政機關執法的合法性與正當性。但在這幾十年之間,臺灣社會歷經八次總統的直接選舉,政權也經過三次輪替,人民的民主素養也在一次次公共議題的討論之中逐漸深化。民眾越來越能夠就公共政策的問題表示意見,或採取行動影響決策。

對行政機關的決定不服時,街頭抗爭也已經不是人民唯一的選擇,人民也漸漸習慣循訴願、行政訴訟程序提起救濟。而法院面對人民的爭訟,也以更為積極的態度來面對,使人民願意循體制內的途徑表達對行政機關決策的不滿。

民主與法治的成熟也應具體反映到責任政治與政策納採的全面性上。本此,在制度上應使決策機關對政策的作成負擔最終的責任,也應使決策機關有義務在決定作成之前,綜合考量到諸多不同的因素,當中當然包括環境在內。

1.1.2. 法制的健全化

相較於 1990 年代以前法制欠缺的情況,臺灣的公共決策與法律制度條件已經有相當多的進步。行政程序法於 1999 年間通過,並於 2001 年起施行,確立了此等法制在行政程序上具有總則性立法、通則法、普通法的地位。[1] 而在同一時期,訴願法及行政訴訟法也於 1998 年 10 月 28 日做了大規模的修改,並於 2000 年 7 月 1 日起施行。另一方面,公民投票法也於 2003 年 12 月 31 日公布施行,賦予人民有機會經過理性論辯的程序之後,以直接民主的方式對公共政策進行決定的機會。在公民投票法中,國家的重要政策當然也是公民投票的對象,此等法制的建立,無疑也是公民參與公共政策作成的管道之一,更建立在人民具有理性論辯能力等成熟公民社會的前提之上。除此之外,公民訴訟制度的建立,也是另外一項鼓勵公民社會監督力量的機制,透過此等機制,可使人民對政府機關的執法具有更強的監督能

---

1 葉俊榮(2002),《面對行政程序法》,頁 76-78,元照。

力,也可以之確保行政決定的作成必須符合程序正義的要求,同樣也是一項信任人民理性判斷能力的制度。

此等法制的建立,正足以表示在現階段的臺灣,已歷經民主轉型的洗禮,人民的民主素養以及對於法治的理解,也有相當程度的提升。以提升決策理性為基礎的制度興革,應該已經有了較為堅實的制度條件。

1.1.3. 公民社會的成熟

公民團體是一群關心同一議題的人們,本於相同的理念所組成的團體,希望可以共同合作,對公領域的事務發揮影響力。其所關心的事務,通常是無法內部化為生產成本的公共財。在公民社會的運作下,關心不同議題的公民團體,彼此間也常會有串連的現象,以強化其對於公共政策的影響力。公民團體的數量通常也與公民社會的成熟度成正比,如果與十多年前相較,公民團體的數量遠遠勝於當時。公民團體關懷的議題除了環境之外,也有性別、族群、勞工、動物保護等,顯示公民團體的多元性遠勝當時。在許多議題中,這些關心不同面向的團體間,也常常相互支援,顯示我國的公民社會與昔日相較,已逐漸成熟。

除了公民團體的增加與成長外,一般人民對於公共財的重視也更勝以往。許多人不一定加入團體,但可能透過個人具體的行動,如研究報告的撰寫、金錢的援助、網站的拜訪或意見的發表、實地的走訪等途徑,對公領域議題付出關心。這樣的現象正足以凸顯我國的公民社會逐步成熟。當人民或團體願意付出關心,國家及團體也將具有義務使人民的量能足以宣洩,甚至有義務將人民所發揮的量能內化為決策過程中的考量事項。

1.1.4. 人才的全面養成

臺灣教育的普及以及全球化現象的出現,使得在臺灣這塊土地上的人才更為多元。不論是各領域的專業,以及各個國家的人才,都可能存在於我國的領土之中,加上資訊迅速地流通,及網路傳播的普及,人才不足不再是決策的界限。當社會中多數人都具有一定知識,表示知識不再為行政部門所壟斷。甚至在公部門條件不夠優渥的情況下,依循資本主義市場的運作邏輯,公部門的人力素質也將無法與私領域的人力素質相提並論。在這樣的背景之下,知識的不足就不足以成為阻斷公共參與的藉口了。反倒應該更加鼓勵人民發揮其在行政及司法等領域的監督力量,強化決策的程序理性,以促成決策的作成更具正確性。

1.1.5. 人民價值觀變遷

1994 年時儘管已有環境保護的聲浪,但是當經濟發展與環境保護相衝突時,人民仍然會有經濟發展優先的思維。然而,在生活更為優渥後,人民對於生活品質的重視也將更勝以往。再加上其後許多污染事件頻傳,如臺南七股鄉的臺鹼安順廠污染案、高雄縣大寮鄉的潮寮空氣污染案及戴奧辛鴨事件,都讓人民對環境問題更為重視。也因此,多數人民對於環境品質、身體健康的重視遠勝以往。人民的價值觀從以往經濟發展優先的思維逐步朝環境保護遞移。一旦開發行為有影響環境之虞時,人民對理解的渴望以及參與的需求也將遠勝以往。這樣的現象顯示,人民的量能正在蘊釀,制度若不預為配套,則難保將來此等量能不會產生溢流的現象,反斲傷整體國家社會的發展。在種種客觀條件加總之下,也使得環評制度的改革更顯得迫切。

▶▶ 1.2. 環境法的變動

近年來，我們可以發現環境法越來越往「多層次治理」的方向發展，形成「全球—國家—地方」層次治理的走向。此外，所使用的管制工具也越來越多元，並必須因應時代的變遷而有所改變，學者並不乏對自己國家的管制運用提出檢討，推動環境法繼續向上提升。以下，作者即就此等環境法的變動現況進行討論。

1.2.1. 從內國走向全球

傳統對於法的理解正面臨衝擊，這是我們不能忽視的事實，環境法在這樣的環境下同樣不能免俗。傳統對於「法」的理解，主要著重於以國家主權為基礎，在一國的領域內對人民統治權的行使。這樣的治理模式，在人類發展的歷史中持續很長的一段時間；然而，許多跡象顯示，這樣的傳統治理思維正面臨極大的挑戰。隨著人們的足跡可以低廉的成本遍及全球、商品的迅速傳遞、資訊在網路發展後更以光速傳達於不具數位落差的各個角落；此外，許多對環境的影響行為也透過污染媒體的傳導、大氣層內共同產生的溫室效應禍及領域外的國家及人民。人的行為影響到所屬國家主權範圍外地域的既存事實，正足以改變法的形貌，再加上環境問題所具有強烈利益衝突的特質，更讓環境法在全球空間下的討論遠比想像中來得多元與複雜。詳言之，在全球空間下探討管制的問題，所要考慮的不僅是要不要開發的問題，還要考慮到正當性、南北衝突、全球管制下決策及執行的問題；此外，所牽涉到的主體不僅僅是以國家為單位，還涉及跨國企業團體、公民團體及學者專家在全球行政管制下所可以扮演的角色。

環境法從內國走向全球並非未來式,而是現在進行式,包括處理臭氧層問題的維也納公約及蒙特婁議定書、處理氣候變遷問題的聯合國氣候變化綱要公約及京都議定書,都是全球環境管制下曾經發生的具體例子,其中氣候變遷的問題更是當前環境法炙手可熱的議題,在全球空間下,更是每年都有不同的發展。全球環境法所處理的問題當然不僅限於此,包括生物多樣性、油污污染、環評等議題都共同構築成為全球環境法的一部分。所處理的方法除了傳統以條約為基礎的方式外,私部門在其中也可以扮演重要的角色,包括資訊網絡、執行網絡及調和網絡的建立,都可以讓私部門循商業邏輯的模式來輔助進行全球治理的工作。[2]臺灣自許為地球村的一分子,事實上,其他國家所造成的環境損害,包括核子污染、氣候變遷對臺灣的氣候及水文將造成不小影響;此外,無論在貿易、資訊、金融等議題上,也受到全球體制的衝擊,自然不應對正在成形的全球環境管制缺乏認識。對此,作者在前面幾章已有詳細的討論。但無論如何,這些動態發展的概念,還是值得我們隨時注意的。

1.2.2. 從中央到地方

環境法除了往全球空間發展之外,也必須更著重於「在地性」的發展。在具有一定幅員的國家中,不同的地區會有不同的歷史、社會及文化,這些賴以彰顯當地特定的歷史文化,其發展與當地固有的自然生態及資源有相當密切的關係,也能夠表達出

---

2 See Major Christopher E. Martin, *Sovereignty, Meet Globalization: Using Public-Private Partnerships to Promote the Rule of Law in a Complex World*, 202 MIL. L. REV. 91, 121-127 (2009).

當地社群之所以可以永續於當地發展的智慧。

在民主社會中,地區也會透過民主的選舉程序選出當地的行政首長及議會;此外,也可能透過投票的機制決定許多公共事務,因此,地方議會及行政首長所作成的決定也會具有民主正當性。這些具有地方民意基礎的行政及立法機構所作成的決定也能夠適度反映地方的需求與特色,與中央立於全國高度並與地方間具有遙遠距離所作成的決策是相當不同的。環境法所應關注的不應只是一個國家的制度、政策與法律,也不應只以將關懷的重點擴及於全球尺度為已足,更應該能夠反映地方的需求,讓在地社會可以發揮量能來對環境決策產生實質的影響。重視地方的聲音,並尊重地方的決策,甚至將決策權限下放給地方,不旦可以補強許多決策正當性不足的問題,也有助於緩解以往威權體制下中央集權的遺緒,對許多社群的長遠發展而言是相當具有助益的。當然,重視地方需求的環境法必須有範圍廣泛及大量的知識分子及強大的市民社會作為制度條件,才足以支撐地方在充分的論辯下做決策,並在全國各地以點狀的形式各自決定所需要的發展。這樣的現象,在民主化後的臺灣有相當程度的實踐,鹿港反杜邦、宜蘭反六輕、七股反七輕、雲林及彰化反國光石化等案件,與戒嚴時期政府所決定的開發案沒有人敢反對相較,就可以凸顯社會氛圍的差距,也可以凸顯出地方對於環境議題具有一定程度的主導能力,也顯視地方的意見在環境法上是不可忽視的一環。同樣的脈絡,在日本也同樣看得到環境法的地方化發展趨勢。如1950-1960年代中央重視經濟發展而忽略地方環境需求,到了後來四大公害事件發生,帶動地方重視環境的思潮,並透過法院逆向地對環境法產生正面影響。此外,在許多由中央主導國家經濟

發展的發展型國家對環境問題的處理,也同樣可以清楚地見到這樣的發展脈絡。

1.2.3. 管制工具的靈活運用

對環境的管制,不應侷限於少數的管制工具,而應因應不同的情況,對諸多不同的管制工具做靈活的運用。以往人們受到哈定認為人性自私與短視近利將造成災難的影響,忽視了匯集意見、資訊提供與傳播、教育以及發展文化價值貢獻環境的可能性。事實上,透過人類的積極參與也是可能避免災難發生的。基於事實上難以遽然廢除過去的經驗與方法,未來管制的走向,必須 (1) 增加環境市場及其他經濟誘因等管制工具;(2) 溯及適用 Chevron decision,使政策不再受限於不合時宜的法院判決先例;(3) 增加以資訊的提供與散布作為政策以激發自願性的環境保護。[3] 但無論如何,想要往這樣的方向邁進,需要社會有堅實的基礎才行,其中知識的提升及資訊的累積及流通扮演相當重要的角色,其不但可以減少直接管制成本,以可以改善的經濟誘因體系,並結合兩者來因應環境挑戰的多變特性。除此之外,實際運用上也可能面臨「民主選舉制度下,政治上傾向維持現狀」及「環境決策中的高度不確定性與難以避免的價值衝突」等問題,[4]都是值得正視的。

---

[3] *See* Donald E. Elliott, *Environmental Market and Beyond: Three Modest Proposals for the Future of Environmental Law*, 29 Cap. U. L. Rev. 245, 246-48 (2001). *See also* Richard B. Stewart, *A New Generation of Environmental Regulation?*, 29 Cap. U. L. Rev. 21, 21-24 (2001).

[4] *See* Daniel Esty, *Next Generation Environmental Law: A Response to Richard Stewart*, 29 Cap. U. L. Rev. 183, 186-89 (2001).

在威權體制下，行政機關與人民間的關係呈現了「上對下」的服從關係，並預設人民對於知識及資訊的了解不若國家，從而，國家可以掌握一切的公領域範疇，當然包括對公領域的治理也是國家可以單方面獨斷決定的。這樣的思維，也會反映在管制工具選擇的使用上，本此，在威權體制下以警察法作為典範所採行的管制工具主要是「命令及控制式」的管制模式。現階段的臺灣與以往威權時代有很大的不同，威權時代由國家掌握大量的資訊，對社會有強力的監視，形成監視社會的情況，但歷經民主化後的臺灣，民間所掌有的資訊量已不下於國家，加上網路的發達，讓資訊的流通與運用不再掌握於國家之手，因此，國家不再單方面掌有社會的一切資訊並能夠單方面地宰制並監視人民。社會形貌的改變，也有必要讓管制工具的運用改弦更張，而以不同於以往的手段就環境問題進行管制，然新型管制工具的使用，乃是用以補充原有的管制工具，而非取代原有的管制工具。[5]作者在第三章所介紹的改革環境主義也是因應不同時代背景所發展的管制工具，現階段的臺灣，相較於解嚴前後的時代背景、人民素質及市民社會的量能，是更有條件擺脫以往以「命令及控制式」的管制模式，而以協商及經濟誘因的管制工具來完成管制目的。就協商而言，宜蘭經驗、行政程序法對人民參與的重視，以及行政契約在實務上的落實，都讓協商有機會在臺灣落地生根。另外，有關經濟誘因的管制工具，在臺灣的空污法等管制性的法規也有實際的規範，並相當程度地加以運用，如果人民對此有進一步的了解、法院有機會對此等管制表達意見、學術上可以對這樣

5　Elliott, *supra* note 4.

的管制工具有進一步的回應,相信將有助於此等管制工具在臺灣的靈活運用。

當然,管制工具的靈活運用是以具有足夠的量能作為前提,過去臺灣社會的改變與提升已為我們累積一定程度的量能,但還是有一些值得繼續提升並累積的地方。改革環境主義的運用除了以政府職能的轉變、市民社會的成長作為制度條件之外,還必須在法制運作上重視民眾參與及資訊的流通。協商所重視的是政府與人民雙方立於夥伴關係,共同完成管制目的,因此,必須對資訊開誠布公,並讓人民在協商過程中有充分參與的機會,以確保協商結果的正當性。經濟誘因則是為了落實使用者付費的理念,並乞求在經濟發展與環境價值間取得一個平衡點。因此,對於排放量的多寡、環境容量等資訊,必須能讓廣大的管制者有充分的理解;又形成管制的過程中,也必須讓廣大的人民對於總量管制的「量」,以及環境「稅」的「費」有參與並表達意見的機會,以求此等管制工具可以取得廣大社會的理解,並消除社會認為改革環境主義乃出賣環境之舉的疑慮。

2. 未來的重要議題

環境法隨著時代而脈動的現象是相當明顯的。除上述全球在地化及管制工具靈活運用的要求外,事實上,還有許多重要的問題是目前為止仍未曾處理或無法有效處理的。環境法的研究者未來必須有能力面對此等重要的課題,以確保人類的永續發展。這些課題包括世界上有許多大國的崛起、多重全球治理機制的混雜,以及國際環境法的有效性及執行效率的問題。

2.1. 面對大國崛起

　　人類社會發展迄今，面臨了自然資源有限、人口增長、全球化及氣候變遷的問題。這些問題交織的結果，使人類社會的持續發展面對瓶頸。[6]開發中國家依循已開發國家的道路，一步步地成長，大量使用資源來滿足其國內的經濟發展，這些國家之中，有許多國家擁有大量的人口，一旦發展起來，對於資源及糧食的需求量將是相當可觀的。最為典型的例子就是「金磚四國」的崛起，其中與臺灣關係最為密切的中國，其發展過程中會對臺灣產生什麼影響更是不容忽視的課題。

　　到 2010 年為止，中國擁有全世界最多的 13 億 7 千萬人口，發展過程所造成華北的沙漠化已相當嚴重，其結果也讓臨近國家時常蒙受沙塵暴之苦。發展所需要的大量用水，讓中國建立三峽大壩，連帶影響長江中下游及出海口的水文及氣象，沿海所興建的核電廠也帶給臨近的東亞國家許多直接的威脅。這些損害的背後，都指向中國的發展需要大量的自然資源，國家為了讓發展更為順利，必須破壞既有的自然運作，並從中獲得資源及糧食。此外，也由於工業的發展，中國所排出的溫室氣體也相當可觀，對全球暖化的「貢獻」更不言可諭。如此看來，中國的崛起對全球而言有相當大的影響。

　　我們應如何面對中國的崛起呢？這不但是臺灣所必須面對的問題，也是東亞的問題，更是全人類必須嚴肅看待的問題。解決的辦法不是隔絕與孤立，也不是臣服與妥協，而是應該積極地

6　Laurence C. Smith（著），廖月娟（譯）（2010），《2050 人類大遷徙》，頁 36-55，時報。

進行溝通與協調，以求取多贏的局面。中國也是全球治理中的一員，面對許多全球行政管制，中國勢必不能置身事外，尤其如果這些管制是有實質強制力的話，將能更有效率地約束這一強大的經濟體。因此，從全球的視野來看，要解決中國崛起後帶給世界各個角落的利與弊，就必須從全球治理下的參與與協商出發，確保自己可以參與全球治理的機制，以及與中國及其他國家一同坐在談判桌前來討論合作與管制，在現階段對臺灣而言有其必要，對人類的永續發展而言也有更為迫切的需求。

▶ 2.2. 全球機制的雜沓

許多領域都有朝著全球化發展的傾向，這與以往以國家為本位的時期有很大的不同。在全球化的趨勢下，許多國家的人民彼此間有緊密的連結，呈現休戚與共的關係，也讓人類的發展產生環環相扣的現象。這樣的現象在十六世紀地理大發現之後就可以見得到端倪，著名的人類學者賈德・戴蒙 (Jared Diamond) 在《槍炮、病菌與鋼鐵：人類社會的命運》一書所觀察的，武力、工業及病菌的散播，為不同文化的社會帶來致命性的影響，也決定了誰是征服者，誰是被征服者。[7] 在金融全球化，美國的股市及金融風暴可能衍生成為全球的金融風暴；在人類流動的全球化下，不同地方的人身上所帶有的病毒可能傳遞到不同的地方，對其他地方的文明及社會產生關鍵性的影響，也因此會有世界衛生組織

7　詳見 Jared Diamond（著），王道還、廖月娟（譯）（2006），《槍炮、病菌與鋼鐵：人類社會的命運》(Guns, Germs and Steel: The Fates of Human Societies)，時報。

(World Health Organization, WHO) 這樣的機制來對全球性的疾病散播進行管制。

不僅金融及人流,在許多領域都可以見到全球化的蹤跡,貿易全球化是我們見到另一個對人們生活產生重大影響的實例,在商品流動的需求下,所訴求的是打破各國主權下關稅的壁壘,降低各國商品流動的成本。因此,也產生了關稅及貿易總協定(General Agreement on Tariffs and Trade, GATT) 及世界貿易組織(World Trade Organization, WTO) 等機制來降低商品流動在關稅制度之下所造成的障礙,並實際上對各國產生實質上的拘束效力。貿易全球化的運作對臺灣也產生了實質的影響,臺灣幾經努力,在 2002 年加入成為 WTO 的會員國,其結果就是會對臺灣許多產業產生衝擊,首當其衝的就是臺灣的農業,將因為外國低廉的農產品而使賣出農產品的價格無法支應農民栽種所支出的成本,並衍生出社會對此等政策方向的反彈,例如白米炸彈客楊儒門即以激烈的手段,在公共場所放置內含白米的炸彈,表達對政府政策的不滿。確實,貿易全球化改變了傳統農民對土地的利用關係,也間接改變國家對土地利用的政策,並同時影響人們對環境的利用,在此等機制的推波助瀾下,外國大規模的農業也有機會傾銷到其他國家,並對全球的糧食價格產生宰制性的效用。[8]WTO 也不是完全以貿易自由化作為唯一的訴求,對環境的關懷也同時在貿易全球化的機制中成長。倘若未履行對環境的關注義務,也會受到國際貿易上的制裁,並對為履行義務的國家產

---

8 Raj Patel(著),閻紀宇(譯)(2010),《價格戰爭》(The Value of Nothing: How to Reshape Market Society and Redefine Democracy),時報。

生實質的不利益。[9] 從這樣的現象可以發現，全球貿易的管制也不再僅僅只是關注貿易的事項，也同時對環境有實質上的關心，其所具有的實質效力相較於全球環境管制機制而言恐怕還更勝一籌。在全球貿易管制底下，貿易及環境的管制產生了匯流的情況，儘管改變了人們對土地的利用關係，也同時增進了人們對環境的關懷，在論者悲觀地認為全球化對人類社會帶來不良影響的同時，這樣的發展未嘗不是一條可行的折衷選項。然而，因應這樣的狀況，全球管制機制究竟如何能夠更確實地運作，將是接下來值得進一步深究的方向。

不同於全球貿易及全球金融的管制，對於人權的關懷也順應著全球化的潮流前進。除了聯合國機制下的世界人權宣言、公民與政治權利國際公約及經濟社會與文化權利國際公約外，包括國際特赦組織在內的許多民間團體也進行跨國性的串連及整合動作。除此之外，在歐洲及非洲等地方也有區域性的人權法院來確保人權的價值獲得實現。從這個角度看來，人權機制順著全球化步伐發展，儘管有些地方的人權現狀並不理想，但整體而言，是朝正面的方向發展的。人類與環境有著不可避免的依賴關係，當環境遭受侵害，意味著人的生活環境也同時受到影響，甚至可能影響生計、生命及身體健康權。因此，照顧到人權的價值，也意衛著人所賴以生存的環境也可以同時受到確保，人權與環境的價值也同時匯流於國際人權機制之中。

然而，環境的價值終究不能與人權保障劃上等號，或者說

---

9 詳見施文真（2008），《綠化 WTO ？——貿易、環境與台灣》，頁 265-295，元照。

許多環境議題即便與人權有關，但其關聯性也是相當間接的，是以，環境價值並無法透過人權機制的運作獲得充分的確保。如在人煙罕至的地方開發公路、舉行軍事演習，對人們權利的影響相當小，但卻可能對物種有不良的影響，也對當地的地質及水文造成破壞，更可能因為產生跨境污染而對遠在幾千公里之外的國家造成不良的影響。因此，環境價值的維護不可能以隱藏於全球化中的人權管制的機制來得到確保；另一方面，全球化中的貿易管制機制的操作涉及國際上權力的運作，不可能全面性地拘束所有國家，並對所有國家的內國法產生強制的拘束力，而國際實力強大的國家，或強大的經濟體在資本主義的運作下，擁有挾帶國際權力的實力，在此同時，也可能主導管制力的形成與運作，不見得可以對這些國家產生實質的影響。因此，要讓環境價值得到確保，建構一道全球環境管制體系，成立世界環境組織 (World Environmental Organization, WEO) 似乎是一種可能的方向。只是在實際上要如何來落實這樣的方向，勢必涉及赤裸裸全球權力的競逐，如同作者在第三章所談的，臺灣在離開聯合國之後，對於金融及國際貿易全球化尚稱跟得上腳步，但對於環境議題似乎如一張白紙，一旦國際間對環境議題的討論邁向 WEO，並進行實質上全球管制的討論及運用之際，臺灣是否有充分的準備，實在令人憂心。作者期許國內對於環境法的研究，應該更有能力跟上全球環境管制的討論，強化此等領域的研究量能，以因應人類社會的變遷及迎接未來的挑戰。

▶▶ 2.3. 國際環境法的有效性及執行

在既有的國際法規範上，有許多條約處理不同環境法上的問

題,但在有效性及執行效能上並不一致。從上述特別提及的貿易及人權機制中,可以發現貿易全球化的運作機制是較為成功的,人權機制的運作則尚在發展之中,需要透過許多個案的實踐來落實。在環境管制全球化的過程中,除了不斷訂定新的條約及議定書外,也有賴人們集思廣益來具體化有效的管制手段,並讓有關的執行更具有效性。如何讓大量「軟法」充斥的全球環境管制長出「牙齒」,使其具有實效性,這樣的目標是目前許多正在協商中的環境管制所要追求的,在具體管制內涵型塑之後,也有待許多個案在內國、國際及全球場域中不斷來填充與運作,以讓制度本身取得尊嚴。除此之外,透過自願參與聯合國全球盟約 (U.N. Global Compact) 的機制,也可以讓環境價值內化到全球場域的運作中,以自願參與並進行報告及商業邏輯的運作方式,填補國際環境法硬法不足的缺失,並讓管制所要追求的目的能夠達成。[10]

是以,在全球化的推波助瀾下,全球行政管制的形成,不再以國家主權為單位,包括跨國企業、國際上許多 NGO 團體及專家學者都可以同時對管制的形成產生影響,在這樣的運作現況下,環境法的內容也從國際環境法擴展成為全球環境法,引進更多人的參與來強化全球環境管制的民主正當性。這樣的運作可以充分顯示全球行政管制的「上沖」與「下洗」,而如何來形塑這樣的機制,更是未來環境法研究者及實務操作者所應該嚴肅面對的課題。

事實上,此等領域在目前也並非如同白紙一樣的空白,在內國環境法及國際環境法匯流的現象下,可以見到各個地方的法院

---

10 *See* Martin, *supra* note 3, at 123-25.

及國際法院都分別在處理與環境有關的問題。一方面,不但在內國法呼應國際條約中的原理原則及管制內涵,法院也實際本於這樣的規範來對個案進行判決;另一方面,國際法院也就與環境有關的案件援用國際環境法上的原理原則進行判決,法院扮演了在未有相關規範前進行司法造法的角色。[11]這些判決都是環境法研究相當重要的資產,值得我們進行深入的對話,透過對話,可以讓環境法的發展更為細緻,也讓永續發展的理念獲得實踐。

3. 結　語

環境,可以影響社會運作的興盛與衰頹。如何面對環境的變遷,考驗著人類如何從更宏觀的角度來擬定政策與策略,並訂定適當的制度與程序來因應。面對社會的變動,環境法呈現的是動態發展的面貌;面對世界轉換的迅速,環境法面臨的是大尺度的制度建構與整合。

永續發展是人類兼顧環境價值與經濟發展的理想模式,但如何作成決策以達成這樣的理想,事實上會面對許多挑戰與困難,這些挑戰與困難也反映了環境問題的全球關聯、廣泛利益衝突等特色。因此,對環境問題的討論不能單方面地從權利保護的思考著眼,而應有更多制度面及策略面的思考;畢業許多損害造成「人」所擁有的「權利」產生損害,不但是問題的下游,也是無法以金錢或其他方法彌補的。面對許多環境管制領域的決策,我

---

11 詳見張文貞(2012),〈環境影響評估作為國際法上的義務:國際法院 Pulp Mill (Argentina v. Uruguay) 判決評析〉,《台灣國際法季刊》,9卷1期,頁7-48。

們所應著重的是管制上的效能、程序的正當性、多方利益團體及民眾的參與、市民社會量能的強化。當我們面對各種不同的污染行為、自然資源的使用,我們應如何訂定「適當」的「價格」,來讓污染者及使用者付出適當的代價?所謂適當的價格,除了改革環境主義所提及的經濟誘因管制手段外,也包括透過環境責任制度讓使用及污染者透過侵權行為及契約責任付出一定的代價,來內部化環境損害的外部成本。為了追求管制效能,除了傳統命令及控制的管制模式,及前述經濟誘因的管制手段外,也應該靈活運用另一項改革環境主義——協商——的管制工具。

國家機關如何面對這些問題呢?過往建立了大量的環境立法,到今天為了追求管制效能,讓我們可以重新省思立法模式。透過立法,環境的價值獲得關注,行政機關的執行則應有更多程序正當性的思考,如為了讓許多開發行為及政策可以考慮到對環境的影響,我們建立了環評的制度,讓環境價值得到兼顧;我們訂定了大量的法規命令來進行細節性、技術性的規範或作成許多行政決定,但此等程序是否顧及到人民、市民社會的參與,涉及行政決定的正當性問題,更是我們所要密切注意的。此外,法院也有許多機會面對與環境有關的紛爭,是否有能力區分出環境案件與其他案件的異同,而做適當的處理,包括面對不可逆環境損害的處理、公民訴訟案件的審理、環境糾紛的定紛止爭,法院都必須回應環境價值的需求,扮演環境法院的角色,此正是法院所必須努力的方向。

環境法牽涉到許多內涵,這些內涵彼此間有很強的關聯,相互交織,形成一套讓環境價值得到確保的網絡。說這是一整席食材豐富、烹飪技巧熟稔、菜色編排多元而完美的饗宴並不為過。

第九章・全球變遷下環境法的挑戰與發展 ／ 365

當我們享受完這一整席饗宴之後，更應回過頭來將這席饗宴繼續發揚光大，具體檢視活生生發生的許多個案、進一步設計出適合我們社會的制度，讓自己如同專業廚師般做菜餚的開發與研究，讓環境得到最完整的照顧，落實永續發展的理念。

第十章

結　論

　　環境問題是當代社會面臨的複雜挑戰，涉及科技不確定性、隔代正義、利益衝突與國際關聯等面向。本書從人與環境的視角出發，探討環境問題的本質與演變，並解析法律在其中的角色。

　　第一篇環境脈絡，帶您認識「環境」概念的廣泛內涵，深入剖析環境惡化的多重原因，並檢討傳統環境權理論在複雜環境問題下的困境，轉而強調程序參與及資源使用衝突的解決。

　　第二篇環境體制，分別從立法、行政與司法三個核心體系，探討環境法制的運作與挑戰。環境立法呈現大量且分散的特徵，與臺灣民主轉型密切相關，但執行面臨諸多困難。環境行政強調踐行正當法律程序，以提升行政效能與決策正當性，資訊公開透明更是有效治理與公眾參與的基礎。環境司法在處理紛爭與維護制度尊嚴上扮演關鍵角色，但也需克服技術難題與證明困難，並思考如何與政治部門有效對話。

　　第三篇永續發展，探討環境法制所追求的核心目標。永續發展不僅是生態的永續，更取決於政治、法律、經濟、社會等社會制度的永續性，這要求我們在民主、科學、法治與經濟等多元價值間取得平衡。本篇並介紹環境影響評估等重要制度工具，旨在透過資訊與參與實現預警功能。

本書探討環境法所面臨的全球在地化挑戰,以及從傳統命令管制走向改革環境主義,運用協商與經濟誘因等多元管制工具的發展趨勢。最終,本書旨在透過案例解析、制度設計與各界共同參與,建構一套整合理念、價值、機制、程序與制度的環境法網絡,以持續推進永續目標。

作者環境法律與政策相關著作

A 專書與主編 Books and Edited Books

葉俊榮（1993）。環境行政的正當法律程序。翰蘆圖書。

葉俊榮（1997）。環境理性與制度抉擇。翰蘆圖書。

葉俊榮（1999）。全球環境議題：臺灣觀點。巨流圖書。

Liu, C.-h., Yeh, J.-r., & Huang, C.-h. (2003). *New challenges for sustainable development in millennia*. CIER Press.

葉俊榮、劉錦添、李玲玲、駱尚廉、黃書禮、王俊秀、孫志鴻、蔡慧敏、施文真（2003）。永續臺灣向前指。詹氏書局。

葉俊榮（主編）、姜皇池、張文貞（助編）（2010）。國際環境法：條約選輯與解說。新學林。

葉俊榮、張文貞（2010）。環境影響評估制度問題之探討。行政院研究發展考核委員會。

葉俊榮（2010）。環境政策與法律（再版）。元照。

葉俊榮（編）（2014）。氣候變遷的制度因應：決策、財務與規範。國立臺灣大學出版中心。

葉俊榮（2015）。氣候變遷治理與法律。國立臺灣大學出版中心。

Yeh, J.-r. (Ed.). (2017). *Climate change liability and beyond*. National Taiwan University Press.

葉俊榮、張文貞、林春元（編）（2020）。建構氣候轉型立法：比較立法與議題論述。新學林。

B 期刊論著及專書論文 Journal Articles and Book Chapters

葉俊榮（1988）。告知後同意：農藥輸出政策的分析與檢討。臺大法學論叢，18(1)，277-304。

葉俊榮（1989）。三浬島事件後美國核能管制之轉型：法律與政策的互動關係。美國月刊，4(3)，48-56。葉俊榮（1989）。環保自力救濟的制度因應：「解決糾紛」或「強化參與」？臺大法學論叢，19(2)，91-110。

葉俊榮（1989）。民眾執行法律：論我國引進美國環境法上的公民訴訟制度之可行性。經社法制論叢，4，67-93。

葉俊榮（1989）。環境法上的「期限」：行政法院林園判決的微觀與巨視。法學叢刊，34(4)，126-137。

葉俊榮（1990）。根本解決公害糾紛：從十條件五原則談業者應有的環保認知。環保與經濟，17，66。

葉俊榮（1990）。環保署的機關文化：科學與政治夾縫中的法律。環保與經濟，15，40-42。

葉俊榮（1990）。科技決策的「統」、「獨」之爭：美國「科學法院」的倡議。美國月刊，5(8)，106-112。

葉俊榮（1990）。美國動物實驗的管制立法及其憲法爭議。美國月刊，5(2)，118-124。

Yeh, J.-r. (1990). Changing forces of constitutional and regulatory reform in Taiwan. *Columbia Journal of Chinese Law, 19*, 83-112.

葉俊榮（1990）。憲法位階的環境權：從擁有環境到參與環境決策。臺大法學論叢，19(1)，129-153。

葉俊榮（1990）。我國環境立法的分析與檢討：制度因應的程序與實質。收錄於現代學術研究：國家發展與臺灣化，專刊3，128-154。

葉俊榮（1991）。設刑責、加罰金：評析通過的「水污染防治法」。環保

與經濟，23，50-56。

葉俊榮（1991）。環境立法的整合：因應跨媒體環境的問題。環保與經濟，21，26-29。

葉俊榮（1991）。從方案到法律：環境影響評估制度的過去與未來。環保與經濟，18，10-12。

葉俊榮（1991）。環境問題的制度因應：刑罰與其他因應措施的比較與選擇。臺大法學論叢，20(2)，87-114。

葉俊榮（1991）。論環境政策上的經濟誘因：理論依據。臺大法學論叢，20(1)，87-111。

葉俊榮（1992）。期待「法律與政策」取向環保團體的出現。環保與經濟，31，36-41。

葉俊榮（1992）。環境議題「入憲」論。環保與經濟，32，56-59。

葉俊榮（1992）。環保乾坤大挪移：談環境議題大幅擴張。環保與經濟，37，56-61。

葉俊榮（1992）。以管制協商推動資源回收政策。環保與經濟，37，68-71。

葉俊榮（1992）。環境議題躍登國際主流。環保與經濟，39，60-63。

葉俊榮（1992）。我國公害糾紛事件的性質與結構分析：1988-1990。經社法制論叢，9，67-97。

葉俊榮（1992）。出賣環境權：從五輕設廠的十五億「回饋基金」談起。行政院國家科學委員會研究彙刊：人文及社會科學，2(1)，17-34。

葉俊榮、張文貞（1992）。環境行政上的協商：我國採行美國「協商式規則訂定」之可行性。經社法制論叢，10，83-116。

葉俊榮（1993）。不再做「環境」孤兒：蒙特婁議定書的衝擊與因應。環保與經濟，42，44-51。

葉俊榮（1993）。憲法對環境行政的程序制約。經社法制論叢，12，1-24。

葉俊榮（1993）。臺灣海岸的法規範基礎與決策模式。工程環境會刊，13，105-135。

葉俊榮（1993）。環境影響評估的公共參與：法規範的要求與現實的考量。經社法制論叢，11，17-42。

葉俊榮（1993）。大量環境立法：我國環境立法的模式、難題及因應方向。臺大法學論叢，22(1)，105-147。

葉俊榮（1994）。華盛頓公約與瀕臨絕種動植物的保護：臺灣面臨全球環境議題的挑戰與因應系列（一）。律師通訊，172，76-82。

葉俊榮（1994）。氣候變化綱要公約與全球合作抑制溫室效應的擴大：臺灣面臨全球環境議題的挑戰與因應系列（二）。律師通訊，173，64-70。

葉俊榮（1994）。蒙特婁議定書與地球臭氧層的保護：臺灣面臨全球環境議題的挑戰與因應系列（三）。律師通訊，174，56-62。

葉俊榮（1994）。有害廢棄物的跨國境運送與凡爾賽公約：臺灣面臨全球環境議題的挑戰與因應系列（四）。律師通訊，175，53-58。

葉俊榮（1994）。從斯德哥爾摩人類宣言到里約宣言：臺灣面臨全球環境議題的挑戰與因應系列（五）。律師通訊，176，66-72。

Ross, L., Silk, M., & Yeh, J.-r. (1994). The environmental dimension of trade and investment in Taiwan. In M. Silk (Ed.), *Taiwan trade and investment law* (pp. 621-645). Oxford University Press.

葉俊榮（1994）。環境保護與經濟發展的調和：環境保護協議書的形成與發展。收於臺灣研究基金會編輯部（編），環境保護與產業政策（頁597-645）。前衛。

葉俊榮（1994）。商品製作人的「後消費責任」：契約與行政管制的選擇與調和。經社法制論叢，13，1-13。

葉俊榮（1996）。司法判決的量化研究：行政法院環保判決的量化分析。

臺大法學論叢，26(1)，27-77。

Yeh, J.-r. (1996). Institutional capacity-building towards sustainable development: Taiwan's environmental protection in the climate of economic development and political liberalization. *Duke Journal of Comparative & International Law*, 6, 229-272.

葉俊榮（1997）。集水區保護與開發的衝突與調和：永續發展理念下的改革方案。收於國立臺灣大學法學叢書編輯委員會（編），環境理性與制度抉擇（頁123-164）。翰蘆圖書。

葉俊榮（1997）。政府政策進行環境影響評估的制度設計。臺灣經濟預測與政策，28(1)，221-247。

葉俊榮（1998）。土壤污染與土地利用：從土壤污染防治法草案談起。律師雜誌，225，39-49。

葉俊榮（1999）。政府再造與制度興革：以環境影響評估為例。經社法制論叢，23，1-29。

Yeh, J.-r. (2002). Sustainable development indicators for island Taiwan. In H.-H. M. Hsiao, C.-h. Liu, & H.-M. Tsai (Eds.), *Sustainable development for island societies: Taiwan and the world* (pp. 339-352). Academia Sinica.

葉俊榮（2002）。土壤及地下水污染整治法之衝擊、影響及因應。收於廖義男教授六秩誕辰祝壽論文集編輯委員會（編），新世紀經濟法制之建構與挑戰：廖義男教授六秩誕辰祝壽論文集（頁563-594）。元照。

葉俊榮（2004）。邁向非核家園之路。台灣本土法學雜誌，54，17-21。

葉俊榮（2005）。建構海洋臺灣發展藍圖。研考雙月刊，29(4)，8-21。

葉俊榮（2005）。轉型與發展：臺灣21世紀議程——國家永續發展願景與策略綱領。研考雙月刊，29(5)，6-18。

葉俊榮（2005）。臺灣如何因應後京都議定書時代的發展。新世紀智庫論壇，29，111-113。

葉俊榮、施奕任（2005）。從學術建構到政策實踐：永續台灣指標的發展歷程及其對制度運作影響。都市與計畫，32(3)，103-124。

葉俊榮（2006）。環境法上的公民訴訟：論制度引進的原意與現實的落差。收於法學叢刊雜誌社（編），跨世紀法學新思維：法學叢刊創刊五十週年（頁187-216）。法學叢刊。

葉俊榮（大塚直、小島惠譯）（2009）。気候変動の時代に変化する環境責任（Environmental Liability）のパラダイム——台湾の教訓。ジュリスト，1372，66-71。

葉俊榮（2010）。捍衛環評制度尊嚴的行政法院中科裁判。月旦法學雜誌，185，68-79。

葉俊榮（徐行譯）（2010）。環境アセスメントにおける市民訴訟の運用—台湾における実践と検討。新世紀法政策学研究，6，29-50。

Yeh, J.-r. (2012). Emerging climate change law and changing governance. In H. Weidong & P. Feng (Eds.), *Climate change law: International and national approaches* (pp. 24-47). Shanghai Academy of Social Sciences Press.

Yeh, J.-r. (2012). Transitional environmentalism: Democratic institutions, courts, and civil society in Taiwan. In A. Mori (Ed.), *Democratization, decentralization, and environmental governance in Asia* (pp. 86-103). Kyoto University Press.

葉俊榮（2013）。氣候變遷的全球治理：行政法的新圖像。台灣國際法季刊，10(2)，7-34。

葉俊榮（2013）。環境法的發展脈絡與挑戰：一個從台灣看天下的觀點。司法新聲，105，7-15。

葉俊榮（2013）。永續發展的制度抉擇與文明省思。收於林建甫（編），全球化時代的王道文化、社會創新與永續發展（頁169-203）。國立臺灣大學出版中心。

Yeh, J.-r. (2013). Changing faces of cost-benefit analysis: Alternative institutional settings and varied social/political contexts. In M. Livermore & R. Revesz (Eds.), *The globalization of cost-benefit analysis in environmental policy* (pp. 87-103). Oxford University Press.

葉俊榮（2014）。氣候變遷的治理模式：法律典範的衝擊與轉變。收於葉俊榮（編），氣候變遷的制度因應：決策、財務與規範（頁17-44）。國立臺灣大學出版中心。

葉俊榮（2014）。氣候變遷與行政法的轉型。收於葉俊榮（編），氣候變遷的制度因應：決策、財務與規範（頁235-260）。國立臺灣大學出版中心。

葉俊榮（2015）。氣候變遷的歷史排放量比例責任：市場佔有率責任理論的啟示。月旦法學雜誌，239，5-17。

葉俊榮（2015）。水土不服的土壤及地下水污染整治法：中石化安順廠相關行政訴訟的檢討。法令月刊，66(3)，23-53。

Yeh, J.-r. (2017). Climate change: From mitigation, to adaptation, and to liability and beyond. In J.-r. Yeh (Ed.), *Climate change liability and beyond* (pp. 13-24). National Taiwan University Press.

Yeh, J.-r. (2017). Climate change and reconfiguration of environmental liability regime: Towards a global regulatory regime. In J.-r. Yeh (Ed.), *Climate change liability and beyond* (pp. 79-112). National Taiwan University Press.

Yeh, J.-r., & Lin, C.-y. (2018). The Paris Agreement and the transformation of global climate change law: Taiwan's perspective. *National Taiwan University Law Review*, *13*(2), 149-184.

環境永續：脈絡、體制與法律

2025年9月初版　　　　　　　　　　　　　　　　　定價：新臺幣520元
有著作權・翻印必究
Printed in Taiwan.

著　　　者	葉　俊　榮
特約編輯	闕　瑋　茹
副總編輯	蕭　遠　芬
內文排版	菩　薩　蠻
封面設計	沈　佳　德

出　版　者	聯經出版事業股份有限公司	編務編監	陳　逸　華
地　　　址	新北市汐止區大同路一段369號1樓	副總經理	王　聰　威
叢書主編電話	（02）86925588轉5394	總　經　理	陳　芝　宇
台北聯經書房	台北市新生南路三段94號	社　　　長	羅　國　俊
電　　　話	（02）23620308	發　行　人	林　載　爵
郵政劃撥帳戶第0100559-3號			
郵撥電話	（02）23620308		
印　刷　者	世和印製企業有限公司		
總　經　銷	聯合發行股份有限公司		
發　行　所	新北市新店區寶橋路235巷6弄6號2樓		
電　　　話	（02）29178022		

行政院新聞局出版事業登記證局版臺業字第0130號

本書如有缺頁，破損，倒裝請寄回台北聯經書房更換。　ISBN 978-957-08-7780-9 (平裝)
聯經網址：www.linkingbooks.com.tw
電子信箱：linking@udngroup.com

國家圖書館出版品預行編目資料

環境永續：脈絡、體制與法律／葉俊榮著．初版．
　新北市．聯經．2025年9月．376面．14.8×21公分
　ISBN 978-957-08-7780-9 (平裝)

　1.CST：環境保護　2.CST：法規　3.CST：永續發展

445.99　　　　　　　　　　　　　　　　114011357